计算机系列教材

# ASP.NET
# 程序设计案例教程

主　编 朱伟华 闫淼 刘志宝
副主编 刘金明 戴微微 杨铭 霍聪

U0310232

清华大学出版社
北京

## 内 容 简 介

本书以 ASP. NET＋SQL Server 2005 为基础,讲解网站开发的基本思路与方法,以及网站前台页面设计与后台功能实现。全书共分两部分:第 1 部分(第 1～3 章)为基础篇,着重介绍搭建开发环境、语法基础、常用控件的使用;第 2 部分(第 4～9 章)为应用篇,着重介绍网站的规则、DIV＋CSS 网页布局实现、常用技术实现及网站整合、发布。全书提供了大量应用实例,每章后均附有课外任务及实践练习。

本书面向网站设计初学者,特别适合作为各级职业院校计算机专业的教材,还可作为广大计算机爱好者的自学参考书籍。

### 图书在版编目(CIP)数据

ASP. NET 程序设计案例教程/朱伟华,闫淼,刘志宝主编. —北京:清华大学出版社,2014(2016.3 重印)
计算机系列教材

ISBN 978-7-302-38191-4

Ⅰ. ①A… Ⅱ. ①朱… ②闫… ③刘… Ⅲ. ①网页制作工具－程序设计－高等学校－教材 Ⅳ. ①TP393.092

中国版本图书馆 CIP 数据核字(2014)第 230602 号

责任编辑:白立军　徐跃进
封面设计:常雪影
责任校对:李建庄
责任印制:刘海龙

出版发行:清华大学出版社
　　　　网　　　址:http://www.tup.com.cn,http://www.wqbook.com
　　　　地　　　址:北京清华大学学研大厦 A 座　　　邮　　　编:100084
　　　　社 总 机:010-62770175　　　　　　　　　邮　　　购:010-62786544
　　　　投稿与读者服务:010-62776969,c-service@tup.tsinghua.edu.cn
　　　　质 量 反 馈:010-62772015,zhiliang@tup.tsinghua.edu.cn
　　　　课 件 下 载:http://www.tup.com.cn,010-62795954
印 装 者:三河市少明印务有限公司
经　　销:全国新华书店
开　　本:185mm×260mm　　　印　　张:18.5　　　字　　数:462 千字
版　　次:2014 年 11 月第 1 版　　　　　　　印　　次:2016 年 3 月第 2 次印刷
印　　数:2001～4000
定　　价:34.50 元

产品编号:060303-01

ASP.NET 是微软公司推出的新一代企业级 B/S 模式 Web 应用程序的开发平台,与以往的类似技术相比,它具有开发效率高、使用简单、支持多种开发语言、运行速度快等特点,是微软公司构建良好交互性网站的旗舰技术,现在 Internet 上提供服务的大型网站有很多都是构建于 ASP.NET 之上的。所以越来越多的学校和培训机构都开设了 ASP.NET 程序设计课程。

本书由学院多年从事 ASP.NET 教学的教师及具有软件开发实践经验的教师共同编写,根据多年教学及实践积累资源整合而成。本书将实践过程中常用的技术及知识以任务的形式呈现给读者,读者在完成任务的同时,即可掌握相关技术及知识点。

本书介绍 ASP.NET 体系中最基本、最常用的知识点,强调"任务驱动",项目教学,将实用技术及知识点分散到各章节任务中。全书分为两个部分,9 个章节。

第 1 部分由第 1 章至第 3 章构成,主要讲解 ASP.NET 编程基础,包括开发环境配置与应用、语法基础、常用控件应用等。

第 2 部分由第 4 章至第 9 章构成,主要讲解 ASP.NET 技术应用,包括 DIV+CSS 网页布局、管理员用户的增删改查询操作、留言板子系统、通知子系统新、图书管理借阅子系统、网站整合、编译等。

本书具有以下特色:

(1) 本书以"项目教学"模式为基础进行编写,配有主、辅两条线,主线即书中所讲图书借阅管理系统及其子系统,读者通过图书借阅管理系统学习可以掌握 ASP.NET 相关技术,辅线即课下读者需要通过实践完成的内容即学生成绩管理系统,辅线内容与主线内容配套,以达到巩固读者所学知识、技术的目的。

(2) 针对职业院校强技能、淡理论的教育理念特点,在教材的编写过程中,将着重讲授的知识内容与技能分散到各个任务中,并按照任务的难易程度,设置章节的顺序,通过每个任务的学习,让读者确实掌握相关技能,从而做到从简单到复杂,由点到面的学习过程。

(3) 讲解通俗易懂,注释详尽。本书中的代码都有详细的注释说明,方便读者自学。

本书由吉林电子信息职业技术学院朱伟华、闫淼、刘志宝担任主编,刘金明、戴微微、杨铭、霍聪担任副主编,孙弢、陈巍、郑茵、郭桂杰参与了部分章节的编写,全书共分9章,其中朱伟华负责第1、4、5、9章编写工作,闫淼负责第6、7、8章的编写工作,刘志宝负责第2、3章的编写工作,参考文献及电子课件由闫淼编写。

　　由于编者水平有限,疏漏之处在所难免,敬请读者批评指正。

编　者

2014 年 8 月

FOREWORD

**第 1 章 开发环境配置与应用 /1**

1.1 知识梳理 /1

    1.1.1 .NET 框架简介 /1

    1.1.2 ASP.NET 与.NET 框架 /2

1.2 任务实施 /3

    1.2.1 任务 1：配置开发环境 /3

    1.2.2 任务 2：创建 ASP.NET Web 应用
程序 /11

    1.2.3 任务 3：Visual Studio 2008 IDE
使用技巧 /15

1.3 课后任务 /21

1.4 实践 /21

**第 2 章 语法基础 /23**

2.1 知识梳理 /23

    2.1.1 变量 /23

    2.1.2 数组 /25

    2.1.3 声明并初始化字符串 /25

    2.1.4 操作字符串 /26

    2.1.5 创建和使用常量 /28

    2.1.6 类型转换 /28

    2.1.7 表达式和运算符 /30

    2.1.8 if 语句 /34

    2.1.9 switch 语句 /35

    2.1.10 while 语句 /36

    2.1.11 do-while 语句 /38

    2.1.12 for 语句 /38

2.2 任务实现 /40

    2.2.1 任务 1：计算长方体的面积和体积 /40

    2.2.2 任务 2：根据身份证号获取个人信息 /42

    2.2.3 任务 3：判断给定数字是否位于指定
区间内 /44

2.2.4　任务 4：求指定范围内所有三位数中
奇数的和 /46

2.2.5　任务 5：计算单科成绩最高分、最低
分及平均分 /49

2.3　课外任务 /52

2.4　实践 /52

第 3 章　常用控件应用 /55

3.1　知识梳理 /55

3.1.1　控件的属性 /55

3.1.2　标签控件 /56

3.1.3　文本框控件 /56

3.1.4　按钮控件 /58

3.1.5　RadioButton 和 RadioButtonList /61

3.1.6　复选框控件 /63

3.1.7　复选组控件(CheckBoxList) /63

3.1.8　列表控件 /64

3.1.9　图像控件 /66

3.1.10　超链接控件 /67

3.1.11　面板控件 /68

3.1.12　表单验证控件 /69

3.1.13　比较验证控件 /70

3.1.14　范围验证控件 /71

3.1.15　正则验证控件 /72

3.2　任务实现 /74

3.2.1　任务 1：带有头像的留言板 /74

3.2.2　任务 2：简单注册页面 /77

3.3　课外任务 /82

3.4　实践 /82

第 4 章　DIV＋CSS 网页布局 /85

4.1　知识梳理 /85

4.1.1 HTML 介绍 /85

4.1.2 DIV 与 CSS 概述 /86

4.1.3 CSS 常用属性 /89

4.1.4 绝对路径、相对路径 /95

4.2 任务实施 /96

4.2.1 任务1：创建"图书借阅管理系统"
网站结构 /96

4.2.2 任务2：实现"用户登录"页页面
设计 /98

4.2.3 任务3：实现"管理员主页"页面
设计 /101

4.2.4 任务4：实现"发表留言"页页面
设计 /106

4.3 课后任务 /109

4.4 实践 /112

第5章 图书借阅管理系统——管理员用户增、删、改、
查的实现 /114

5.1 知识梳理 /114

5.1.1 ADO.NET 介绍 /114

5.1.2 .NET Data Provider(数据提供者) /114

5.1.3 DataSet(数据集) /120

5.1.4 异常处理 /123

5.2 任务实施 /125

5.2.1 任务1：实现管理员用户的添加 /125

5.2.2 任务2：实现管理员用户的修改 /128

5.2.3 任务3：实现用户的登录 /131

5.2.4 任务4：创建数据库操作类 /134

5.2.5 任务5：实现管理员用户的删除 /137

5.3 课后任务 /139

5.4 实践 /140

**第 6 章　图书借阅管理系统——留言板子系统** /142

6.1　知识梳理 /142

6.1.1　Repeater 控件 /142

6.1.2　数据绑定 /144

6.1.3　实现网页间数据传递 /145

6.1.4　分页技术 /146

6.1.5　ASP.NET 内置对象 /146

6.2　任务实施 /147

6.2.1　任务 1：实现读者用户发表留言 /147

6.2.2　任务 2：实现管理员用户管理
留言信息 /150

6.2.3　任务 3：创建及应用网页页眉
用户控件 /155

6.2.4　任务 4：创建及应用分页用户
控件 /157

6.2.5　任务 5：实现留言回复 /160

6.2.6　任务 6：实现留言删除 /164

6.3　课后任务 /165

6.4　实践 /167

**第 7 章　图书借阅管理系统——通知子系统** /170

7.1　知识梳理 /170

7.1.1　DropDownList 控件 /170

7.1.2　GridView 控件 /171

7.2　任务实施 /174

7.2.1　任务 1：实现通知信息的添加 /174

7.2.2　任务 2：实现通知信息的管理 /178

7.2.3　任务 3：应用 GridView 控件模板列
实现分页查看通知信息 /183

7.2.4　任务 4：实现通知信息的修改 /186

7.2.5　任务 5：实现通知信息的删除 /189

7.3　课后任务 /190

7.4　实践 /191

第8章 图书借阅管理系统——图书管理借阅子系统 /193

8.1 知识梳理 /193

8.1.1 网站图片信息处理 /193

8.1.2 执行存储过程 /194

8.1.3 FileUpload 控件 /197

8.1.4 DataList 控件 /201

8.2 任务实施 /202

8.2.1 任务1：实现图书信息的添加 /202

8.2.2 任务2：实现图书信息的管理 /211

8.2.3 任务3：实现图书信息的修改 /217

8.2.4 任务4：实现图书信息的删除 /228

8.2.5 任务5：实现图书的借阅 /229

8.2.6 任务6：实现图书的归还 /239

8.3 课后任务 /248

8.4 实践 /250

第9章 图书借阅管理系统——整合与发布 /256

9.1 知识梳理 /256

9.1.1 网站导航控件概述 /256

9.1.2 站点地图 /258

9.1.3 Session 概述 /259

9.1.4 内嵌框架 /260

9.2 任务实施 /261

9.2.1 任务1：实现网站导航 /261

9.2.2 任务2：实现网站整合及用户安全
登录、退出 /265

9.2.3 任务3：应用母版技术创建网页 /268

9.2.4 任务4：网站的编译发布 /275

9.3 课后任务 /276

9.4 实践 /280

参考文献 /285

# 第1章 开发环境配置与应用

**学习目标：**

(1) 了解.NET 平台。

(2) 掌握 Visual Studio 2008 及 MSDN 的安装。

(3) 创建 ASP.NET Web 应用程序。

(4) 掌握 Visual Studio 2008 IDE 的使用技巧。

## 1.1 知识梳理

ASP.NET 是 Visual Studio.NET 兼容语言体系中开发 Web 应用程序的核心技术，它是在 Web 服务器上开发和运行应用程序的统一平台。

### 1.1.1 .NET 框架简介

.NET Framework 是 Microsoft 公司推出的完全面向对象的软件开发与运行平台。.NET Framework 具有两个主要组件：公共语言运行库或称通用语言运行时环境(Common Language Runtime,CLR)和.NET Framework 类库。

#### 1. 公共语言运行库

公共语言运行库是.NET Framework 的基础。公共语言运行库类似于 Java 虚拟机，它负责提供代码管理，包括处理加载程序、运行程序的代码以及提供所有支持服务的代码。同时还强制性地实施类型安全检查，事实上，CLR 在应用程序的开发阶段与运行阶段都在起作用。

#### 2. .NET Framework 类库

.NET Framework 类库是一个综合性面向对象的类型集合，其封装了大量的系统对象和功能，任何.NET 语言都可使用，这为开发人员提供了统一的、面向对象的、分层且可扩展的类库集(API)；也为程序员提供了对类库的访问机制，程序员可以使用它开发各种应用程序。例如，应用类库中的窗体和其他界面控件(文本框、命令按钮、下拉列表框等)编写 Windows 应用程序。可应用类库中基本或扩展的 Web 控件编写 ASP.NET 应用程序，也可应用 ADO.NET 编写数据库应用程序。

#### 3. .NET Framework 的应用结构

图 1-1 简单描述了.NET Framework 的基本应用结构。.NET Framework 基于操作

系统上方,它将.NET 应用程序与操作系统隔离开。.NET Framework 类库提供了适用于各种平台的界面技术、组件技术和数据技术,可用于开发各种应用程序。此外,.NET Framework 凭借 CLR 功能,使得.NET 应用程序的开发和运行可不依赖于任何类型的操作系统和 CPU 设备。

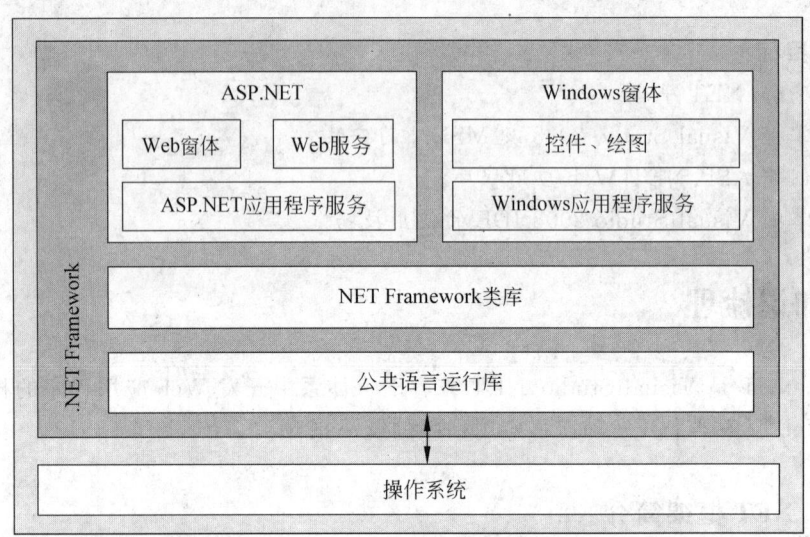

图 1-1    .NET Framework 的应用结构

## 1.1.2    ASP.NET 与.NET 框架

### 1. ASP.NET 概述

ASP.NET 并不是一门编程语言,而是一个统一的 Web 开发模型,它支持以可视化的方式创建企业级网站。ASP.NET 是.NET 框架(.NET Framework)的一部分,可以利用.NET 框架中的类进行编程,可使用 VB.NET、C♯、J♯ 和 JScript.NET 等编程语言来开发 Web 应用程序。

ASP.NET 在设计过程中充分考虑到程序的开发效率问题,可以使用所见即所得的HTML 编辑器或其他编程工具来开发 ASP.NET 程序,包括使用 Visual Studio.NET 各版本。Visual Studio.NET 可将设计、开发、编译、运行都集中在一起,极大地提高 ASP.NET 程序的开发效率。

### 2. Visual Studio 与 C♯

Visual Studio 是一套完整的开发工具,用于生成 ASP.NET Web 应用程序、XML Web Services、桌面应用程序和移动应用程序。

C♯是微软公司在 2000 年 7 月发布的一种全新的简单、安全、面向对象的程序设计语言,它是专门为.NET 的应用而开发的语言。它吸收了 C++、Visual Basic、Delphic、Java 等语言的优点,体现了当今最新的程序设计技术的功能和精华。C♯继承了 C 语言的语法风格,同时又继承了 C++ 面向对象特性。

本书将介绍应用 C♯ 语言如何创建 ASP. NET 应用程序。

# 1.2 任务实施

## 1.2.1 任务 1:配置开发环境

### 【任务描述】

安装 Visual Studio 2008 及 MSDN(微软开发者网络)开发帮助文档,启动 Visual Studio 2008 编程环境。

### 【任务实现】

**1. 准备安装环境**

最低要求:1.6GHz CPU、384MB RAM、1024×768 显示器、5400 RPM 硬盘。

建议配置:2.2GHz 或速度更快的 CPU、1024MB 或更大容量的 RAM、1280×1024 显示器、7200 RPM 或更高转速的硬盘。

Visual Studio 2008 编程环境安装文件大约占 4GB 空间,其中包括 Visual Studio 2008 编程环境和 MSDN。完全安装 Visual Studio 2008 编程环境后占用硬盘空间大约在 4～5GB,所以安装前,应确保有足够的硬盘空间。

**2. 安装 Visual Studio 2008**

(1) 将 Microsoft Visual Studio 2008 Team Edition 简体中文版安装光盘放入光驱,启动安装文件 Setup. exe,将出现安装程序的主界面,如图 1-2 所示。

图 1-2 Visual Studio 2008 安装程序主界面

说明：

①"安装 Visual Studio 2008"选项，单击此项可以安装 Visual Studio 2008 编程环境的功能和所需组件。

②"安装产品文档"选项，单击此项可以安装 MSDN 程序开发文档，其中包含 Visual Studio 开发帮助。

③"检查 Service Release"选项，单击此项可以检查最新的服务版本，以确保 Visual Studio 具有最新的功能。

（2）单击如图 1-2 所示的"安装 Visual Studio 2008"选项，进入安装组件加载界面，将安装组件加载至操作系统，如图 1-3 所示。

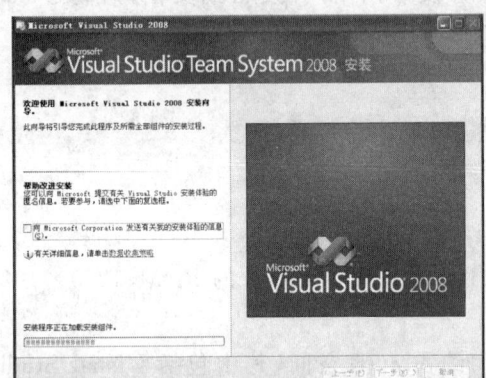

图 1-3　安装组件

（3）安装组件完成后，单击"下一步"按钮，进入安装起始页，如图 1-4 所示。

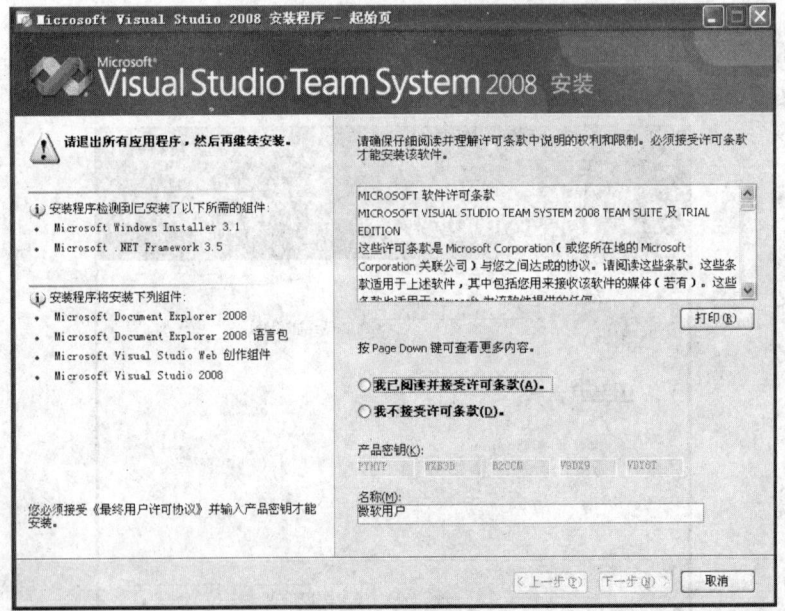

图 1-4　安装起始页

（4）在如图 1-4 所示的安装起始页，单击"我已阅读并接受许可条款"单选按钮，并输入产品密钥，单击"下一步"按钮，进入安装选项页，如图 1-5 所示。

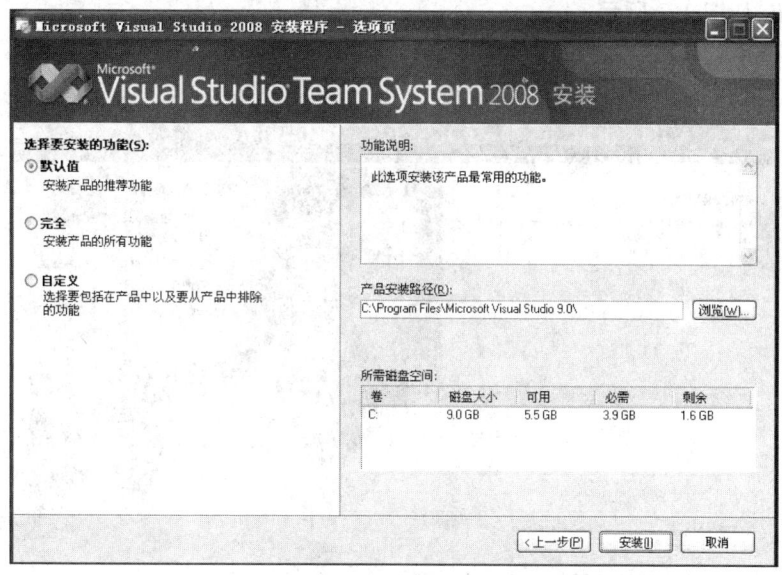

图 1-5　安装选项页

说明：

① "默认值"选项，提供 Visual Studio 2008 最重要的安装组件安装方式。

② "完全"选项，提供 Visual Studio 2008 所有组件都安装的安装方式。

③ "自定义"选项，提供用户自定义的 Visual Studio 2008 安装组件的安装方式。选择此选项后，如图 1-6 所示，可自选安装组件，如可以选择使用的语言为 C♯，其他语言可以不用安装，以节省安装文件所占用的硬盘空间。

图 1-6　自定义安装模式

**注意**：初学者建议使用"默认值"安装方式。

（5）单击如图 1-5 所示的"默认值"安装方式，单击"安装"按钮，开始 Visual Studio 2008 的安装，如图 1-7 所示。

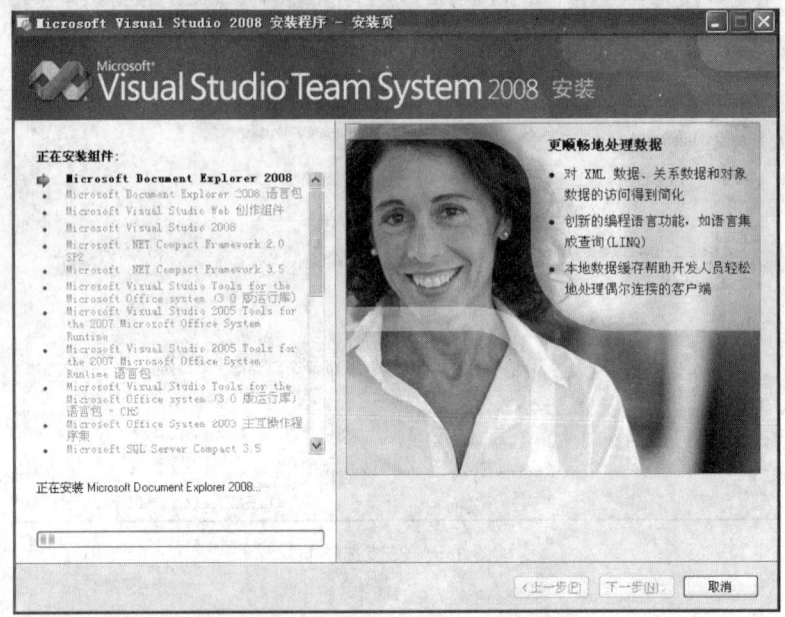

图 1-7　安装进度显示

（6）安装完成后，安装程序会提示安装成功。单击"完成"按钮，完成系统安装，如图 1-8 所示。

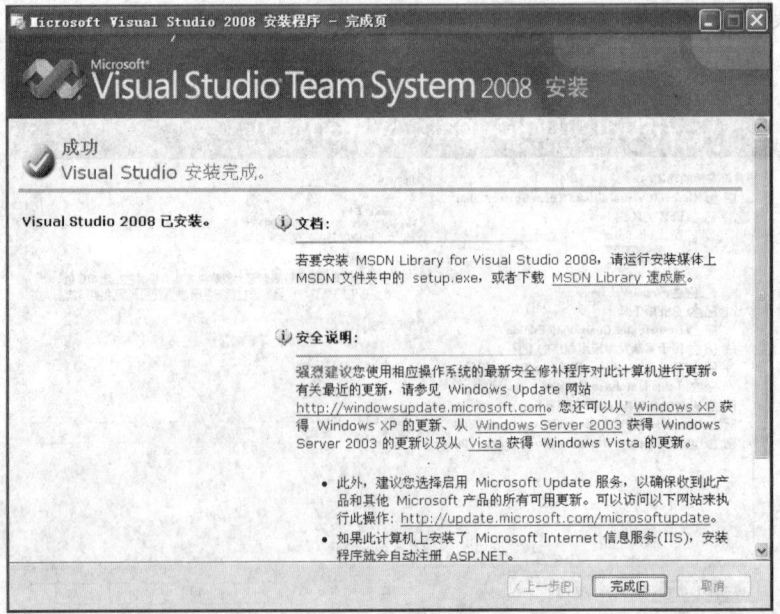

图 1-8　安装完成

（7）单击如图 1-8 所示的"完成"按钮，将显示如图 1-9 所示的安装程序主界面。

图 1-9　安装程序主界面

**说明**：此时，第一安装项已由"安装 Visual Studio 2008"变更为"更改或移除 Visual Studio 2008"，这说明 Visual Studio 2008 已经安装完毕，可以通过此项对已经安装的 Visual Studio 2008 进行更改或移除操作。

**3. 安装 MSDN**

MSDN 文件是在开发程序时，系统提供的在线帮助文件。此部分的安装可以在 Visual Studio 2008 安装完成后，马上安装，也可稍后再安装。

（1）选择如图 1-9 所示的"安装产品文档"选项，初始化 MSDN 安装向导，初始完成后显示界面如图 1-10 所示。

（2）单击如图 1-10 所示的"下一步"按钮，打开 MSDN 安装起始页，如图 1-11 所示。

（3）如图 1-11 所示，选择"我已阅读并接受许可条款"单选按钮，单击"下一步"按钮，打开安装选项页，如图 1-12 所示。

安装选项页提供 3 种安装方式，分别为"完全"安装、"最小"安装、"自定义"安装。用户可以根据需要选择不同的安装方式。

**注意**：初学者建议选择"完全"安装。

（4）单击如图 1-12 所示"安装"按钮，开始安装 MSDN Library。安装完成后显示界面如图 1-13 所示。

（5）单击如图 1-13 所示的"完成"按钮后，将显示如图 1-14 所示的安装程序主界面。

**说明**：此时，第二安装项已由"安装产品文档"变更为"更改或移除产品文档"，这说明 MSDN Library 已经安装完毕，可以通过此项对已经安装的 MSDN Library 进行更改或移除操作。

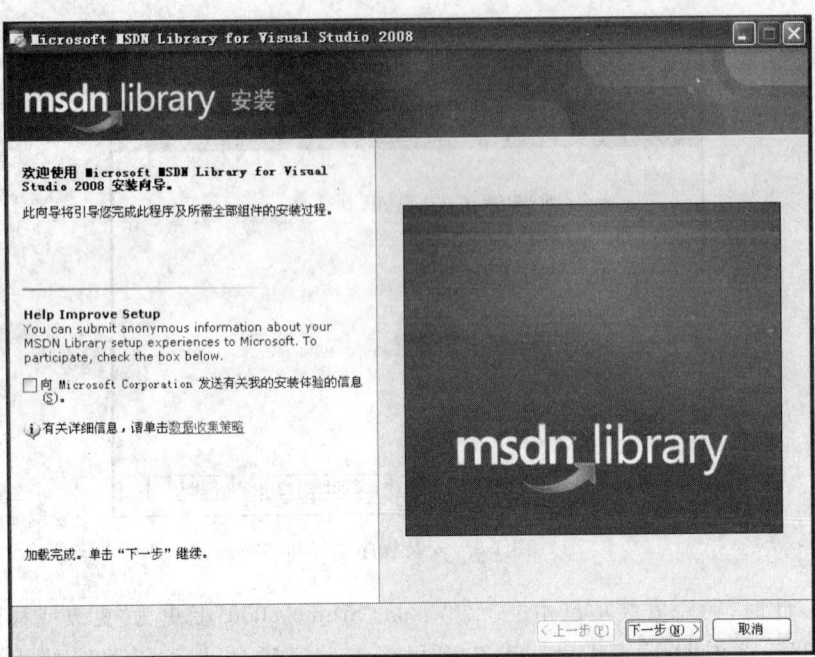

图 1-10   MSDN 初始完成界面

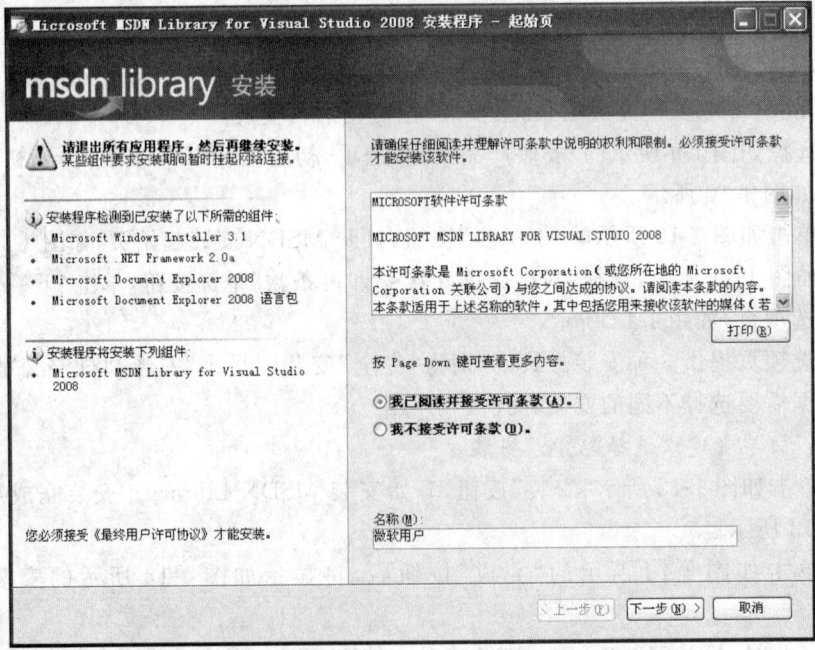

图 1-11   MSDN 安装起始页

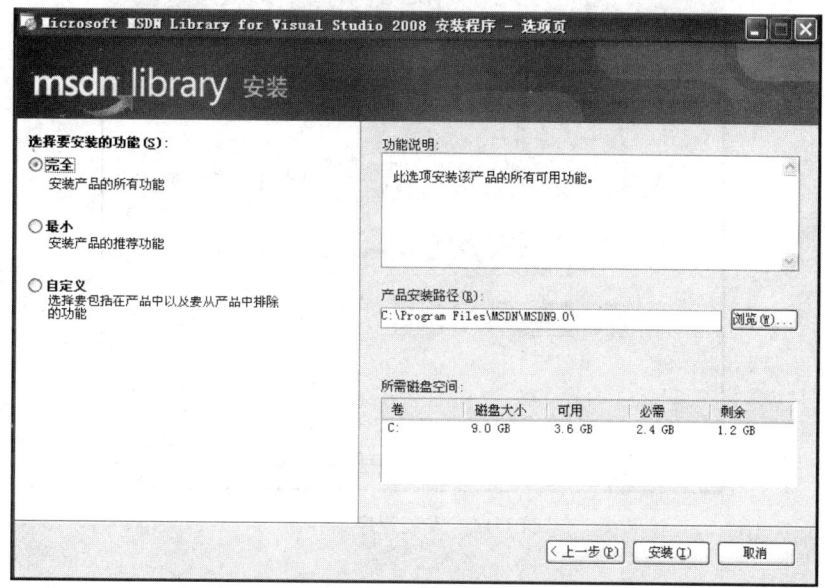

图 1-12　MSDN 安装选项页

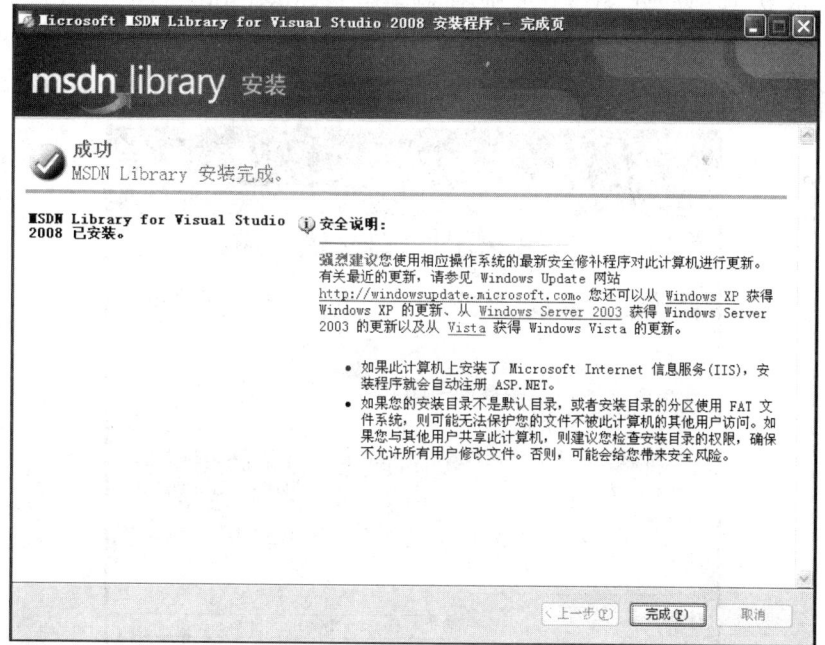

图 1-13　MSDN 安装完成

图 1-14　安装程序主界面

### 4. 启动 Visual Studio 2008

（1）依次选择"开始"→"所有程序"→ Microsoft Visual Studio 2008 → Microsoft Visual Studio 2008，就可以启动 Visual Studio 2008 编程环境。第一次启动 Visual Studio 2008，系统会提示选择默认环境设置，如图 1-15 所示。

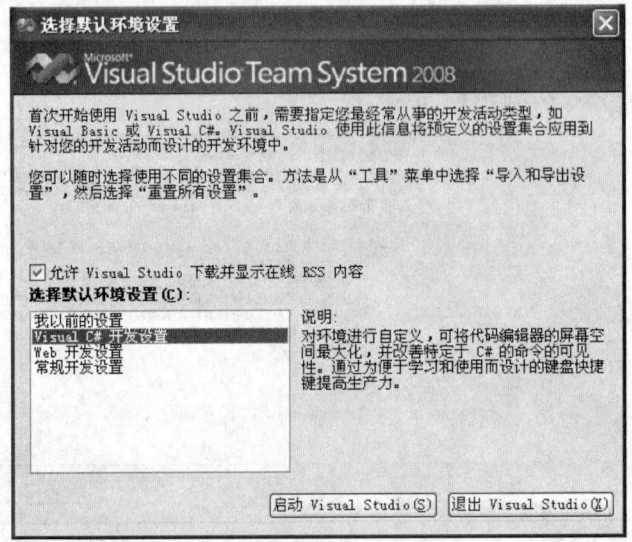

图 1-15　选择默认环境设置

（2）如图 1-15 所示，选择"Visual C♯ 开发设置"选项，并单击"启动 Visual Studio"按钮，打开配置环境提示界面，如图 1-16 所示。

（3）配置环境结束后，系统进入 Visual Studio 2008 的工作界面，如图 1-17 所示。

图 1-16　配置环境提示

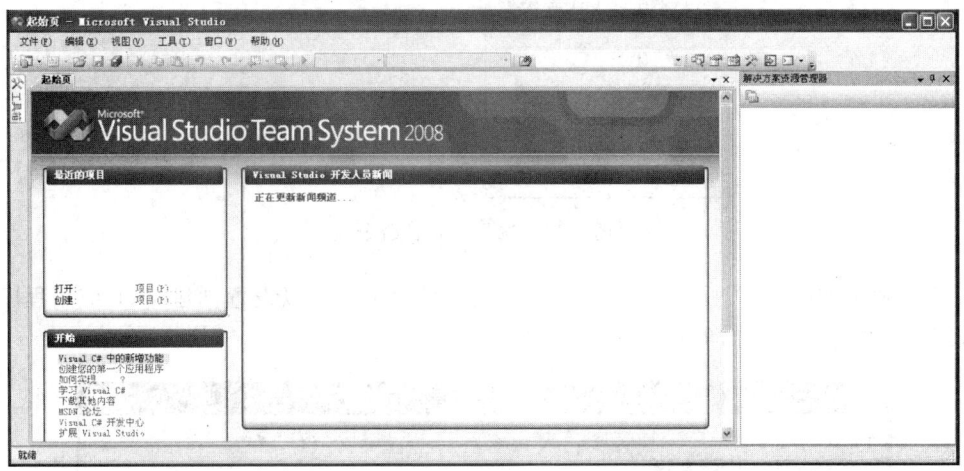

图 1-17　Visual Studio 2008 的工作界面

## 1.2.2　任务 2：创建 ASP. NET Web 应用程序

### 【任务描述】

应用 Visual Studio 2008 建立名为 bookSite 的网站以及名为 test1. aspx 的网页，如图 1-18 所示。

图 1-18　test1. asps 网页

### 【任务实现】

**1. 新建网站**

（1）启动 Visual Studio 2008，选择"文件"→"新建"→"网站"命令，如图 1-19 所示。

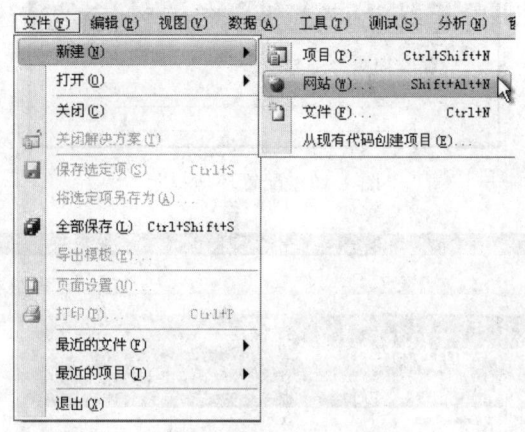

图 1-19　选择"网站"命令

（2）弹出如图 1-20 所示"新建网站"对话框，此对话框可以设置创建 Web 应用程序类型，网站存放路径、名称，编程语言内容等。

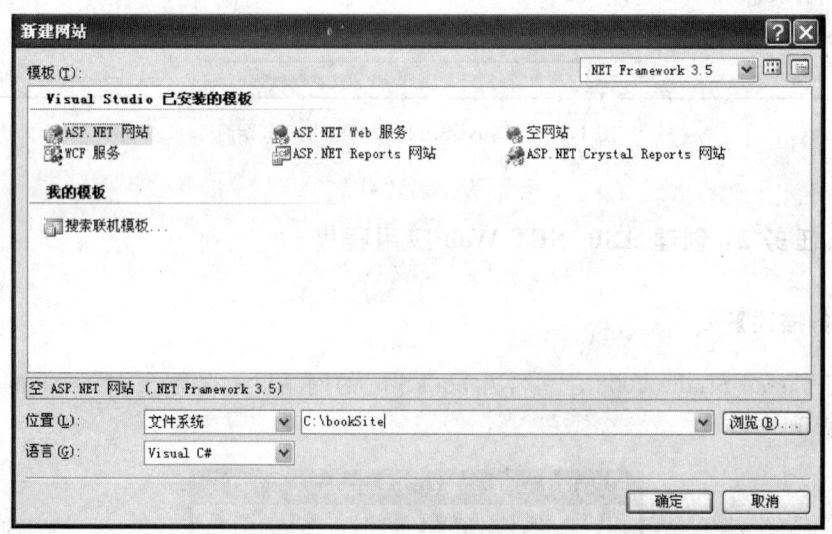

图 1-20　"新建网站"对话框

　　按照任务要求，在"模板"中选择"ASP. NET 网站"，"位置"选项设置为"文件系统"，单击"浏览"按钮设置存放位置为"C:\"（C 盘根目录下），并将网站名称设为 bookSite，那么所有与网站有关的文件都将存放在 C:\bookSite 文件夹下（提示：bookSite 文件夹不需要提前建立，Visual Studio 2008 会根据输入自动建立）。"语言"选项设置为 Visual C♯。单击"确定"按钮，即可建立一个名为 bookSite 的网站。

**2. 新建网页**

　　（1）建立好网站后，Visual Studio 2008 工作界面如图 1-21 所示，注意右侧"解决方案资源管理器"面板中默认建立了一个名为 App_Data 文件夹，web. config 配置文件，同时还建立了一个名为 Default.aspx 网页和相应的程序文件 Default.aspx.cs，Web 窗体编辑区默认打开了 Default.aspx 网页的"源"视图，等待用户输入代码。

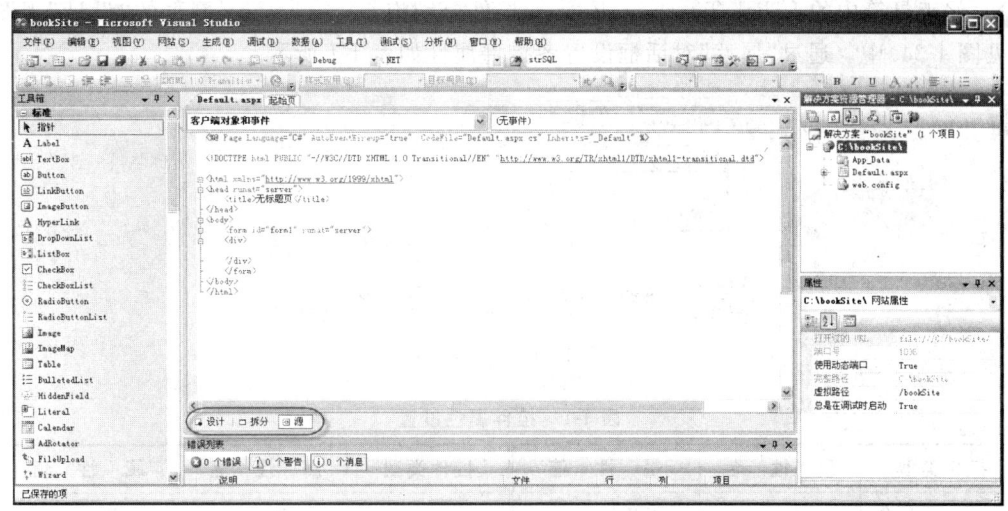

图 1-21　Visual Studio 2008 工作界面

（2）如图 1-22 所示，右击 C:\bookSite\网站，在弹出的快捷菜单中选择"添加新项"命令，打开如图 1-23 所示的"添加新项"对话框，在"模板"中选择"Web 窗体"，"名称"选项设置为 test1.aspx，其余选项默认，单击"添加"按钮，即可在该项目内创建一个名为 test1.aspx 的网页。

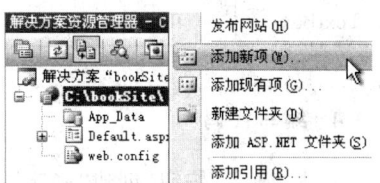

图 1-22　选择"添加新项"命令

图 1-23　"添加新项"对话框

### 3．界面布局及控件属性设置

将工具箱内的 Label、TextBox、Button 控件分别拖至 test1.aspx 网页的"设计"视图（见图 1-24）中。通过"属性"对话框设置各控件属性如表 1-1 所示。

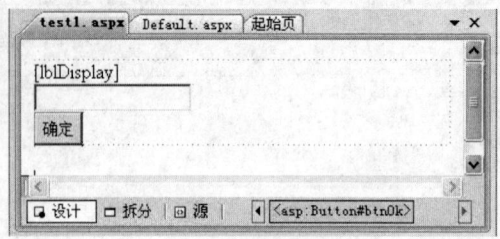

图 1-24　界面布局

**表 1-1　控件属性设置**

| 控件类型 | 属 性 名 | 属 性 值 | 控件类型 | 属 性 名 | 属 性 值 |
|---|---|---|---|---|---|
| Label | ID | lblDisplay | Button | ID | btnOk |
| | Text | | | Text | 确定 |
| TextBox | ID | txtInput | | | |

### 4．编写代码

双击"确定"按钮，创建"确定"按钮的单击事件，并切换至代码窗口，如图 1-25 所示。

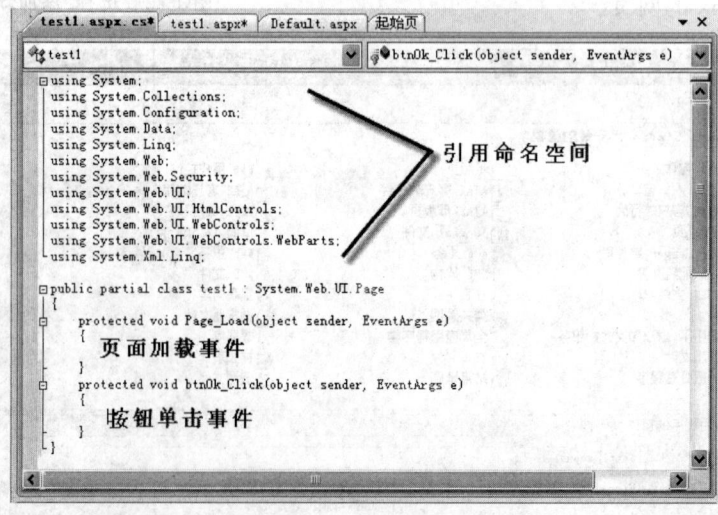

图 1-25　代码窗口

在按钮单击事件内写入代码：lblDisplay.Text＝txtInput.Text；即可实现确定按钮功能。

**5. 保存项目**

单击"文件"→"保存"命令或工具栏上的 按钮即可实现网页文件的保存。

**6. 设置起始页,运行网站**

(1) 在"解决方案资源管理器"面板中右击 test1.aspx 网页文件,在弹出的快捷菜单中选择"设为起始页"命令。

(2) 单击"调试"→"启动调试"命令或工具栏中的 ▶ 按钮,弹出如图 1-26 所示的"未启用调试"对话框,选择"修改 Web.config 文件以启用调试"选项,单击"确定"按钮后弹出运行的 test1.aspx 网页。在文本框内输入 Hello,然后单击 test1.aspx 网页上的"确定"按钮,将显示如图 1-18 所示的网页。

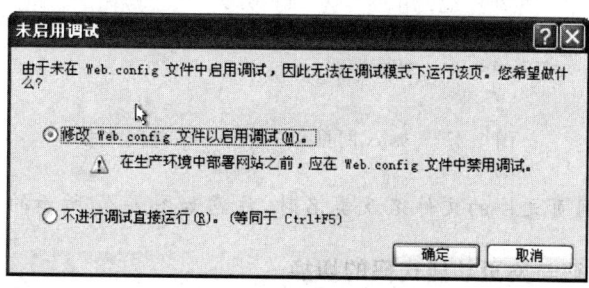

图 1-26 "未启用调试"对话框

## 1.2.3 任务 3:Visual Studio 2008 IDE 使用技巧

**【任务描述】**

(1) 应用多种方法完成控件的添加,属性的设置,事件的创建及删除。
(2) 通过示例理解动态网页的执行及网页回递。
(3) 通过 Response.Write()语句实现向网页中输出内容。

**【任务实现】**

**1. Web 窗体视图**

Web 窗体编辑区有 3 种视图,分别是:
(1) "设计"视图,以所见即所得形式实现网页界面设计。
(2) "源"视图,以 HTML 代码形式实现网页界面设计。
(3) "拆分"视图,同时呈现"设计"视图和"源"视图。

**2. ASP.NET 网页文件构成**

在 ASP.NET 中一个网页一般对应两个文件,两者缺一不可,分别是:

（1）以 aspx 扩展名结尾的文件，其内容是实现网页界面设计的代码，即为网页界面代码，它有 3 种视图方式，分别为"设计"视图、"拆分"视图、"源"视图。

（2）以 aspx.cs 扩展名结尾的文件，其内容是实现网页功能的代码，即为网页功能代码。

（3）在.aspx 网页和.aspx.cs 文件之间使用类似下面的代码进行关联（以 test1 网页为例），如图 1-27 所示。

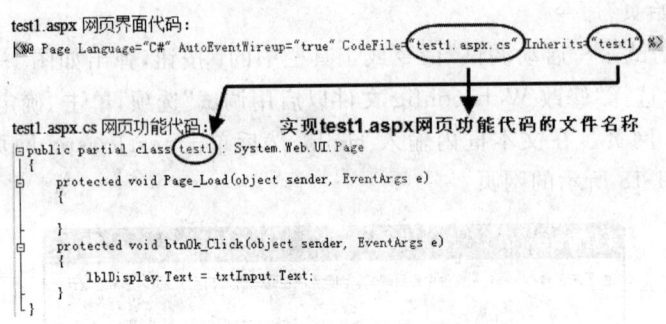

图 1-27  .aspx 网页和.aspx.cs 文件间关系

**注意**：在更改网页文件的文件名及类名时，注意如图 1-27 所示的对应关系。

### 3. 网页界面代码与网页功能代码的切换

1）切换至网页界面代码

在"解决方案资源管理器"面板中，右击 test1.aspx 网页文件，在弹出的快捷菜单中选择"查看标记"命令即显示 Web 窗体编辑的"源"视图；若在弹出的快捷菜单中选择"视图设计器"命令即显示 Web 窗体编辑的"设计"视图。

2）切换至网页功能代码

在"解决方案资源管理器"面板中，右击 test1.aspx 网页文件，在弹出的快捷菜单中选择"查看代码"命令即显示网页功能代码编辑区；或者直接双击 test1.aspx.cs 网页文件也可实现显示网页功能代码编辑区。

### 4. 添加控件至网页，并设置控件相关属性

1）方法一

（1）添加控件至网页。

左击"工具箱"→"标准"项中的 ab Button 按钮，并拖曳至如图 1-28(a)所示 Web 窗体编辑区"源"视图的选定位置，即可完成将 Button 按钮添加至网页。

（2）设置控件属性值。

将图 1-28(a)中选中代码更改为"＜asp:Button ID＝"btnOk" runat＝"server" Text＝"确定"/＞"，即可完成对 ID 属性及 Text 属性的设置。

**说明**：ID 属性是标识网页页面上各控件的唯一标识，不能重复；Text 属性是设置或获取控件中包含的文字，这里实现 Button 按钮表面文本的显示。

2）方法二

（1）添加控件至网页。

左击"工具箱"→"标准"项中的 **ab Button** 按钮，并拖曳至如图1-28(b)所示 Web 窗体编辑区"设计"视图的选定位置，即可完成将 Button 按钮添加至网页页面。

```
<html xmlns="http://www.w3.org/1999/xhtml" >
<head runat="server">
    <title>无标题页</title>
</head>
<body>
    <form id="form1" runat="server">
        <div>
            <asp:Button ID="Button1" runat="server" Text="Button" />
        </div>
    </form>
</body>
</html>
```

(a) 方法一：Button按钮添加至页面

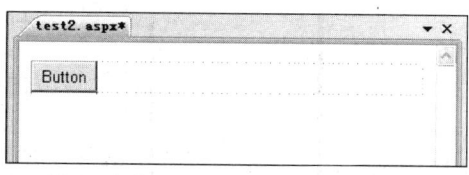

(b) 方法二：Button按钮添加至页面

图 1-28　添加控件

（2）设置控件属性值。

在 Web 窗体编辑区的"设计"视图中，选中 Button 按钮，单击"属性"对话框中的 图 图标，查看如图 1-29 所示的"属性"对话框，选择相关属性，并进行修改。"属性"对话框默认显示选中控件的属性列表。

**说明**：初学者可以使用方法二完成网页所需控件的添加及属性设置，较熟练后可使用方法一完成。

**5．控件事件**

1）创建控件事件

（1）方法一：

在 Web 窗体编辑区中选择"设计"视图，双击 Button 按钮，自动切换至网页功能代码编辑区，此时可以看到系统自动创建了 Button 按钮的单击事件 protected void btnOk_Click(object sender, EventArgs e){}。

（2）方法二：

在 Web 窗体编辑区的"设计"视图中，选中 Button 按钮，单击"属性"事件对话框中的 图标，查看如图 1-30 所示的"属性"事件对话框。在 Click 事件项右侧双击，即可完成 Button 按钮的单击事件创建，并自动切换至网页功能代码编辑区。若要创建其他事件，只需在其他事件项的右侧双击即可。

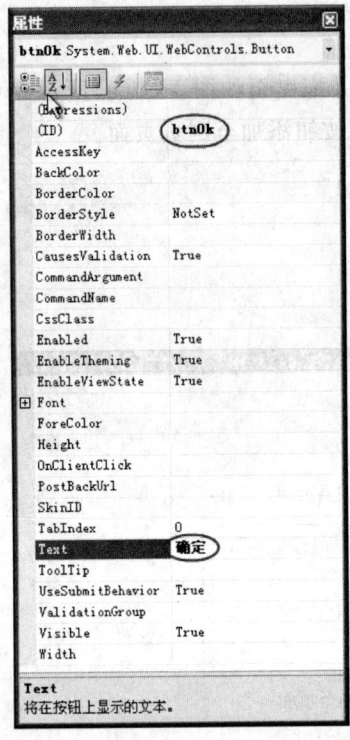

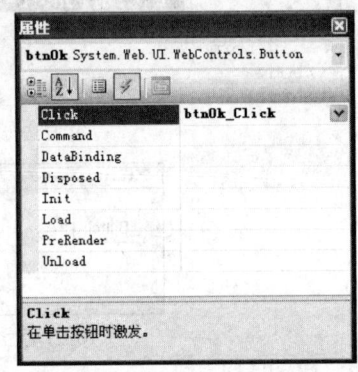

图 1-29  "属性"对话框          图 1-30  "属性"事件对话框

**说明：**

① 控件事件创建完成后，切换至网页界面代码即 Web 窗体编辑区"源"视图，发现此时 Button 按钮的代码变为"＜asp：Button ID＝"btnOk" runat＝"server" Text＝"确定" OnClick＝"btnOk_Click" /＞"，其中 OnClick＝"btnOk_Click"即表示该控件创建了单击事件，OnClick 表示此事件是"单击"事件，btnOk_Click 表示该事件的名称。

② 一般控件的默认事件，通过双击控件的方式就能创建，如方法一；若要创建控件的其他事件可以选择方法二实现。

2）删除控件事件

以 Button 按钮控件为例，删除其 Click 事件。只需在如图 1-30 所示的"属性"对话框事件列表中，选择要删除的事件，将其对应的事件名称删除，这时 Button 按钮的代码变为"＜asp：Button ID＝"btnOk" runat＝"server" Text＝"确定"/＞"；但此时事件代码并没有被删除，所以最后切换至网页功能代码编辑区，将事件代码 protected void btnOk_Click(object sender, EventArgs e){}删除即可。

3）常用事件

Page_Load()事件，在页面加载时，自动调用此事件。

Click 事件，在单击控件时发生。

TextChanged 事件，Text 属性值更改后发生。

SelectedIndexChanged 事件，在更改选定索引后发生。

**6. 服务器控件、HTML 控件**

一般来说,"工具箱"中的"标准"项、"数据"项、"验证"项等所含控件都是服务器控件,而"工具箱"中的 HTML 项所含控件都是 HTML 控件,如图 1-31 所示。

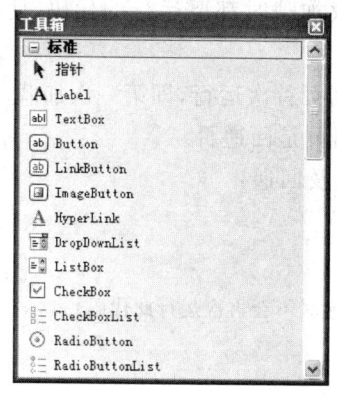 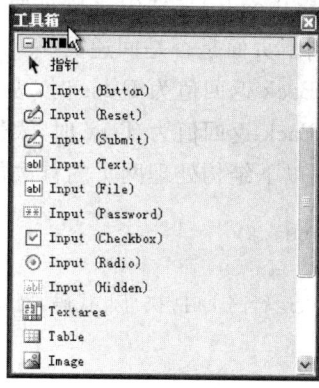

图 1-31　服务器控件和 HTML 控件

1）服务器控件

服务器控件标签都是以 asp:开头,称为标记前缀,后面是控件类型,另外服务器控件都有 ID 属性和默认的 runat＝"server"属性,runat 属性不能忽略不写,否则控件会被忽略。

2）HTML 控件

HTML 控件即 HTML 标签,如<input id="Button1" type＝"button" value＝"button"/>。ASP. NET 不会对这种控件做任何处理,只是将这个控件信息 Response 给客户端浏览器,由客户端浏览器对 HTML 控件进行处理。

说明：服务器控件与 HTML 控件最大的区别是它们对事件处理的方法不同。当HTML 控件引发一个事件时,浏览器会处理它。服务器控件引发事件是由服务器处理的,而不是由浏览器处理,客户端仅给服务器发送处理请求,告诉服务器处理事件。所以对于事件即时性要求强,服务器来不及处理的事件,就应用 HTML 控件事件。

**7. 动态网页执行过程**

（1）客户端浏览器向 Web 服务器发出对动态网页的请求;
（2）Web 服务器找到此动态网页并执行其中的指令,将执行结果生成 HTML 流;
（3）将执行结果生成的 HTML 流传送回客户端浏览器;
（4）客户端浏览器收到此 HTML 流后将其显示出来。

**8. 网页回递（回传）**

当网页首次运行,即第一次加载后,这时已经完成了一次向 Web 服务器的请求及将Web 服务器的请求结果在客户端浏览器上显示。这时如果网页上的服务器控件事件被触发,如单击 Button 按钮控件,这时客户端浏览器将再次向 Web 服务器发送请求,Web

服务器收到请求后,首先执行该网页的 Page_Load()事件,再执行引发回递的事件,即 Button 按钮的单击事件,执行完成后,再将结果回送给客户端浏览器,因为这是由服务器控件事件引发的请求,所以这次的请求及结果回送称为网页回递。

1) IsPostBack 属性

通常在 Page_Load()事件中存放页面每次加载时都要运行的代码,使用 IsPostBack 回递属性可以判断页面是否是回递页。

(1) IsPostBack 返回值为 False 时,表示网页首次运行,即第一次加载。

(2) IsPostBack 返回值为 True 时,表示网页是回递页。

(3) 通常用以下结构处理网页的首次加载及回递:

```
if (!IsPostBack)
{
    //第一次运行网页时,执行此代码,网页回递时不会再次运行此代码!
}
else
{
    //网页回递时,执行此代码!
}
```

2) 网页回递举例

(1) test2.aspx 网页的执行效果如图 1-32 所示。

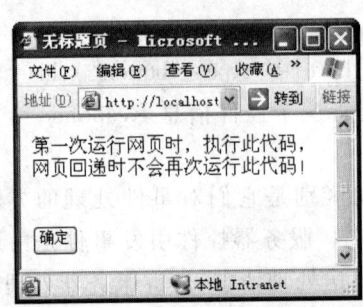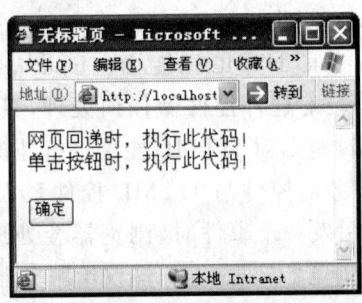

图 1-32　test2.asps 网页初始页面及单击"确定"按钮后 test2.asps 网页

(2) 在页面加载事件 Page_Load 及按钮单击事件 btnOk_Click 中,添加如代码 1-1 所示内容。

**代码 1-1**:test2.aspx.cs

```
//页面加载事件
protected void Page_Load(object sender,EventArgs e)
{
    if (!IsPostBack)
    {
        Response.Write("第一次运行网页时,执行此代码,网页回递时不会再次运行此代码!");
    }
    else
```

```
    {
        Response.Write("网页回递时,执行此代码!<br>");        //<br>是换行符
    }
}
//按钮单击事件
protected void btnOk_Click(object sender,EventArgs e)
{
    Response.Write("单击按钮时,执行此代码!");
}
```

（3）运行结果分析。

网页首次加载时,执行 Page_Load()事件,此时 IsPostBack 返回值为 False,执行 if 后语句,网页如图 1-32 所示。单击网页上"确定"按钮,引发网页回递,首先执行 Page_Load()事件,此时 IsPostBack 返回值为 True,执行 else 后语句,执行完 Page_Load()事件后,再执行引发回递的事件,即 Button 按钮单击事件 btnOk_Click。

**9. 输出语句的用法**

在 ASP.NET 中可以使用 Response.Write()语句实现输出功能,即向网页中输出内容,括号内可以是变量、字符串、HTML 标签、JavaScript 语句或以上内容的组合。

例如:

```
//输出字符串
Response.Write("单击按钮时,执行此代码!<br>");
//输出 JavaScript 语句,即弹出"添加成功"对话框
Response.Write("<script>alert('添加成功!')</script>");
```

# 1.3 课后任务

（1）安装 Visual Studio 2008 及 MSDN。
（2）应用 Visual Studio 2008 在网页上输入"Hello World!"。
（3）查阅 MSDN,掌握文本框控件、按钮控件、标签控件的常用属性及事件的使用方法。

# 1.4 实践

**实训一：在 Visual Studio 2008 集成开发环境中调试程序**

**1. 实践目的**

（1）熟悉 Visual Studio 2008 的集成开发环境。
（2）建立 ASP.NET 网站,实现新添加网页。
（3）在 Visual Studio 2008 中编辑、调试、运行 ASP.NET 程序。

### 2. 实践要求

创建如图 1-33 所示的用户登录页,分别输入口令及密码后,单击"确定"按钮,输入的口令及密码显示在按钮下方,格式如图 1-34 所示。

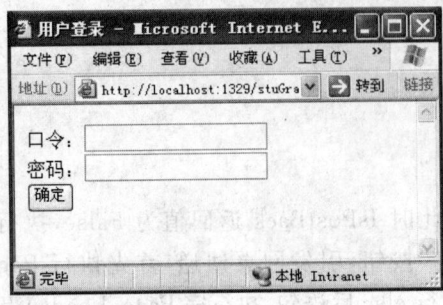

图 1-33 用户登录页

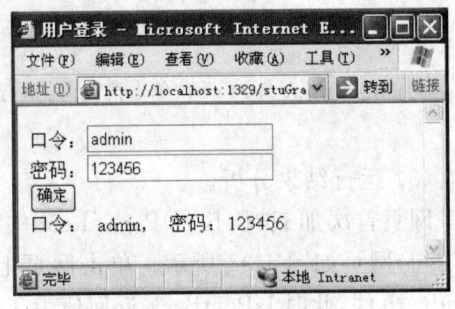

图 1-34 单击"确定"按钮后效果

### 3. 步骤指导

实现过程可参考 1.2.2 节任务 2。

# 第2章  语 法 基 础

**学习目标：**
(1) 掌握基本数据类型的应用。
(2) 掌握变量和常量的定义与应用。
(3) 掌握运算符的应用。
(4) 掌握流程控制语句。
(5) 能够灵活应用控制结构编写程序。
(6) 掌握数组的定义及应用。

## 2.1  知识梳理

### 2.1.1  变量

在任何编程语言中，无论是传统的面向过程还是面向对象都必须使用变量。因此，变量都有自己的数据类型，在使用变量的时候，必须使用相同的数据类型进行运算。在程序的运行中，计算中临时存储的数据都必须用到变量，变量的值也会放置在内存当中，由计算机运算后再保存到变量中，由此可见，变量在任何的应用程序开发中都是非常基础也是非常重要的。同样，在 C♯ 中也需要变量对数据进行存储，下面将会介绍 C♯ 的基本语法、数据类型、变量等。

#### 1. 定义

要声明一个变量就需要为这个变量找到一个数据类型，在 C♯ 中，数据类型由 .NET Framework 和 C♯ 语言来决定，表 2-1 列举了一些预定义的数据类型。

表 2-1  常用数据类型

| 类　　型 | 别　　名 | 描　　述 |
|---|---|---|
| short | System. Int16 | 16 位有符号的整数，$-32\,768 \sim 32\,767$ |
| int | System. Int32 | 32 位有符号的整数，$-2^{31} \sim 2^{31}-1$ |
| long | System. Int64 | 64 位有符号的整数，$-2^{63} \sim 2^{63}-1$ |
| byte | System. Byte | 8 位无符号的整数，$0 \sim 255$ |
| ushort | System. Uint16 | 16 位无符号的整数，$0 \sim 65\,535$ |
| uint | System. Uint32 | 32 位无符号的整型，$0 \sim 2^{32}-1$ |
| ulong | System. Uint64 | 64 位无符号的整数，$0 \sim 2^{64}-1$ |
| float | System. Single | 32 位单精度浮点数 |
| double | System. Double | 64 位双精度浮点数 |

续表

| 类　　型 | 别　　名 | 描　　述 |
|---|---|---|
| decimal | System. Decimal | 128 位高精度十进制数标识法 |
| bool | System. Boolean | true 或者 false |
| char | System. Char | 标识一个 16 位的字符 |
| string | System. String | Unicode 字符串 |

一个简单的声明变量的代码如下所示：

```
int i;             //声明整型变量
float f;           //声明浮点型变量
```

C♯注释说明：

(1) 多行注释　以符号/＊开始，并以符号＊/结束。

(2) 单行注释　使用符号//即双斜线来注释单行文本。

**2. 变量命名规则**

声明变量并不是随意声明的，变量的声明有自己的规则。简单规则如下：

① 变量名一般由字母、数字和下划线组成。

② 变量名必须以字母或者下划线开头。

③ 变量名不能与 C♯中的关键字、库函数名称相同。

④ 变量名区分大小写。例如 hello、Hello、hELLO 都是不同的变量名。

**3. 声明并初始化变量**

在程序代码编写中，需要大量使用变量和读取变量的值，所以需要声明一个变量来表示一个值。这个变量可能描述是一个人的年龄，也可能是一个人的姓名。在声明一个变量之后，就必须给这个变量一个值，只有在赋给变量值之后才能够说明这个变量被初始化。

1) 语法

声明变量的语法非常简单，即在数据类型之后编写变量名，如一个人的年龄(iage)和一个人的姓名(strname)，声明代码如下所示：

```
int iage;              //声明一个叫 iage 的整型变量,代表年龄
string strname;        //声明一个叫 strname 的字符串变量,代表姓名
```

2) 初始化变量

变量在声明后还需要初始化，示例代码如下所示：

```
int iage;              //声明一个叫 iage 的整型变量,代表年龄
string strname;        //声明一个叫 strname 的字符串变量,代表姓名
iage=21;               //初始化,年龄 21 岁
strname="abcd";        //初始化,姓名为 abcd
```

上述代码也可以合并为一个步骤简化编程开发,示例代码如下所示:

```
int iage=1;              //声明并初始化一个叫 iage 的整型变量,代表年龄
string strname="abcd";   //声明初始化
```

## 2.1.2　数组

数组是一个引用类型,开发人员能够声明数组并初始化数据进行相应的数组操作,数组是一种常用的数据存放方式。

### 1. 数组的声明

数组的声明方法是在数据类型和变量名之间插入一组方括号,声明格式如下所示:

```
string[] groups;         //声明数组
```

以上语句声明了一个变量名为 groups 的数组,其数据类型为 string。声明了一个数组之后,并没有为此数组添加内容初始化,需要对数组初始化,才能使用数组。

### 2. 数组的初始化

开发人员可以对数组进行显式的初始化,以便能够填充数组中的数据,初始化代码如下所示:

```
//初始化数组
string[] groups={ "asp.net", "c#", "control", "mvc", "wcf", "wpf", "linq"};
```

值得注意的是,与平常的逻辑不同的是数组的下标开始并不是 1,而是 0。以上代码初始化了 groups 数组,所以 groups[0] 的值应该是 asp. net 而不是 c♯,相比之下,group[1] 的值才应该是 c♯。

### 3. .NET 中数组的常用属性和方法

在.NET 中,.NET 框架为开发人员提供了方便的方法对数组进行运算,专注于逻辑处理的开发人员不需要手动实现对数组的操作。这些常用的方法如下所示。

(1) Length 方法:用来获取数组中元素的个数。

(2) Reverse 方法:用来反转数组中的元素,可以针对整个数组,或数组的一部分进行操作。

(3) Clone 方法:用来复制一个数组。

对于数组的操作,可以使用相应的方法进行数据的遍历、查询和反转。

## 2.1.3　声明并初始化字符串

字符串是计算机应用程序开发中常用的变量,在文本输出、字符串索引、字符串排序

中都需要使用字符串。

### 1. 声明及初始化字符串

字符串类型(string)是程序开发中最常见的数据类型,如上一节声明的数组中任意一个元素都是一个字符串。由于数组也是有其数据类型的,所以声明的数组是一个字符串型的数组。字符串的声明方式和其他数据类型声明方式相同,字符串变量的值必须在""双引号之间,示例代码如下所示:

```
string str="Hello World!";                //声明字符串
```

当开发人员试图在字符串中间输入一些特殊符号的时候,会发现编译器报错,示例代码如下所示:

```
string str="Hello "World!";
```

编写上述代码,会发现字符串被分开了,并且编译器报错"常量中有换行符",因为字符串中的"""符号被当成是字符串的结束符号。为了解决这个问题,就需要用到转义字符。示例代码如下所示:

```
string str="Hello \"World!";              //使用转义字符
```

在程序开发中,经常需要引用和打开某个文件,打开文件的操作必须要引用文件夹的地址。例如要打开我的文档里的内容,就必须在地址栏敲击 C:\Documents,在编写程序的时候,"\"字符却无法编写在字符串中,同样也需要转义字符,示例代码如下所示:

```
string str="C:\ \Documents";              //使用转义字符
```

### 2. 使用逐字符串

如果字符串初始化为逐字符串,编译器会严格按照原有的样式输出,无论是转义字符中的换行符还是制表符,都会按照原样输出。逐字符串的声明只需要在双引号前加上字符@即可,示例代码如下所示:

```
string str=@"文件地址:C:\\Documents \t";  //逐字符串
```

## 2.1.4 操作字符串

在 C♯中,为字符串提供了快捷和方便的操作,使用 C♯提供的类能够进行字符串的比较、字符串的连接、字符串的拆分等操作,方便了开发人员进行字符串的操作。

### 1. 比较字符串

如果需要比较字符串,有两种方式,一种是值比较,一种是引用比较。值比较可以直接使用关系运算符(例如,运算符==)进行比较。

当判断两个字符串是否指向同一个对象时,可以使用 Compare 方法判定两个字符串

是否指向同一个对象,示例代码如下所示:

```
string str="hello";                              //声明字符串
string str2="C#";                                //声明字符串
if (str.CompareTo(str2)>0)                       //使用 Compare 比较字符串
{
    Console.WriteLine("字符串不相等");            //输出不相等信息
}
else
{
    Console.WriteLine("字符串相等");              //输出相等信息
}
```

在上述代码运行后,如果字符串不相等,则输出"字符串不相等"字符,否则输出"字符串相等"。

### 2. 连接字符串

当一个字符串被创建,对字符串的操作方法实际上是对字符串对象的操作。其返回的也是新的字符串对象,与 int 等数据类型一样,字符串也可以使用符号＋进行连接,代码如下所示:

```
string str="Hello is A C#";                      //声明字符串
string str2="Programmer";                        //声明字符串
Response.Write(str+str2);                        //连接字符串
```

在上述例子中,声明并初始化两个字符串型变量 str 和 str2,并输出 str＋str2 的结果如下:

```
Hello is A C# Programmer
```

### 3. 拆分字符串

能够连接一个字符串,同样也可以拆分一个字符串。.NET Framework 提供了若干方法供拆分字符串,示例代码如下所示:

```
string str="Hello is A C# Programmer";           //声明字符串
Response.Write(str.IndexOf("is").ToString());    //拆分字符串
```

编译运行后,可以看到返回的结果是 6,说明 is 是字符串从开始第 6 位才找到 is,若搜索不到查询的字符串,则返回－1。当字符串拆分成子字符之后,可以通过 Split 方法对字符串进行分割,代码如下所示:

```
string str="BeiJing,Shanghai,GuangZhou,WuHan,ShenYang";  //初始化字符串
string[] p=str.Split(',');                       //使用 Split 方法分割并存入数组
for (int i=0; i<p.Length; i++)                   //遍历显示
{
```

```
            Response.Write(p[i]+" ");                      //输出字符串
    }
```

上述代码第一句声明并初始化了一个字符串,第二句使用 Split 方法按照逗号来分割字符串,并存入数组 p 内,然后遍历显示数组元素。

**4. 更改字符串大小写**

在.NET 中,系统为开发人员提供了将字符串更改为大写或小写的方法,这两个方法分别为 ToUpper()和 ToLower()。使用该方法能够进行字符串的大小写转换,示例代码如下所示:

```
string str="BeiJing,Shanghai,GuangZhou,WuHan,ShenYang";      //声明字符串
Response.Write(str.ToUpper());                               //转换成大写
Response.Write(str.ToLower());                               //转换成小写
```

### 2.1.5 创建和使用常量

常量是一般在程序开发当中不经常更改的变量,如 π 值、税率或者是数组的长度等。使用常量一般能够让代码更具可读性、更加健壮、便于维护。在程序开发当中,好的常量使用技巧对程序开发和维护都有好的影响,示例代码如下所示:

```
const double pi=3.1415926;                    //常量 pi 表示 π
double r=2;                                    //声明 double 类型常量
double round=2 * pi * r * r;                   //使用常量
Response.Write(round.ToString());              //输出变量值
```

当开发人员阅读到上述代码,也能够轻易地了解该语句的作用就是求圆的周长,因为在前面定义了常量 pi=3.1415926;当程序中用到这个变量的时候,立刻就能够知道程序的作用。声明常量的方法,只需要在普通的变量格式前加上 const 关键字即可,声明代码如下所示:

```
const int max=500;                            //声明 const 变量
const long kilometer=1000;                    //声明 const 变量
const double pi=3.1415926;                    //声明 const 变量
```

使用 const 声明的变量能够在程序中使用,但是值得注意的是,使用 const 声明的变量不能够在后面的代码中对该变量进行重新赋值。

### 2.1.6 类型转换

在应用程序开发中,很多情况都需要对数据类型进行转换,以保证程序的正常运行。类型转换是数据类型和数据类型之间的转换,在.NET 中,存在着大量的类型转换,常见的类型转换代码如下所示:

```
int i=1;                                          //声明整型变量
double d=i;                                        //隐式转换
```

在上述代码中 i 是整型变量,d 是 double 类型变量,在将 i 变量赋值给 d 变量时,自动实现隐式转换。在.NET 框架中,有隐式转换和显式转换,隐式转换是一种由 CLR 自动执行的类型转换,如上述代码中的,就是一种隐式的转换(开发人员不明确指定的转换),该转换由 CLR 自动将 int 类型转换成 double 型。在.NET 中,CLR 支持许多数据类型的隐式转换,CLR 支持的类型转换列表如表 2-2 所示。

表 2-2　CLR 支持的转换列表

| 从 该 类 型 | 到 该 类 型 |
| --- | --- |
| sbyte | short、int、long、float、double、decimal |
| byte | short、ushort、int、uint、long、ulong、float、double、decimal |
| short | int、long、float、double、decimal |
| ushort | int、uint、long、ulong、float、double、decimal |
| int | long、float、double、decimal |
| uint | long、ulong、float、double、decimal |
| long、ulong | float、double、decimal |
| float | double |
| char | ushort、int、uint、long、ulong、float、double、decimal |

显式转换是一种明确要求编译器执行的类型转换。在程序开发过程中,虽然很多地方能够使用隐式转换,但是隐式转换有可能存在风险,显式转换能够通过程序捕捉进行错误提示。虽然隐式也会提示错误,但是显式转换能够让开发人员更加清楚地了解代码中存在的风险并自定义错误提示以保证任何风险都能够及早避免,示例代码如下所示:

```
int i=1;                     //声明整型变量 i
float j=(float)i;            //显式转换为浮点型
```

上述代码说明了显式转换的基本语法格式,具体语法格式如下所示:

```
type variable1=(cast-type)variable2;
```

**注意**:显式的转换可能导致数据的部分丢失,如 3.1415 转换为整型的时候会变成 3。

除了隐式转换和显式转换,还可以使用.NET 中的 Convert 类实现转换,即使是两种没有联系的类型也可以实现转换。Convert 类的成员方法都是静态方法,当调用 Convert 类的方法时无须创建 Convert 对象,当使用显式转换的时候,若代码如下所示,则编译器会报错。

```
string i="1";                //声明字符串变量
int j=(int)i;                //显式转换为整型
Response.Write(j);           //输出 j
```

但是明显的是,字符串变量 i 的值是有可能转换成整型变量值 1 的,Convert 类能够实现转换,示例代码如下所示:

```
string i="1";                  //声明字符串变量
int j=Convert.ToInt32(i);      //显式转换为整型
Response.Write(j);             //输出 j
```

上述代码编译通过并能正常运行。Convert 类提供了诸多的转换功能,每个 Toxx 方法都将变量的值转换成相应.NET 简单数据类型的值,如 Int16、Int32、String 等。但是值得注意的是,并不是每个变量的值都能随意转换,示例代码如下所示:

```
string i="haha";               //声明字符串变量
int j=Convert.ToInt32(i);      //错误的转换
```

上述代码中,i 的值是字符串"haha",很明显,该字符串是无法转换为整型变量的。运行此代码后系统会抛出异常提示字符串"haha"不能够转换成整型常量。

### 2.1.7 表达式和运算符

表达式和运算符是应用程序开发中最基本也是最重要的一个部分,表达式和运算符组成一个基本语句,语句和语句之间组成方法或变量,这些方法或变量通过某种组合形成类。

#### 1. 定义

表达式是运算符和操作符的序列。运算符是简明的符号,包括实际中的加减乘除,它告诉编译器在语句中实际发生的操作,而操作数即操作执行的对象。运算符和操作数组成完整的表达式。

#### 2. 运算符类型

在大部分情况下,对运算符类型的分类都是根据运算符所使用操作数的个数来分类的,一般可以分为 3 类,这 3 类分别如下所示。
- 一元运算符:只使用一个操作数,如(!),自增运算符(++)等,如 i++。
- 二元运算符:使用两个操作数,如最常用的加减法,i+j。
- 三元运算符:三元运算符只有(?:)一个。

除了按操作数个数来分以外,运算符还可以按照操作数执行的操作类型来分,如下所示:
- 关系运算符。
- 逻辑运算符。
- 算术运算符。
- 赋值运算符。
- 条件运算符。
- 其他运算符。

在应用程序开发中,运算符是最基本也是最常用的,它表示一个表达式是如何进行运算的。常用的运算符如表 2-3 所示。

表 2-3 常用的运算符

| 运算符类型 | 运 算 符 |
|---|---|
| 算术运算符 | +、-、\*、/、% |
| 关系运算符 | <、>、<=、>=、==、!=、is、as |
| 逻辑运算符 | !、&&、‖ |
| 赋值运算符 | =、+=、-=、\*=、/=、<<=、>>=、&=、^=、\|= |

### 3. 算术运算符

程序开发中常常需要使用算术运算符,算术运算符用于创建和执行数学表达式,以实现加、减、乘、除等基本操作,示例代码如下所示:

```
int a=1;                              //声明整型变量
int b=2;                              //声明整型变量
int c=a+b;                            //使用+运算符
int d=1+2;                            //使用+运算符
int e=1+a;                            //使用+运算符
int f=b-a;                            //使用-运算符
int f=b/a;                            //使用/运算符
```

**注意**:当除数为 0,系统会抛出 DivideByZeroException 异常,在程序开发中应该避免出现逻辑错误,因为编译器不会检查逻辑错误,只有在运行中才会提示相应的逻辑错误并抛出异常。

在算术运算符中,运算符%代表求余数,示例代码如下所示:

```
int a=10;                             //声明整型变量
int b=3;                              //声明整型变量
Response.Write((a % b).ToString());   //求 10 除以 3 的余数
```

上述代码实现了"求 10 除以 3 的余数"的功能,其运行结果为 1。在 C# 的运算符中还包括自增和自减运算符,如++和--运算符。++和--运算符是一个单操作运算符,将目的操作数自增或自减 1。该运算符可以放置在变量的前面和变量的后面,都不会有任何的语法错误,但是放置的位置不同,实现的功能也不同,示例代码如下所示:

```
int a=10;                             //声明整型变量
int a2=10;                            //声明整型变量
int b=a++;                            //执行自增运算
int c=++a2;                           //执行自增运算
```

变量 a、a2 为 10,在使用++运算符后,a 和 a2 分别变为 11;b 的赋值语句代码中使用的为后置自增运算符,所以 b 的值为 10;而 c 的赋值语句代码中使用的为前置自增运算符,所以 c 的值为 11。

**4. 关系运算符**

关系运算符用于创建一个表达式,该表达式用来比较两个对象并返回布尔值。

关系运算符如>、<、>=、<=等同样是比较两个对象并返回布尔值,示例代码如下所示:

```
string a="nihao";                                    //声明字符串变量 a
string b="nihao";                                    //声明字符串变量 b
if (a==b)                                            //比较字符串,返回布尔值
{
    Console.WriteLine((a ==b).ToString());           //输入比较后的布尔值
}
else
{
    Console.WriteLine((a ==b).ToString());           //输入比较后的布尔值
}
```

编译并运行上述程序后,其输出为 true。若条件不成立,即如 a 不等于 b 的变量值,则返回 false。

**5. 逻辑运算符**

逻辑运算符和布尔类型组成逻辑表达式。NOT 运算符!使用单个操作数,用于转换布尔值,即取非,示例代码如下所示:

```
bool myBool=true;                                    //创建布尔变量
bool notTrue= !myBool;                               //使用逻辑运算符
```

与其他编程语言相似的是,C#也使用 AND 运算符&&。该运算符使用两个操作数做与运算,当有一个操作数的布尔值为 false 时,则返回 false,示例代码如下所示:

```
bool myBool=true;                                    //创建布尔变量
bool notTrue= !myBool;                               //使用逻辑运算符取反
bool result=myBool && notTrue;                       //使用逻辑运算符计算
```

同样,C#中也使用‖运算符执行 OR 运算,当有一个操作数的布尔值为 true 时,则返回 true。

**注意**:当使用&&运算符和‖运算符时,它们是短路(short-circuit)的,这也就是说,当一个布尔值能够由前一个或前几个操作数决定结果,那么就不使用剩下的操作数继续运算而直接返回结果。

**6. 赋值运算符**

C#提供了几种类型的赋值运算符,最常见的就是=运算符。C#还提供了组合运算符,如+=、-=、*=等。=运算符通常用来赋值,示例代码如下:

```
int a,b,c;                              //声明 3 个整型变量
a=b=c=1;                                //使用赋值运算符
```

上述代码声明并初始化 3 个整型变量 a、b、c,且初始化这些变量的值为 1。

加法赋值运算符＋＝将加法和赋值操作组合起来,先把第一个数值的值加上第二个数值的值再存放到第一个数值,示例代码如下所示:

```
a+=1;                                   //进行自加运算
```

上述代码会将变量 a 的值加上 1 并再次赋值回 a,上述代码实现的功能和以下代码等效。

```
a=a+1;                                  //不使用+=运算符
```

同样,－＝、＊＝、/＝都是将第一个数值的值与第二个数值的值做操作再存放到第一个数值。

### 7. 运算符的优先级

开发人员需要经常创建表达式来执行应用程序的计算,简单的有加减法,复杂的有矩阵、数据结构等,在创建表达式时,往往需要一个或多个运算符。在多个运算符之间的运算操作时,编译器会按照运算符的优先级来控制表达式的运算顺序,然后再计算求值。例如在生活中也常常遇到这样的计算,如 $1+2\times3$。如果在程序开发中,编译器优先运算＋运算符并进行计算就会造成错误的结果。

1) 运算顺序

表达式中常用运算符的运算顺序如表 2-4 所示。

表 2-4 运算符优先级

| 运算符类型 | 运 算 符 |
|---|---|
| 元运算符 | X、y、f(x)、a[x]、x++、x－－、new、typeof、checked、unchecked |
| 一元运算符 | ＋、－、!、~、++x、－－x、(T)x |
| 算术运算符 | *、/、% |
| 位运算符 | <<、>>、&、\|、^、~ |
| 关系运算符 | <、>、<=、>=、is、as |
| 逻辑运算符 | &、^、\| |
| 条件运算符 | &&、\|\|、? |
| 赋值运算符 | =、+=、－=、*=、/=、<<=、>>=、&=、^=、\|= |

当执行运算 $1+2*3$ 的时候,因为＋运算符的优先级比 * 运算符的优先级低,则当编译器编译表达式并进行运算的时候,编译器会首先执行 * 运算符的乘法操作,然后执行＋运算符的加法操作。当需要指定运算符的优先级,可以使用圆括号来告知编译器自定义运算符的优先级,示例代码如下所示:

```
c=a+b * c;              //先执行乘法
c=(a+b) * c;            //先执行加法
```

2）左结合和右结合

所有的二元运算符都是有两个操作数,除了赋值运算符以外其他运算符都是左结合的,而赋值运算符是右结合,示例代码如下所示:

```
a+b+c;                        //结合方式为(a+b)+c
a=b=c;                        //结合方式为 a=(b=c)
```

## 2.1.8　if 语句

if 语句是最常用的选择语句,它根据布尔表达式的值来判断是否执行后面的内嵌语句。格式:

```
if(boolean-expression)
{
    statements;
}
```

或者

```
if(boolean-expression)
{
    if-statements;
}
else
{
    else-statements;
}
```

当布尔表达式的值为真,则执行 if 后面的内嵌语句 if-statements;为假则程序继续执行。如果有 else 语句,则执行 else 后面的内嵌语句;否则,继续执行下一条语句。

例如下面的例子用来对一个浮点数 x 进行四舍五入,结果保存到一个整型变量 i 中:

```
if(x-(int)(x)>=0.5)
{
    i=(int)(x)+1;
}
else
{
    i=(int)(x);
}
```

如果 if 或 else 之后的嵌套语句只包含一条执行语句,则嵌套部分的大括号可以省略。如果包含两条以上的执行语句,对嵌套部分一定要加上大括号。

如果程序的逻辑判断关系比较复杂,通常会采用条件判断嵌套语句。if 语句可以嵌套使用,即在判断之中又有判断。具体形式如下:

```
if(boolean-expression)
{
    if(boolean-expression)
    {…}
    else
    {…}
}
else
{
    if(boolean-expression)
    {…}
    else
    {…}
}
```

此时应该注意,每一条 else 与离它最近且没有其他 else 与之对应的 if 相搭配。比如有下面一条语句:

```
if(x)if(y)F();else G();
```

它实际上应该等价于下面的写法:

```
if(x)
{
    if(y)
    {
        F();
    }
    else
    {
        G();
    }
}
```

## 2.1.9　switch 语句

if 语句每次判断只能实现两条分支,如果要实现多种选择的功能,那么可以采用 switch 语句。switch 语句根据一个控制表达式的值选择一个内嵌语句分支来执行。它的一般格式为:

```
switch(controlling-expression)
{
    case constant-expression1:
        statements;
        break;
```

```
case constant-expression2:
    statements;
    break;
case constant-expressionN:
    statements;
    break;
default:
    statements
}
```

switch 语句的控制类型,即其中控制表达式(controlling-expression)的数据类型可以是 byte、short、ushort、uint、long、ulong、char、string 或枚举类型(enum-type)。

每个 case 标签中的常量表达式(constant-expression)必须属于或能隐式转换成控制类型。

如果有两个或两个以上 case 标签中的常量表达式值相同,编译时将会报错。switch 语句中最多只能有一个 default 标签。

下面举一个例子来说明 switch 语句是如何实现程序的多路分支的。假设考查课的成绩按优秀、良好、中等、及格和不及格分为 5 等,分别用 A、B、C、D、E 来表示,但实际的考卷为百分制,分别对应的分数为 90～100、80～89、70～79、60～69、60 分以下。下面的程序将考卷成绩 x 转换为考查课成绩 y。主干代码如下:

```
char y;
int x=(int)(x/10);
switch(x)
{
    case 10: y='A'; break;
    case 9: y='A'; break;
    case 8: y='B'; break;
    case 7: y='C'; break;
    case 6: y='D'; break;
    default: y='A'; break;
}
```

**注意**:C 和 C++ 语言允许 switch 语句中 case 标签后不出现 break 语句,但 C# 不允许这样,它要求每个标签项后使用 break 语句,即不允许从一个 case 自动遍历到其他 case,否则编译时将报错。

### 2.1.10 while 语句

while 语句有条件地将内嵌语句执行 0 遍或若干遍。语句的格式为:

```
while(boolean-expression)
{
```

```
    statements;
}
```

它的执行顺序是：

（1）计算布尔表达式 boolean-expression 的值；

（2）当布尔表达式的值为真时，执行内嵌语句 statement 一遍，程序转至第（1）步；

（3）当布尔表达式的值为假时，while 循环结束。

下面来看一个简单的例子，该例子目的是求取 1～100 的累加和。主干代码如下：

```
int sum=0;
int i=1;
while(i<=100)
{
    sum=sum+i;
    i++;
}
```

while 语句中允许使用 break 语句结束循环，执行后续语句；也可以用 continue 语句停止内嵌语句的本次正常执行，继续进行 while 的下次循环。

分析下面两段代码，执行完毕变量 sum 的值是多少。

（1）主干代码如下：

```
int sum=0;
int i=1;
while(i<=100)
{
    if(i % 7==0)
        contiune;
    sum=sum+i;
    i++;
}
```

（2）主干代码如下：

```
int sum=0;
int i=1;
while(i<=100)
{
    if(i % 7==0)
        break;
    sum=sum+i;
    i++;
}
```

## 2.1.11  do-while 语句

do-while 语句与 while 语句不同的是,它将内嵌语句执行一次(至少一次)或若干次。语句格式为:

```
do
{
    statements;
} while(boolean-expression);
```

**注意**:while(boolean-expression);语句的分号不能缺少。

它按如下顺序执行:

(1) 执行内嵌语句 embedded-statement 一遍;

(2) 计算布尔表达式 boolean-expression 的值,为 true 则回到第一步,为 false 则终止 do 循环。

在 do-while 循环语句同样允许用 break 语句和 continue 语句,实现与 while 语句中相同的功能。

下面看一下如何使用 do-while 循环来实现求取 1~100 的累加和。主干代码如下:

```
int sum=0;
int i=1;
do
{
    sum=sum +i;
    i++;
} while(i<=100);
```

**注意**:while 和 do…while 结构的区别,当表达式第一次就不成立时,while 结构不执行循环体;do…while 结构至少执行一次循环体。

## 2.1.12  for 语句

for 语句是 C♯中使用频率最高的循环语句。在事先知道循环次数的情况下,使用 for 语句是比较方便的。for 语句的格式为:

```
for(initializer; condition; iterator)
{
    statements;
}
```

其中,initializer、condition、iterator 这 3 项都是可选项。initializer 为循环控制变量做初始化,循环控制变量可以有一个或多个(用逗号隔开);condition 为循环控制条件,也可以有一个或多个语句;iterator 按规律改变循环控制变量的值。

请注意,初始化、循环控制条件和循环控制都是可选的。如果忽略了条件,就可以产生一个死循环,要用跳转语句(break)才能退出。

```
for(; ;)
{
    if(condition)
    {
        break;
    }
    statements;
}
```

for 语句执行顺序如下:

(1) 书写顺序将 initializer 部分执行一遍,为循环控制变量赋初值;

(2) 测试 condition 中的条件是否满足;

(3) 若没有 condition 项或条件满足,则执行内嵌语句一遍,按 iterator 改变循环控制变量的值,回到第(2)步执行;

(4) 若条件不满足,则 for 循环终止。

下面的例子介绍如何使用 for 循环实现求取 1～100 的累加和。主干代码如下:

```
int sum=0;
int i=1;
for(i=1; i<=100; i++)
{
    sum=sum+i;
}
```

for 语句可以嵌套使用,帮助人们完成大量重复性、规律性的工作。下面的例子用于打印九九乘法口诀表。主干代码如下:

```
int i=1, j=1;
for(i=1; i<=9; i++)
{
    for(j=1; j<=i; j++)
    {
        Console.Write(j+" * "+i+"="+j * i+" ");
    }
    Console.WriteLine();                //换行
}
```

同样,可以用 break 和 continue 语句,和选择结构配合使用,达到控制循环的目的。

以打印数字为例,要求打印除 7 以外 0～9 的数字,只要在 for 循环执行到 7 时,跳过打印语句就可以了。主干代码如下:

```
for(int i=0; i<10; i++)
```

```
{
    if(i==7)
        continue;
    Console.WriteLine(i);
}
```

仍然以打印数字为例,要求打印 0~9 的数字,如果遇到 7 则终止输出。只要在 for 循环执行到 7 时,终止循环结构就可以了。主干代码如下:

```
for(int i=0; i<10; i++)
{
    if(i==7)
        break;
    Console.WriteLine(i);
}
```

## 2.2 任务实现

### 2.2.1 任务1:计算长方体的面积和体积

【任务描述】

设计如图 2-1 所示的页面,当单击"计算"按钮,则根据长方体的长、宽、高,计算长方体的面积和体积,并显示在相应的文本框中。

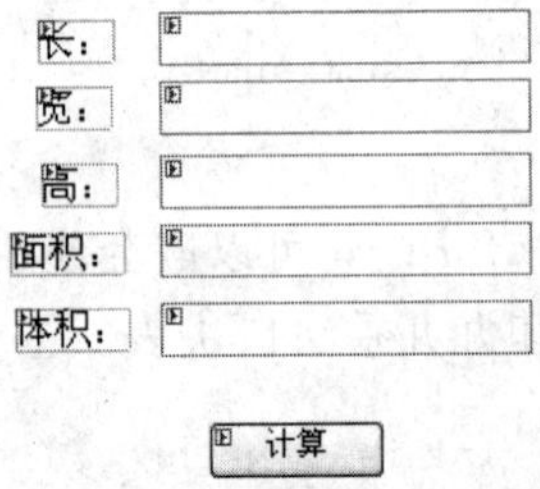

【任务实施】

(1) 页面设计源代码如下:

```
<html xmlns="http://www.w3.org/1999/xhtml" >
<head id="Head1" runat="server">
    <title>长方体</title>
</head>
<body>
    <form id="form1" runat="server">
    <div>
        <asp:Label ID="Label1" runat="server" Style="z-index: 100; left:
        36px;position: absolute;top: 67px" Text="宽: "></asp:Label>
        <asp:Label ID="Label2" runat="server" Style="z-index: 101; left:
        37px;position: absolute;top: 40px" Text="长: "></asp:Label>
        <asp:Label ID="Label3" runat="server" Style="z-index: 102; left:
        38px;position: absolute;top: 98px" Text="高: "></asp:Label>
        <asp:Label ID="Label4" runat="server" Style="z-index: 103; left:
        27px;position: absolute;top: 157px" Text="体积: "></asp:Label>
        <asp:Label ID="Label5" runat="server" Style="z-index: 104; left:
```

图 2-1 页面视图

```
25px;position: absolute;top: 126px" Text="面积: "></asp:Label>
          <asp:TextBox ID="TextBox1" runat="server" Style="z-index: 105;left:
          87px;position: absolute;top: 37px"></asp:TextBox>
          <asp:TextBox ID="TextBox2" runat="server" Style="z-index: 106;left:
          87px;position: absolute;top: 65px"></asp:TextBox>
          <asp:TextBox ID="TextBox3" runat="server" Style="z-index: 107;left:
          87px;position: absolute;top: 95px"></asp:TextBox>
          <asp:TextBox ID="TextBox4" runat="server" Style="z-index: 108;left:
          87px;position: absolute;top: 123px"></asp:TextBox>
          <asp:TextBox ID="TextBox5" runat="server" Style="z-index: 109;left:
          87px;position: absolute;top: 155px"></asp:TextBox>
          <asp:Button ID="Button1" runat="server" OnClick="Button1_Click"
          Style="z-index: 112;left: 106px;position: absolute;top: 203px" Text=
          "计算" Width="74px" />
      </div>
      </form>
</body>
</html>
```

**(2) 代码实现如下:**

```csharp
//计算按钮的单击事件
protected void Button1_Click(object sender, EventArgs e)
{
    //获取长,字符串类型
    string strA=TextBox1.Text.Trim();
    //获取宽,字符串类型
    string strB=TextBox2.Text.Trim();
    //获取高,字符串类型
    string strC=TextBox3.Text.Trim();
    //转换成实数类型
    double a=Convert.ToDouble(strA);
    //转换成实数类型
    double b=Convert.ToDouble(strB);
    //转换成实数类型
    double c=Convert.ToDouble(strC);
    //计算表面积
    double area=2 * (a * b+a * c+b * c);
    //计算体积
    double v=a * b * c;
    //转换成字符串类型,并显示在文本框中
    TextBox4.Text=area.ToString();
    //转换成字符串类型,并显示在文本框中
    TextBox5.Text=v.ToString();
}
```

（3）效果显示。

运行效果如图 2-2 所示。

**【任务拓展】**

可以仿照上述任务，根据球的半径，求取球的表面积和体积。

## 2.2.2　任务 2：根据身份证号获取个人信息

**【任务描述】**

设计如图 2-3 所示的页面，当单击"提取"按钮，则根据某人的身份证号，获取该人的如下信息：出生年月日、性别，并显示在相应的文本框中。

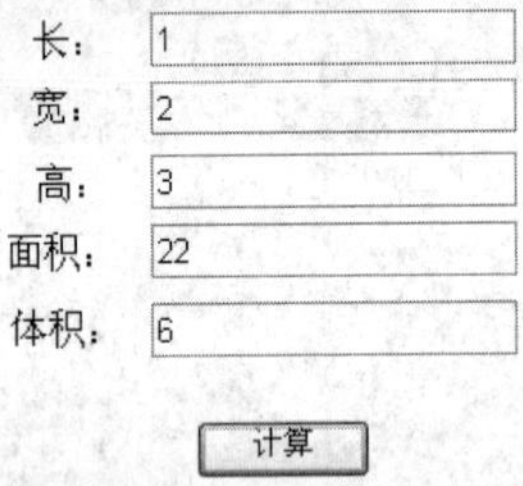

图 2-2　运行效果 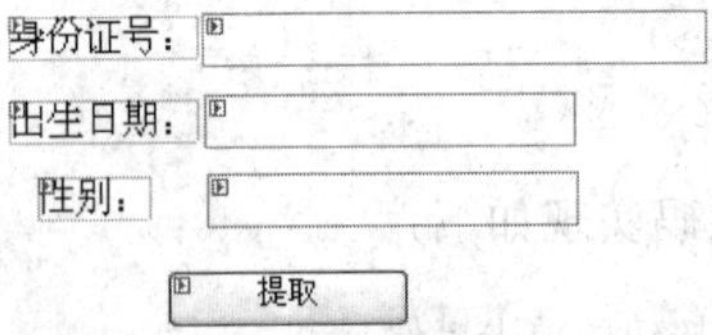　　　　　　　　　图 2-3　页面视图

**【任务实施】**

（1）页面设计源代码如下：

```
<html xmlns="http://www.w3.org/1999/xhtml">
<head id="Head1" runat="server">
   <title>个人信息</title>
</head>
<body>
   <form id="form1" runat="server">
   <div>
       <asp:Label ID="Label1" runat="server" Style="z-index: 100; left:
       35px;position: absolute;top: 41px" Text="身份证号: "></asp:Label>
       <asp:Label ID="Label2" runat="server" Style="z-index: 101; left:
       35px;position: absolute;top: 75px" Text="出生日期: "></asp:Label>
       <asp:Label ID="Label3" runat="server" Style="z-index: 102; left:
       47px;position: absolute;top: 106px" Text="性别: "></asp:Label>
       <asp:TextBox ID="TextBox1" runat="server" Style="z-index: 103;left:
       116px;position: absolute;top: 40px" Width="204px"></asp:TextBox>
       <asp:TextBox ID="TextBox2" runat="server" Style="z-index: 104;left:
       117px;position: absolute;top: 73px"></asp:TextBox>
```

```
        <asp:TextBox ID="TextBox3" runat="server" Style="z-index: 105;left:
        118px;position: absolute;top: 105px"></asp:TextBox>
        <asp:Button ID="Button1" runat="server" Style="z-index: 107;left:
        101px;position: absolute; top: 144px" Text ="提取" Width = "102px"
        OnClick="Button1_Click" />
    </div>
    </form>
</body>
</html>
```

（2）代码实现如下：

```
//提取按钮的单击事件
protected void Button1_Click(object sender, EventArgs e)
{
    //获取身份证号
    string strSFZH=TextBox1.Text.Trim();
    //截取出生年份
    string strYear=strSFZH.Substring(6, 4);
    //截取出生月份
    string strMonth=strSFZH.Substring(10, 2);
    //截取出生日子
    string strDay=strSFZH.Substring(12, 2);
    //截取倒数第二个字符
    string strA=strSFZH.Substring(16, 1);
    //合成出生日期
    string str=strYear+"-"+strMonth+"-"+strDay;
    int a=Convert.ToInt32(strA);
    string strSex="";
    if(a % 2==0)
    {
        strSex="女";
    }
    else
    {
        strSex="男";
    }
    TextBox2.Text=str;
    TextBox3.Text=strSex;
}
```

（3）效果显示。

运行效果如图 2-4 所示。

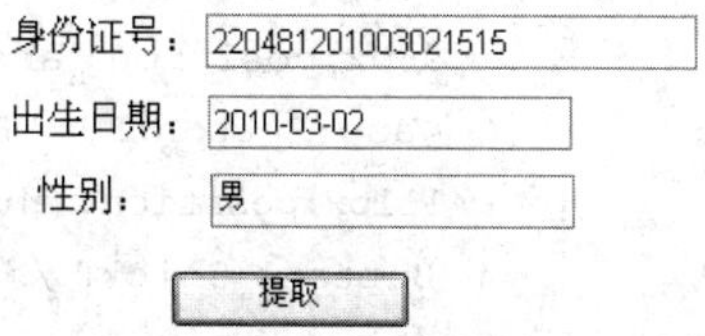

图 2-4 运行效果

【任务拓展】

确定输入的字符是否为字母,结果信息显示在相应的标签中。

### 2.2.3 任务3:判断给定数字是否位于指定区间内

【任务描述】

设计如图 2-5 所示的页面,当单击"判断"按钮,则根据给定的值和区间,判断该值与区间的关系(位于左侧、位于区间内、位于右侧),结果信息显示相应的文本框中。

【任务实施】

(1)页面设计源代码如下:

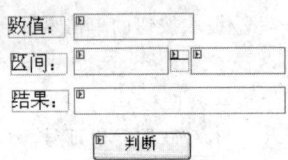

图 2-5 页面视图

```
<html xmlns="http://www.w3.org/1999/xhtml" >
<head id="Head1" runat="server">
    <title>判断数是否位于区间内</title>
</head>
<body>
    <form id="form1" runat="server">
    <div>
        <asp:Label ID="Label1" runat="server" Style="z-index: 100;left:
        41px;position: absolute;top: 23px" Text="数值: "></asp:Label>
        <asp:Label ID="Label2" runat="server" Style="z-index: 101;left:
        43px;position: absolute;top: 53px" Text="区间: "></asp:Label>
        <asp:Label ID="Label3" runat="server" Style="z-index: 102;left:
        44px;position: absolute;top: 83px" Text="结果: "></asp:Label>
        <asp:TextBox ID="TextBox1" runat="server" Style="z-index: 103;left:
        96px;position: absolute;top: 21px" Width="94px"></asp:TextBox>
        <asp:TextBox ID="TextBox2" runat="server" Style="z-index: 104;left:
        96px;position: absolute;top: 49px" Width="73px"></asp:TextBox>
        <asp:Label ID="Label4" runat="server" Style="z-index: 105;left:
        176px;position: absolute;top: 51px" Text="—"></asp:Label>
        <asp:TextBox ID="TextBox3" runat="server" Style="z-index: 106;left:
        193px;position: absolute;top: 49px" Width="73px"></asp:TextBox>
        <asp:TextBox ID="TextBox4" runat="server" Style="z-index: 107;left:
        96px;position: absolute;top: 81px" Width="170px"></asp:TextBox>
        <asp:Button ID="Button1" runat="server" Style="z-index: 109;left:
        111px;position: absolute;top: 117px" Text="判断" Width="83px" OnClick=
        "Button1_Click" />
    </div>
    </form>
</body>
```

```
</html>
```

（2）代码实现如下：

```
//判断按钮的单击事件
protected void Button1_Click(object sender,EventArgs e)
{
    //获取相应文本框中的值
    string strA=TextBox1.Text.Trim();
    string strM=TextBox2.Text.Trim();
    string strN=TextBox3.Text.Trim();
    //转换数据类型
    double a=Convert.ToDouble(strA);          //数值
    double m=Convert.ToDouble(strM);          //区间左端点
    double n=Convert.ToDouble(strN);          //区间右端点
    //判断区间是否合理
    if(m>n)
    {
        TextBox4.Text="区间设置有误";
    }
    else
    {
        if(a<m)
        {
            TextBox4.Text=a.ToString()+"位于区间左侧";
        }
        else if(a<=n)
        {
            TextBox4.Text=a.ToString()+"位于区间内";
        }
        else
        {
            TextBox4.Text=a.ToString()+"位于区间右侧";
        }
    }
}
```

（3）效果显示。

运行效果如图 2-6 所示。

**【任务拓展】**

假设某公司对应聘人员的年龄要求在 24～40 之间，仿照上述任务判断应聘人员的年龄是否符合要求。

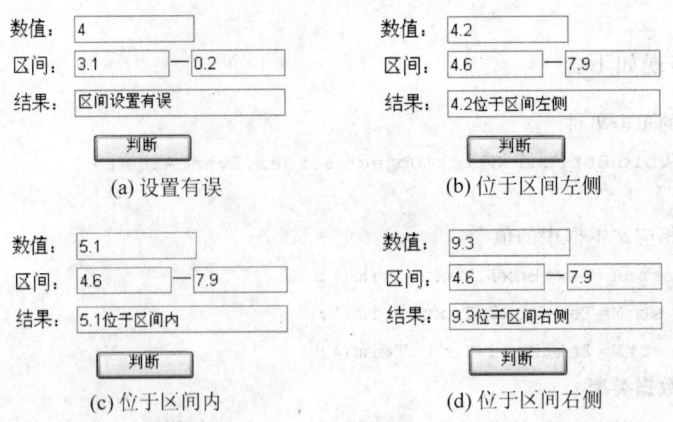

(a) 设置有误　　　　　　(b) 位于区间左侧

(c) 位于区间内　　　　　　(d) 位于区间右侧

图 2-6　运行效果

### 2.2.4　任务 4：求指定范围内所有三位数中奇数的和

【任务描述】

设计如图 2-7 所示的页面，首先输入范围的界定值（三位数），当单击"计算"按钮，则把该范围内所有奇数的总和求出来，并显示在相应的文本框中。

【任务实施】

（1）页面设计源代码如下：

图 2-7　页面视图

```
<html xmlns="http://www.w3.org/1999/xhtml">
<head id="Head1" runat="server">
    <title>求指定范围内所有三位数中奇数的和</title>
</head>
<body>
    <form id="form1" runat="server">
    <div>
        <asp:Label ID="Label1" runat="server" Style="z-index: 100;left:
        57px;position: absolute;top: 28px" Text="范围: "></asp:Label>
        <asp:Label ID="Label2" runat="server" Style="z-index: 101;left:
        58px;position: absolute;top: 63px" Text="总和: "></asp:Label>
        <asp:TextBox ID="TextBox1" runat="server" Style="z-index: 102;left:
        108px;position: absolute;top: 26px" Width="60px"></asp:TextBox>
        <asp:Label ID="Label3" runat="server" Style="z-index: 103;left:
        175px;position: absolute;top: 27px" Text="—"></asp:Label>
        <asp:TextBox ID="TextBox2" runat="server" Style="z-index: 104;left:
        192px;position: absolute;top: 26px" Width="60px"></asp:TextBox>
        <asp:TextBox ID="TextBox3" runat="server" Style="z-index: 105;left:
        108px;position: absolute;top: 60px" Width="146px"></asp:TextBox>
```

```
        <asp:Button ID="Button1" runat="server" OnClick="Button1_Click"
        Style="z-index: 107;left: 112px;position: absolute;top: 96px" Text=
        "计算" Width="83px" />
    </div>
    </form>
</body>
</html>
```

(2) 代码实现如下：

① while 语句实现。

```csharp
//计算按钮的单击事件
protected void Button1_Click(object sender,EventArgs e)
{
    //获取文本框中的数据
    string strA=TextBox1.Text.Trim();
    string strB=TextBox2.Text.Trim();
    //转换成整型数据
    int a=Convert.ToInt32(strA);
    int b=Convert.ToInt32(strB);
    //判断范围是否符合要求
    if(a>b)
    {
        TextBox3.Text="范围设定错误";
    }
    else
    {
        int i=a;                    //设定初始值
        long sum=0;                 //用于累加和
        while(i<=b)
        {
            if(i % 2==1)
            {
                sum=sum+i;
            }
            i++;
        }
        TextBox3.Text=sum.ToString();
    }
}
```

② do…while 语句实现。

```csharp
//计算按钮的单击事件
protected void Button1_Click(object sender,EventArgs e)
{
```

```
//获取文本框中的数据
string strA=TextBox1.Text.Trim();
string strB=TextBox2.Text.Trim();
//转换成整型数据
int a=Convert.ToInt32(strA);
int b=Convert.ToInt32(strB);
//判断范围是否符合要求
if(a>b)
{
    TextBox3.Text="范围设定错误";
}
else
{
    int i=a;                         //设定初始值
    long sum=0;                      //用于累加和
    do
    {
        if(i % 2==1)
        {
            sum=sum+i;
        }
        i++;
    } while(i<=b);
    TextBox3.Text=sum.ToString();
}
}
```

③ for 语句实现。

```
//计算按钮的单击事件
protected void Button1_Click(object sender,EventArgs e)
{
    //获取文本框中的数据
    string strA=TextBox1.Text.Trim();
    string strB=TextBox2.Text.Trim();
    //转换成整型数据
    int a=Convert.ToInt32(strA);
    int b=Convert.ToInt32(strB);
    //判断范围是否符合要求
    if(a>b)
    {
        TextBox3.Text="范围设定错误";
    }
    else
    {
```

```
        int i=a;                       //设定初始值
        long sum=0;                    //用于累加和
        for(i=a;i<=b;i++)
        {
            if(i % 2==1)
            {
                sum=sum+i;
            }
        }
        TextBox3.Text=sum.ToString();
    }
}
```

（3）效果显示。

运行效果如图 2-8 所示。

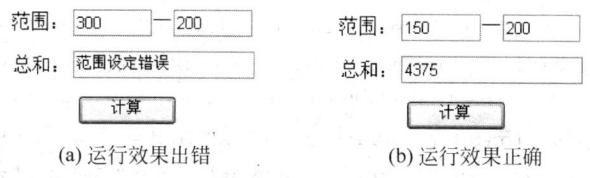

(a) 运行效果出错　　　　　　　(b) 运行效果正确

图 2-8　两种运行效果

【任务拓展】

可以仿照上述任务，首先输入范围的界定值（四位数），当单击"计算"按钮，则把该范围内所有偶数的总和求出来，并显示在相应的文本框中。

### 2.2.5　任务 5：计算单科成绩最高分、最低分及平均分

【任务描述】

设计如图 2-9 所示的页面，首先在分数数列对应的文本框中输入分数（中间用逗号间隔），然后单击"计算"按钮，则把分数数列中的最高分、最低分和平均分分别显示在对应的文本框中。

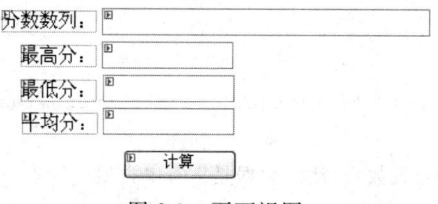

图 2-9　页面视图

## 【任务实施】

（1）页面设计源代码如下：

```html
<html xmlns="http://www.w3.org/1999/xhtml">
<head id="Head1" runat="server">
    <title>计算单科成绩最高分、最低分及平均分</title>
</head>
<body>
    <form id="form1" runat="server">
    <div>
        <asp:Label ID="Label1" runat="server" Style="z-index: 100;left:
        27px;position: absolute;top: 24px" Text="分数数列: "></asp:Label>
        <asp:Label ID="Label2" runat="server" Style="z-index: 101;left:
        43px;position: absolute;top: 52px" Text="最高分: "></asp:Label>
        <asp:Label ID="Label3" runat="server" Style="z-index: 102;left:
        43px;position: absolute;top: 80px" Text="最低分: "></asp:Label>
        <asp:Label ID="Label4" runat="server" Style="z-index: 103;left:
        44px;position: absolute;top: 107px" Text="平均分: "></asp:Label>
        <asp:TextBox ID="TextBox1" runat="server" Style="z-index: 104;left:
        111px;position: absolute;top: 22px" Width="267px"></asp:TextBox>
        <asp:TextBox ID="TextBox2" runat="server" Style="z-index: 105;left:
        111px;position: absolute;top: 49px" Width="104px"></asp:TextBox>
        <asp:TextBox ID="TextBox3" runat="server" Style="z-index: 106;left:
        112px;position: absolute;top: 76px" Width="104px"></asp:TextBox>
        <asp:TextBox ID="TextBox4" runat="server" Style="z-index: 107;left:
        112px;position: absolute;top: 103px" Width="104px"></asp:TextBox>
        <asp:Button ID="Button1" runat="server" OnClick="Button1_Click"
        Style="z-index: 109;left: 129px;position: absolute;top: 137px"
        Text="计算" Width="95px" />
    </div>
    </form>
</body>
</html>
```

（2）代码实现如下：

```
//计算按钮的单击事件
protected void Button1_Click(object sender,EventArgs e)
{
    //获取文本框中的分数数列,注意数据是字符串类型
    string strScore=TextBox1.Text.Trim();
    //以逗号的分隔符生成字符串类型的数组
    string[] a=strScore.Split(',');
```

```
//获取字符串数组中的第一个值
string strA=a[0];
//转换数据类型,同时作为默认最大值
int max=Convert.ToInt32(strA);
//转换数据类型,同时作为默认最小值
int min=Convert.ToInt32(strA);
//转换数据类型,累加到 sum 变量中
int sum=Convert.ToInt32(strA);
//获取字符串数组的长度
int n=a.Length;
for(int i=1;i<n;i++)
{
    //获取本次循环中对应字符串数组中的值
    string strTemp=a[i];
    //转换数据类型
    int temp=Convert.ToInt32(strTemp);
    //判断是否比现有最大值还大,满足条件该值作为当前最大值
    if(temp>max)
    {
        max=temp;
    }
    //判断是否比现有最小值还小,满足条件该值作为当前最小值
    if(temp<min)
    {
        min=temp;
    }
    //累加到 sum 变量中
    sum=sum+temp;
}
//求取平均值
double avg=1.0 * sum/n;
//平均值保留两位小数
avg=Math.Round(avg,2);
//显示最大值
TextBox2.Text=max.ToString();
//显示最小值
TextBox3.Text=min.ToString();
//显示平均值
TextBox4.Text=avg.ToString();
}
```

（3）效果显示。

运行效果如图 2-10 所示。

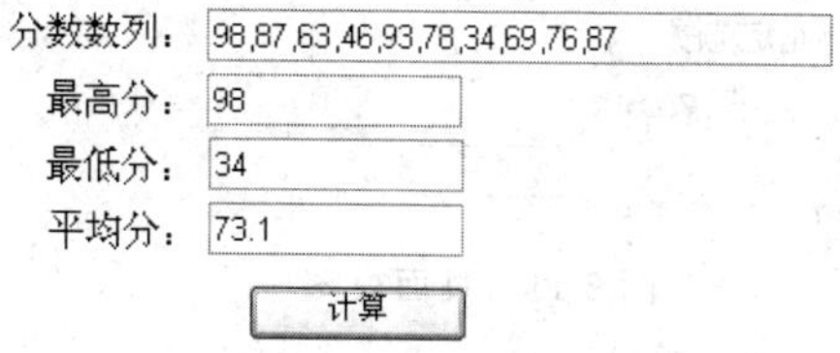

分数数列：98,87,63,46,93,78,34,69,76,87
最高分：98
最低分：34
平均分：73.1

计算

图 2-10　运行效果

**【任务拓展】**

可以仿照上述任务,求取一个整数数列中的最大值和最小值,并记录它们在数列中的位置。

## 2.3　课外任务

自定义页面,实现下列 Web 应用程序的编制。

(1) 编写应用程序,计算 $1+1/2+2/3+3/4+\cdots+99/100$ 之和,要求用 3 种循环结构分别实现。

(2) 编写应用程序,显示所有三位数中的"水仙花数",所谓"水仙花数"是指一个三位数,其各位数字立方和等于该数本身。例如,$153=1\times1\times1+5\times5\times5+3\times3\times3$,所以 153 是"水仙花数"。

(3) 编写应用程序,用 while 语句,求出 $1+(1+2)+(1+2+3)+\cdots+(1+2+3+\cdots+10)$ 之和。

(4) 编写应用程序,输入两个正整数,求出它们的最大公约数和最小公倍数。

## 2.4　实践

**实训一:求完数**

**1. 实践目的**

(1) 掌握 C♯ 的两种分支语句(if、switch)的使用方法。
(2) 掌握 C♯ 的循环语句(while、do/while、for)的使用方法。

**2. 实践要求**

编写 Web 应用程序,页面布局如图 2-11 所示,要求单击"计算"按钮把该范围的完数显示在文本框中。运行效果如图 2-12 所示。

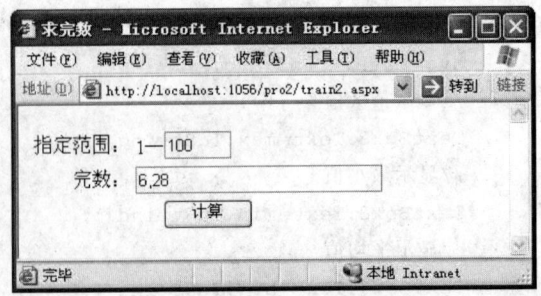

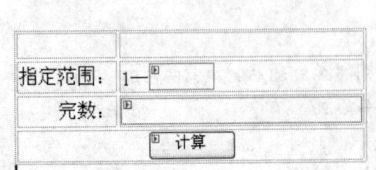

图 2-11　页面视图　　　　　　　　　　图 2-12　运行效果

概念解释:所谓"完数"是指一个数恰好等于它的所有因子之和。例如,6 是完数,因为 $6=1+2+3$。

### 3. 步骤指导

（1）创建工程，按照上述要求创建页面。

（2）编写"计算"按钮的单击事件代码，典型代码如下：

① for 结构。

```
for(int n=1;n<=m;n++)
{
    int sum=0;
    for(int i=1;i<n;i++)
    {
        if(n %i==0)
        {
            sum+=i;
        }
    }
    if(n==sum)
    {
        if(strR=="")
        {
            strR=n.ToString();
        }
        else
        {
            strR=strR+","+n.ToString();
        }
    }
}
```

② while 结构（略）。

③ do/while 结构（略）。

## 实训二：计算比赛得分

### 1. 实践目的

（1）掌握数据类型的应用。

（2）掌握运算符的应用。

（3）掌握控制结构的应用。

（4）掌握数组的应用。

### 2. 实践要求

有若干名选手参加歌唱比赛，共有 10 位评委给分，去除最高分和最低分，计算剩下 8 个数的平均分作为比赛得分。

设计如图 2-13 所示的页面,首先在分数数列对应的文本框中输入分数(中间用逗号间隔),然后单击"计算"按钮,在文本框中显示选手的最后得分。运行效果如图 2-14 所示。

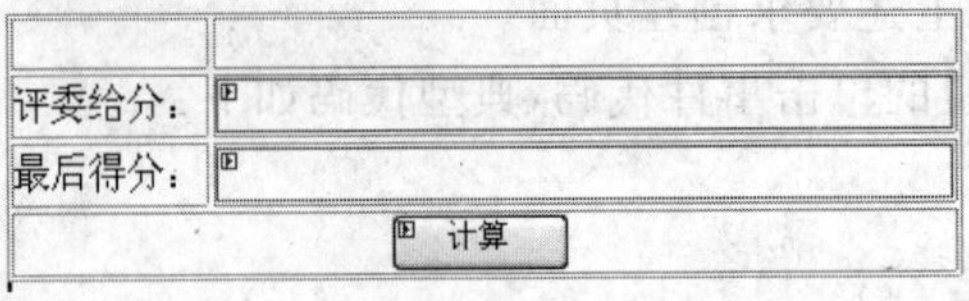

图 2-13   页面视图

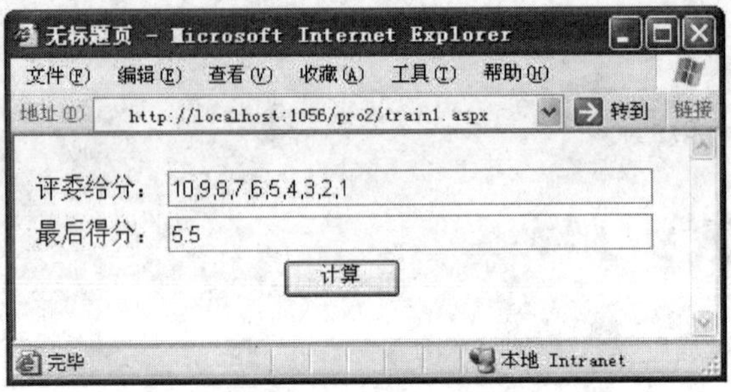

图 2-14   运行效果

### 3. 步骤指导

(1) 要点分析。

① 字符串生成字符串数组方法,举例如下:

```
string[] strS=strP.Split(',');
```

② 数据排序,采用冒泡法排序。

③ 小数点后最多保留两位,举例如下:

```
avg=Math.Round(avg,2);
```

(2) 实现步骤。

① 创建工程,按照上述要求创建页面;

② 编写"计算"按钮的单击事件代码,典型代码如下:

```
string[] strS=strP.Split(',');
//获取数组长度
int n=strS.Length;
double[] a=new double[n];
//数据类型转换
for(int i=0;i<n;i++)
{
    a[i]=Convert.ToDouble(strS[i]);
}
```

# 第 3 章　常用控件应用

学习目标：
(1) 掌握常用控件属性设置。
(2) 掌握常用控件的常见事件实现。

## 3.1　知识梳理

与 ASP 不同的是，ASP. NET 提供了大量的控件，这些控件能够轻松地实现一个交互复杂的 Web 应用功能。在传统的 ASP 开发中，让开发人员最为烦恼的是代码的重用性太低，以及事件代码和页面代码不能很好分开。而在 ASP. NET 中，控件不仅解决了代码重用性的问题，对于初学者而言，控件还简单易用并能够轻松上手、投入开发。

### 3.1.1　控件的属性

每个控件都有一些公共属性，例如字体颜色、边框的颜色、样式等。在 Visual Studio 2008 中，当开发人员将鼠标选择相应的控件后，属性栏中会简单地介绍该属性的作用，如图 3-1 所示。

"属性"对话框用来设置控件的属性，当页面初始化时，控件的这些属性将被应用到控件。控件的属性也可以通过编程的方式在页面相应代码区域编写，示例代码如下所示：

```
protected void Page_Load(object sender,
EventArgs e)
{
    Label1.Visible=false;
        //在 Page_Load 中设置 Label1 的可见性
}
```

上述代码编写了一个 Page_Load（页面加载事件），当页面初次被加载时，会执行 Page_Load 中的代码。这里通过编程的方法对控件的属性进行更改，当页面加载时，控件的属性会被应用并呈现在浏览器。

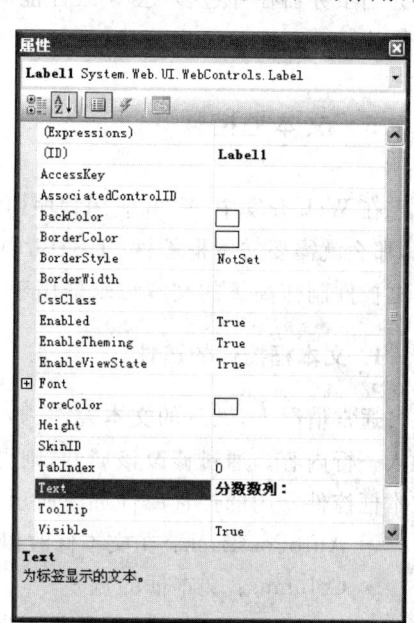

图 3-1　控件的属性

### 3.1.2 标签控件

在 Web 应用中,希望显式的文本不能被用户更改,或者当触发事件时,某一段文本能够在运行时更改,则可以使用标签控件(Label)。开发人员可以非常方便地将标签控件拖放到页面,拖放到页面后,该页面将自动生成一段标签控件的声明代码,示例代码如下所示:

```
<asp:Label ID="Label1" runat="server" Text="Label"></asp:Label>
```

上述代码中,声明了一个标签控件,并将这个标签控件的 ID 属性设置为默认值 Label1。由于该控件是服务器端控件,所以在控件属性中包含 runat="server"属性。该代码还将标签控件的文本初始化为 Label,开发人员能够配置该属性进行不同文本内容的呈现。

同样,标签控件的属性能够在相应的.cs 代码中初始化,示例代码如下所示:

```
protected void Page_PreInit(object sender,EventArgs e)
{
    Label1.Text="Hello World";          //标签赋值
}
```

上述代码在页面初始化时为 Label1 的文本属性设置为"Hello World"。

如果开发人员只是为了显示一般的文本或者 HTML 效果,不推荐使用 Label 控件,因为当服务器控件过多,会导致性能问题。使用静态的 HTML 文本能够让页面解析速度更快。

### 3.1.3 文本框控件

在 Web 开发中,Web 应用程序通常需要和用户进行交互,例如用户注册、登录、发帖等,那么就需要文本框控件(TextBox)来接受用户输入的信息。开发人员还可以使用文本框控件制作高级的文本编辑器用于 HTML,以及文本的输入输出。

**1. 文本框控件的属性**

通常情况下,默认的文本控件(TextBox)是一个单行的文本框,用户只能在文本框中输入一行内容。通过修改该属性,则可以将文本框设置为多行/或者是以密码形式显示,文本框控件常用的控件属性如下所示。

- AutoPostBack:在文本修改以后,是否自动重传。
- Columns:文本框的宽度。
- EnableViewState:控件是否自动保存其状态以用于往返过程。
- MaxLength:用户输入的最大字符数。
- ReadOnly:是否为只读。

- Rows：作为多行文本框时所显示的行数。
- TextMode：文本框的模式,设置单行、多行或者密码。
- Wrap：文本框是否换行。

1) AutoPostBack(自动回传)属性

在网页的交互中,如果用户提交表单,或者执行相应的方法,那么该页面将会发送到服务器上,服务器将执行表单的操作或者执行相应方法后,再呈现给用户,例如按钮控件、下拉菜单控件等。如果将某个控件的 AutoPostBack 属性设置为 true 时,则如果该控件的属性被修改,那么同样会使页面自动发回到服务器。

2) EnableViewState(控件状态)属性

ViewState 是 ASP. NET 中用来保存 Web 控件回传状态的一种机制,它是由 ASP. NET 页面框架管理的一个隐藏字段。在回传发生时,ViewState 数据同样将回传到服务器,ASP. NET 框架解析 ViewState 字符串并为页面中的各个控件填充该属性。而填充后,控件通过使用 ViewState 将数据重新恢复到以前的状态。

在使用某些特殊的控件时,如数据库控件,来显示数据库。每次打开页面执行一次数据库往返过程是非常不明智的。开发人员可以绑定数据,在加载页面时仅对页面设置一次,在后续的回传中,控件将自动从 ViewState 中重新填充,减少数据库的往返次数,从而不使用过多的服务器资源。在默认情况下,EnableViewState 的属性值通常为 true。

3) 其他属性

上面的两个属性是比较重要的属性,其他属性也经常使用。

- MaxLength：在注册时可以限制用户输入的字符串长度。
- ReadOnly：如果将此属性设置为 true,那么文本框内的值是无法被修改的。
- TextMode：此属性可以设置文本框的模式,例如单行、多行和密码形式。默认情况下,不设置 TextMode 属性,那么文本框默认为单行。

**2. 文本框控件的使用**

在默认情况下,文本框为单行类型,同时文本框模式也包括多行和密码,示例代码如下所示：

```
<asp:TextBox ID="TextBox1" runat="server"></asp:TextBox>
<br />
<br />
<asp:TextBox ID="TextBox2" runat="server" Height="101px" TextMode="MultiLine"
Width="325px"></asp:TextBox>
<br />
<br />
<asp:TextBox ID="TextBox3" runat="server" TextMode="Password"></asp:TextBox>
```

上述代码演示了3种文本框的使用方法。

文本框无论是在 Web 应用程序开发还是 Windows 应用程序开发中都是非常重要的。文本框在用户交互中能够起到非常重要的作用。在文本框的使用中,通常需要获取用户在文本框中输入的值或者检查文本框属性是否被改写。当获取用户的值的时候,必须通过一段代码来控制。文本框控件 HTML 页面示例代码如下所示:

```
<form id="form1" runat="server">
<div>
    <asp:Label ID="Label1" runat="server" Text="Label"></asp:Label>
    <br />
    <asp:TextBox ID="TextBox1" runat="server"></asp:TextBox>
    <br />
    <asp:Button ID="Button1" runat="server" onclick="Button1_Click" Text=
    "Button" />
    <br />
</div>
</form>
```

上述代码声明了一个文本框控件和一个按钮控件,当用户单击按钮控件时,就需要实现标签控件的文本改变。为了实现相应的效果,可以通过编写 cs 文件代码进行逻辑处理,示例代码如下所示:

```
//单击按钮时触发的事件
protected void Button1_Click(object sender, EventArgs e)
{
    Label1.Text=TextBox1.Text;      //标签控件的值等于文本框中控件的值
}
```

上述代码中,当单击按钮时,就会触发一个按钮事件,这个事件就是将文本框内的值赋值到标签内。

同样,文本框内容发生变化,会触发 TextChange 事件。而在运行时,当文本框控件中的字符变化后,并没有自动回传,是因为默认情况下,文本框的 AutoPostBack 属性被设置为 false。当 AutoPostBack 属性被设置为 true 时,文本框的属性变化,则会发生回传,示例代码如下所示:

```
//文本框事件
protected void TextBox1_TextChanged(object sender, EventArgs e)
{
    Label1.Text=TextBox1.Text;      //控件相互赋值
}
```

上述代码中,为 TextBox1 添加了 TextChanged 事件。在 TextChanged 事件中,并不是每一次文本框的内容发生变化之后,就会重传到服务器,这一点和 WinForm 是不同的,因为这样会大大降低页面的效率。而当用户将文本框中的焦点移出导致 TextBox 就会失去焦点时,才会发生重传。

### 3.1.4　按钮控件

在 Web 应用程序和用户交互时,常常需要提交表单、获取表单信息等操作。注意,按钮控件是非常重要的。按钮控件能够触发事件,或者将网页中的信息回传给服务器。在 ASP.NET 中,包含 3 类按钮控件,分别为 Button、LinkButton、ImageButton。

**1. 按钮控件的通用属性**

按钮控件用于事件的提交,按钮控件包含一些通用属性,按钮控件的常用通用属性包括如下所示。

- Causes Validation:按钮是否导致激发验证检查。
- CommandArgument:与此按钮管理的命令参数。
- CommandName:与此按钮关联的命令。
- ValidationGroup:使用该属性可以指定单击按钮时调用页面上的哪些验证程序。如果未建立任何验证组,则会调用页面上的所有验证程序。

下面的语句声明了 3 种按钮,示例代码如下所示:

```
<!--普通的按钮-->
<asp:Button ID="Button1" runat="server" Text="Button" />
<br />
<!--Link 类型的按钮-->
<asp:LinkButton ID="LinkButton1" runat="server">LinkButton</asp:LinkButton>
<br />
<!--图像类型的按钮-->
<asp:ImageButton ID="ImageButton1" runat="server" />
```

对于 3 种按钮,它们起到的作用基本相同,主要是表现形式不同。

**2. Click 单击事件**

这 3 种按钮控件对应的事件通常是 Click 单击和 Command 命令事件。在 Click 单击事件中,通常用于编写用户单击按钮时所需要执行的事件,示例代码如下所示:

```
protected void Button1_Click(object sender,EventArgs e)
{
    Label1.Text="普通按钮被触发";          //输出信息
}
protected void LinkButton1_Click(object sender,EventArgs e)
{
    Label1.Text="连接按钮被触发";          //输出信息
}
protected void ImageButton1_Click(object sender,ImageClickEventArgs e)
{
    Label1.Text="图片按钮被触发";          //输出信息
}
```

上述代码分别为 3 种按钮生成了事件,其代码都是将 Label1 的文本设置为相应的文本。

### 3. Command 命令事件

在按钮控件中,Click 事件并不能传递参数,所以处理的事件相对简单。而 Command 事件可以传递参数,负责传递参数的是按钮控件的 CommandArgument 和 CommandName 属性,如图 3-2 所示。

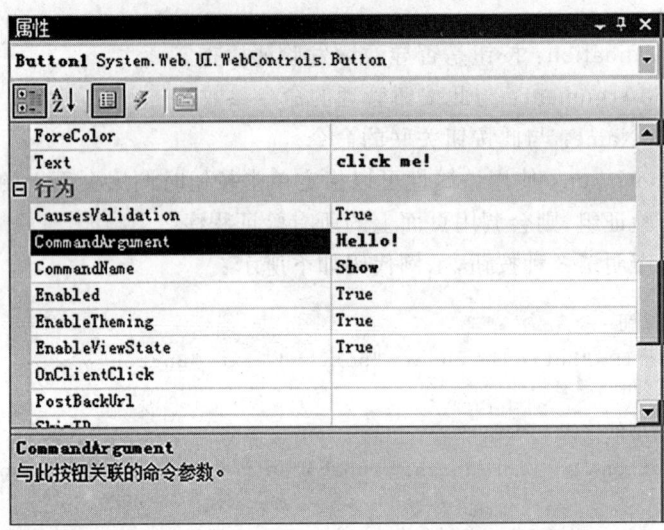

图 3-2　CommandArgument 和 CommandName 属性

将 CommandArgument 和 CommandName 属性分别设置为 Hello!和 Show,单击创建一个 Command 事件并在事件中编写相应代码,示例代码如下所示:

```
protected void Button1_Command(object sender,CommandEventArgs e)
{
    //如果 CommandName 属性的值为 Show,则运行下面代码
    if(e.CommandName=="Show")
    {
        //CommandArgument 属性的值赋值给 Label1
        Label1.Text=e.CommandArgument.ToString();
    }
}
```

**注意**:当按钮同时包含 Click 和 Command 事件时,通常情况下会执行 Command 事件。Command 有一些 Click 不具备的好处,就是传递参数。可以对按钮的 CommandArgument 和 CommandName 属性分别设置,通过判断 CommandArgument 和 CommandName 属性来执行相应的方法。这样一个按钮控件就能够实现不同的方法,使多个按钮与一个处理代码关联或者一个按钮根据不同的值进行不同的处理和响应。相比 Click 单击事件而言,Command 命令事件具有更高的可控性。

### 3.1.5　RadioButton 和 RadioButtonList

在投票等系统中,通常需要使用单选控件和单选组控件。顾名思义,在单选控件和单选组控件的项目中,只能在有限的选项中进行选择。在进行投票等应用开发并且只能在选项中选择单项时,单选控件和单选组控件都是最佳的选择。

**1. 单选控件**

单选控件(RadioButton)可以为用户选择某一个选项,单选控件常用属性如下所示。
- Checked：控件是否被选中。
- GroupName：单选控件所处的组名。
- TextAlign：文本标签相对于控件的对齐方式。

单选控件通常需要 Checked 属性来判断某个选项是否被选中,多个单选控件之间可能存在着某些联系,这些联系通过 GroupName 进行约束和联系,示例代码如下所示：

```
<asp:RadioButton ID="RadioButton1" runat="server" GroupName="choose" Text=
"Choose1" />
<asp:RadioButton ID="RadioButton2" runat="server" GroupName="choose" Text=
"Choose2" />
```

上述代码声明了两个单选控件,并将 GroupName 属性都设置为 choose。单选控件中最常用的事件是 CheckedChanged,当控件的选中状态改变时,则触发该事件,示例代码如下所示：

```
protected void RadioButton1_CheckedChanged(object sender,EventArgs e)
{
    Label1.Text="第一个被选中";
}
protected void RadioButton2_CheckedChanged(object sender,EventArgs e)
{
    Label1.Text="第二个被选中";
}
```

上述代码中,当选中状态被改变时,则触发相应的事件。

与 TextBox 文本框控件相同的是,单选控件不会自动进行页面回传,必须将 AutoPostBack 属性设置为 true 时才能在焦点丢失时触发相应的 CheckedChanged 事件。

**2. 单选组控件**

与单选控件相同,单选组控件(RadioButtonList)也是只能选择一个项目的控件,而与单选控件不同的是,单选组控件没有 GroupName 属性,但是却能够列出多个单选项目。另外,单选组控件所生成的代码也比单选控件实现的相对较少。单选组控件添加项如图 3-3 所示。

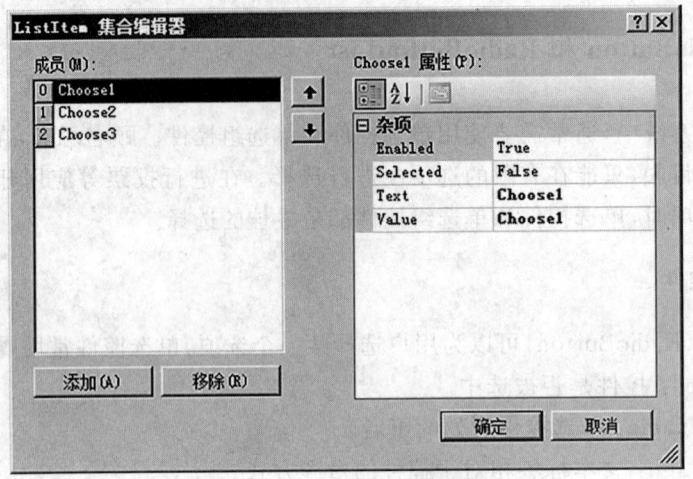

图 3-3  单选组控件添加项

添加项目后,系统自动在.aspx 页面声明服务器控件代码,代码如下所示:

```
<asp:RadioButtonList ID="RadioButtonList1" runat="server">
    <asp:ListItem>Choose1</asp:ListItem>
    <asp:ListItem>Choose2</asp:ListItem>
    <asp:ListItem>Choose3</asp:ListItem>
</asp:RadioButtonList>
```

上述代码使用了单选组控件进行单选功能的实现,单选组控件还包括一些属性用于样式和重复的配置。单选组控件的常用属性如下所示。

- DataMember:在数据集用做数据源时做数据绑定。
- DataSource:向列表填入项时所使用的数据源。
- DataTextFiled:提供项文本的数据源中的字段。
- DataTextFormat:应用于文本字段的格式。
- DataValueFiled:数据源中提供项值的字段。
- Items:列表中项的集合。
- RepeatColumn:用于布局项的列数。
- RepeatDirection:项的布局方向。
- RepeatLayout:是否在某个表或者流中重复。

同单选控件一样,双击单选组控件时系统会自动生成该事件的声明,同样可以在该事件中确定代码。当选择一项内容时,提示用户所选择的内容,示例代码如下所示:

```
protected void RadioButtonList1_SelectedIndexChanged(object sender,EventArgs e)
{
    Label1.Text=RadioButtonList1.Text;  //文本标签段的值等于选择的控件的值
}
```

### 3.1.6 复选框控件

同单选框控件一样,复选框也是通过 Check 属性判断是否被选择,而不同的是,复选框控件(CheckBox)没有 GroupName 属性,示例代码如下所示:

```
<asp:CheckBox ID="CheckBox1" runat="server" Text="Check1" AutoPostBack=
"true"/>
<asp:CheckBox ID="CheckBox2" runat="server" Text="Check2" AutoPostBack=
"true"/>
```

上述代码中声明了两个复选框控件。当双击复选框控件时,系统会自动生成事件。当复选框控件的选中状态被改变后,会激发该事件。示例代码如下所示:

```
protected void CheckBox1_CheckedChanged(object sender,EventArgs e)
{
    Label1.Text="选框 1 被选中";                    //当选框 1 被选中时
}
protected void CheckBox2_CheckedChanged(object sender,EventArgs e)
{
    Label1.Text="选框 2 被选中,并且字体变大";        //当选框 2 被选中时
    Label1.Font.Size=FontUnit.XXLarge;
}
```

上述代码分别为两个选框设置了事件,设置了当选择选框 1 时,则文本标签输出"选框 1 被选中"。当选择选框 2 时,则输出"选框 2 被选中,并且字体变大"。

对于复选框而言,用户可以在复选框控件中选择多个选项,所以就没有必要为复选框控件进行分组。在单选框控件中,相同组名的控件只能选择一项用于约束多个单选框中的选项,而复选框就没有约束的必要。

### 3.1.7 复选组控件(CheckBoxList)

同单选组控件相同,为了方便复选控件的使用,.NET 服务器控件中同样包括了复选组控件,拖动一个复选组控件到页面可以同单选组控件一样添加复选组列表。添加在页面后,系统生成代码如下所示:

```
<asp:CheckBoxList ID="CheckBoxList1" runat="server" AutoPostBack="True"
    onselectedindexchanged="CheckBoxList1_SelectedIndexChanged">
    <asp:ListItem Value="Choose1">Choose1</asp:ListItem>
    <asp:ListItem Value="Choose2">Choose2</asp:ListItem>
    <asp:ListItem Value="Choose3">Choose3</asp:ListItem>
</asp:CheckBoxList>
```

在上述代码中,同样增加了 3 个项目提供给用户选择,复选组控件最常用的是

SelectedIndexChanged 事件。当控件中某项的选中状态被改变时，则会触发该事件。示例代码如下所示：

```
protected void CheckBoxList1_SelectedIndexChanged(object sender,EventArgs e)
{
    if(CheckBoxList1.Items[0].Selected)          //判断某项是否被选中
    {
        Label1.Font.Size=FontUnit.XXLarge;       //更改字体大小
    }
    if(CheckBoxList1.Items[1].Selected)          //判断是否被选中
    {
        Label1.Font.Size=FontUnit.XLarge;        //更改字体大小
    }
    if(CheckBoxList1.Items[2].Selected)          //判断是否被选中
    {
        Label1.Font.Size=FontUnit.XSmall;        //更改字体大小
    }
}
```

上述代码中，CheckBoxList1.Items[0].Selected 是用来判断某项是否被选中，其中 Item 数组是复选组控件中项目的集合，其中 Items[0]是复选组中的第一个项目。上述代码用来修改字体的大小，当选择不同的选项时，字体的大小也不相同。

**注意**：复选组控件与单选组控件不同的是，不能够直接获取复选组控件某个选中项目的值，因为复选组控件返回的是第一个选择项的返回值，只能通过 Item 集合来获取选择某个或多个选中的项目值。

### 3.1.8 列表控件

在 Web 开发中，经常会需要使用列表控件，让用户的输入更加简单。例如在用户注册时，用户的所在地是有限的集合，而且用户不喜欢经常输入，这样就可以使用列表控件。同样列表控件还能够简化用户输入并且防止用户输入在实际中不存在的数据，如性别的选择等。

#### 1. DropDownList 列表控件

列表控件能在一个控件中为用户提供多个选项，同时又能够避免用户输入错误的选项。例如，在用户注册时，可以选择性别是男，或者女，就可以使用 DropDownList 列表控件，同时又避免了用户输入其他信息。因为性别除了男就是女，输入其他信息说明这个信息是错误或者是无效的。下列语句声明了一个 DropDownList 列表控件，示例代码如下所示：

```
<asp:DropDownList ID="DropDownList1" runat="server">
    <asp:ListItem>1</asp:ListItem>
```

```
    <asp:ListItem>2</asp:ListItem>
    <asp:ListItem>3</asp:ListItem>
    <asp:ListItem>4</asp:ListItem>
    <asp:ListItem>5</asp:ListItem>
    <asp:ListItem>6</asp:ListItem>
    <asp:ListItem>7</asp:ListItem>
</asp:DropDownList>
```

上述代码创建了一个 DropDownList 列表控件,并手动增加了列表项。同时 DropDownList 列表控件也可以绑定数据源控件。DropDownList 列表控件最常用的事件是 SelectedIndexChanged,当 DropDownList 列表控件选择项发生变化时,则会触发该事件,示例代码如下所示:

```
protected void DropDownList1_SelectedIndexChanged1(object sender,EventArgs e)
{
    Label1.Text="你选择了第"+DropDownList1.Text+"项";
}
```

上述代码中,当选择的项目发生变化时则会触发该 SelectedIndexChanged 事件。系统会将更改标签 1 中的文本。

**2. ListBox 列表控件**

相对于 DropDownList 控件而言,ListBox 控件可以指定用户是否允许多项选择。设置 SelectionMode 属性为 Single 时,表明只允许用户从列表框中选择一个项目,而当 SelectionMode 属性的值为 Multiple 时,用户可以按住 Ctrl 键或者使用 Shift 键从列表中选择多个数据项。当创建一个 ListBox 列表控件后,开发人员能够在控件中添加所需的项目,添加完成后示例代码如下所示:

```
<asp:ListBox ID="ListBox1" runat="server" Width="137px" AutoPostBack="True">
    <asp:ListItem>1</asp:ListItem>
    <asp:ListItem>2</asp:ListItem>
    <asp:ListItem>3</asp:ListItem>
    <asp:ListItem>4</asp:ListItem>
    <asp:ListItem>5</asp:ListItem>
    <asp:ListItem>6</asp:ListItem>
</asp:ListBox>
```

从结构上看,ListBox 列表控件的 HTML 样式代码和 DropDownList 控件十分相似。同样,SelectedIndexChanged 也是 ListBox 列表控件中最常用的事件,双击 ListBox 列表控件,系统会自动生成相应的代码。同样,开发人员可以为 ListBox 控件中的选项改变后的事件做编程处理,示例代码如下所示:

```
protected void ListBox1_SelectedIndexChanged(object sender,EventArgs e)
{
```

```
        Label1.Text="你选择了第"+ListBox1.Text+"项";
    }
```

上述代码中,当 ListBox 控件选择项发生改变后,该事件就会被触发并修改相应 Label 标签中文本。

上面的程序同样实现了 DropDownList 中程序的效果。不同的是,如果需要实现让用户选择多个 ListBox 项,只需要设置 SelectionMode 属性为 Multiple 即可。

当设置了 SelectionMode 属性后,用户可以按住 Ctrl 键或者使用 Shift 组合键选择多项。同样,开发人员也可以编写处理选择多项的事件,示例代码如下所示:

```
protected void ListBox1_SelectedIndexChanged1(object sender,EventArgs e)
{
        Label1.Text+=",你选择了第"+ListBox1.Text+"项";
}
```

上述代码使用了＋＝运算符,在触发 SelectedIndexChanged 事件后,应用程序将为 Label1 标签赋值。当用户每选一项的时候,就会触发该事件。

从运行结果可以看出,当单选时,选择项返回值和选择的项相同,而当选择多项的时候,返回值同第一项相同。所以,在选择多项时,也需要使用 Item 集合获取和遍历多个项目。

### 3.1.9 图像控件

图像控件(Image)用来在 Web 窗体中显示图像,图像控件常用的属性如下。
- AlternateText:在图像无法显式时显示的备用文本。
- ImageAlign:图像的对齐方式。
- ImageUrl:要显示图像的 URL。

当图片无法显示的时候,图片将被替换成 AlternateText 属性中的文字,ImageAlign 属性用来控制图片的对齐方式,而 ImageUrl 属性用来设置图像连接地址。同样,HTML 中也可以使用<img src="" alt="">来替代图像控件,图像控件具有可控性的优点,就是通过编程来控制图像控件,图像控件基本声明代码如下所示:

```
<asp:Image ID="Image1" runat="server" />
```

除了显示图形以外,Image 控件的其他属性还允许为图像指定各种文本,各属性如下所示。
- ToolTip:在工具提示中显示的文本。
- GenerateEmptyAlternateText:如果将此属性设置为 true,则呈现图片的 alt 属性将设置为空。

开发人员能够为 Image 控件配置相应的属性以便在浏览时呈现不同的样式,创建一个 Image 控件也可以直接通过编写 HTML 代码进行呈现,示例代码如下所示:

```
<asp:Image ID="Image1" runat="server" AlternateText="图片连接失效"
    ImageUrl="http://www.shangducms.com/images/cms.jpg"/>
```

上述代码设置了一个图片,并当图片失效的时候提示图片连接失效。

**注意**:当双击图像控件时,系统并没有生成事件所需要的代码段,这说明 Image 控件不支持任何事件。

### 3.1.10 超链接控件

超链接控件(HyperLink)相当于实现了 HTML 代码中的<a href="">\</a>效果,当然,超链接控件有自己的特点,当拖动一个超链接控件到页面时,系统会自动生成控件声明代码,示例代码如下所示:

```
<asp:HyperLink ID="HyperLink1" runat="server">HyperLink</asp:HyperLink>
```

上述代码声明了一个超链接控件,相对于 HTML 代码形式,超链接控件可以通过传递指定的参数来访问不同的页面。当触发一个事件后,超链接的属性可以被改变。超链接控件通常使用的两个属性如下所示。

- ImageUrl:要显式图像的 URL。
- NavigateUrl:要跳转的 URL。

#### 1. ImageUrl 属性

设置 ImageUrl 属性可以设置这个超链接是以文本形式显示还是以图片文件显示,示例代码如下所示:

```
<asp:HyperLink ID="HyperLink1" runat="server"
    ImageUrl="http://www.shangducms.com/images/cms.jpg">
    HyperLink
</asp:HyperLink>
```

上述代码将文本形式显示的超链接变为图片形式的超链接,虽然表现形式不同,但是不管是图片形式还是文本形式,全都实现相同的效果。

#### 2. Navigate 属性

Navigate 属性可以为无论是文本形式还是图片形式的超链接设置超链接属性,即将跳转的页面,示例代码如下所示:

```
<asp:HyperLink ID="HyperLink1" runat="server"
    ImageUrl="http://www.shangducms.com/images/cms.jpg"
    NavigateUrl="http://www.shangducms.com">
    HyperLink
</asp:HyperLink>
```

上述代码使用了图片超链接的形式。其中图片来自 http://www.shangducms.

com/images/cms.jpg，当单击此超链接控件后，浏览器将跳到 URL 为 http：//www.
shangducms.com 的页面。

**3. 动态跳转**

在前面小节讲解了超链接控件的优点，超链接控件的优点在于能够对控件进行编程，
来按照用户的意愿跳转到自己跳转的页面。以下代码实现了当用户选择 qq 时，会跳转到
腾讯网站，如果选择 sohu，则会跳转到 sohu 页面，示例代码如下所示：

```
protected void DropDownList1_SelectedIndexChanged(object sender,EventArgs e)
{
    if(DropDownList1.Text=="qq")                            //如果选择 qq
    {
        HyperLink1.Text="qq";                               //文本为 qq
        HyperLink1.NavigateUrl="http://www.qq.com";         //URL 为 qq.com
    }
    else                                                    //选择 sohu
    {
        HyperLink1.Text="sohu";                             //文本为 sohu
        HyperLink1.NavigateUrl="http://www.sohu.com"; //URL 为 sohu.com
    }
}
```

上述代码使用了 DropDownList 控件，当用户选择不同的值时，对 HyperLink1 控件
进行操作。当用户选择 qq，则为 HyperLink1 控件配置连接为 http：//www.qq.com。

## 3.1.11 面板控件

面板控件(Panel)就好像是一些控件的容器，可以将一些控件包含在面板控件内，然
后对面板控制进行操作来设置在面板控件内的所有控件是显示还是隐藏，从而达到设计
者的特殊目的。当创建一个面板控件时，系统会生成相应的 HTML 代码，示例代码如下
所示：

```
<asp:Panel ID="Panel1" runat="server"></asp:Panel>
```

面板控件的常用功能就是显示或隐藏一组控件，示例 HTML 代码如下所示：

```
<form id="form1" runat="server">
<asp:Button ID="Button1" runat="server" Text="Show" />
<asp:Panel ID="Panel1" runat="server" Visible="False">
    <asp:Label ID="Label1" runat="server" Text="Name:"
        style="font-size:xx-large"></asp:Label>
    <asp:TextBox ID="TextBox1" runat="server"></asp:TextBox>
    <br />
    This is a Panel!
```

```
    </asp:Panel>
    </form>
```

上述代码创建了一个 Panel 控件,Panel 控件默认属性为隐藏,并在控件外创建了一个
Button 控件 Button1,当用户单击外部的按钮控件后将显示 Panel 控件,cs 代码如下所示:

```
protected void Button1_Click(object sender,EventArgs e)
{
    Panel1.Visible=true;              //Panel 控件显示可见
}
```

当页面初次被载入时,Panel 控件以及 Panel 控件内部的服务器控件都为隐藏。当用
户单击 Button1 时,则 Panel 控件可见性为可见,则页面中的 Panel 控件以及 Panel 控件
中的所有服务器控件也都为可见。

将 TextBox 控件和 Button 控件放到 Panel 控件中,可以为 Panel 控件的 DefaultButton
属性设置为面板中某个按钮的 ID 来定义一个默认的按钮。当用户在面板中输入完毕,可
以直接按 Enter 键来传送表单。并且,当设置了 Panel 控件的高度和宽度时,当 Panel 控
件中的内容高度或宽度超过时,还能够自动出现滚动条。

Panel 控件还包含一个 GroupText 属性,当 Panel 控件的 GroupText 属性被设置时,
Panel 将会被创建一个带标题的分组框。

GroupText 属性能够进行 Panel 控件的样式呈现,通过编写 GroupText 属性能够更
加清晰地让用户了解 Panel 控件中服务器控件的类别。例如当有一组服务器用于填写用
户的信息时,可以将 Panel 控件的 GroupText 属性编写成为"用户信息",让用户知道该区
域是用于填写用户信息的。

## 3.1.12 表单验证控件

在实际的应用中,如在用户填写表单时,有一些项目是必填项,例如用户名和密码。在
传统的 ASP 中,当用户填写表单后,页面需要被发送到服务器并判断表单中的某项 HTML
控件的值是否为空,如果为空,则返回错误信息。在 ASP.NET 中,系统提供了表单验证控
件(RequiredFieldValidator)进行验证。使用 RequiredFieldValidator 控件能够指定某个用户
在特定的控件中必须提供相应的信息,如果不填写相应的信息,RequiredFieldValidator 控件
就会提示错误信息,RequiredFieldValidator 控件示例代码如下所示:

```
<body>
    <form id="form1" runat="server">
    <div>
        姓名:<asp:TextBox ID="TextBox1" runat="server"></asp:TextBox>
        <asp:RequiredFieldValidator ID="RequiredFieldValidator1" runat="server"
            ControlToValidate="TextBox1"
            ErrorMessage="必填字段不能为空"></asp:RequiredFieldValidator>
        <br />
```

```
密码:<asp:TextBox ID="TextBox2" runat="server"></asp:TextBox>
<br />
<asp:Button ID="Button1" runat="server" Text="Button" />
</div>
</form>
</body>
```

在进行验证时,RequiredFieldValidator 控件必须绑定一个服务器控件,在上述代码中,验证控件 RequiredFieldValidator 控件的服务器控件绑定为 TextBox1,当 TextBox1 中的值为空时,则会提示自定义错误信息"必填字段不能为空",如图 3-4 所示。

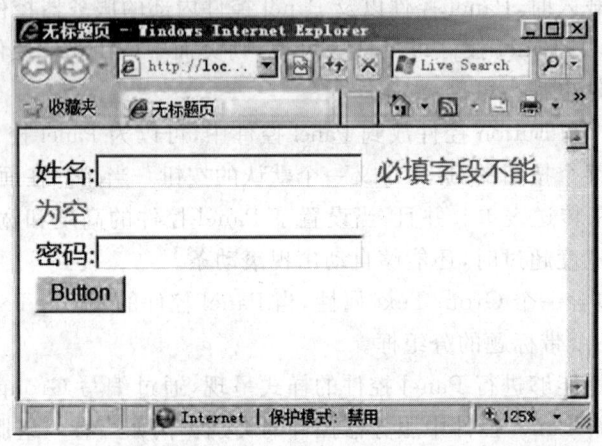

图 3-4　RequiredFieldValidator 验证控件

当姓名选项未填写时,会提示必填字段不能为空,并且该验证在客户端执行。当发生此错误时,用户会立即看到该错误提示而不会立即进行页面提交,当用户填写完成并再次单击按钮控件时,页面才会向服务器提交。

### 3.1.13　比较验证控件

比较验证控件(CompareValidator)对照特定的数据类型来验证用户的输入。因为当用户输入用户信息时,难免会输入错误信息,如当需要了解用户的生日时,用户很可能输入其他字符串。CompareValidator 比较验证控件能够比较控件中的值是否符合开发人员的需要。

CompareValidator 控件的特有属性如下所示。

- ControlToCompare:以字符串形式输入的表达式,要与另一控件的值进行比较。
- Operator:要使用的比较。
- Type:要比较两个值的数据类型。
- ValueToCompare:以字符串形式输入的表达式。

当使用 CompareValidator 控件时,可以方便判断用户是否正确输入,示例代码如下所示:

```
<body>
```

```
<form id="form1" runat="server">
<div>
    请输入生日:<asp:TextBox ID="TextBox1" runat="server"></asp:TextBox>
    <br />
    毕业日期:<asp:TextBox ID="TextBox2" runat="server"></asp:TextBox>
    <asp:CompareValidator ID="CompareValidator1" runat="server"
        ControlToCompare="TextBox2" ControlToValidate="TextBox1"
        CultureInvariantValues="True" ErrorMessage="输入格式错误!请改正!"
        Operator="GreaterThan" Type="Date">
    </asp:CompareValidator>
    <br />
    <asp:Button ID="Button1" runat="server" Text="Button" />
    <br />
</div>
</form>
</body>
```

上述代码判断 TextBox1 的输入格式是否正确,当输入的格式错误时,会提示错误,如图 3-5 所示。

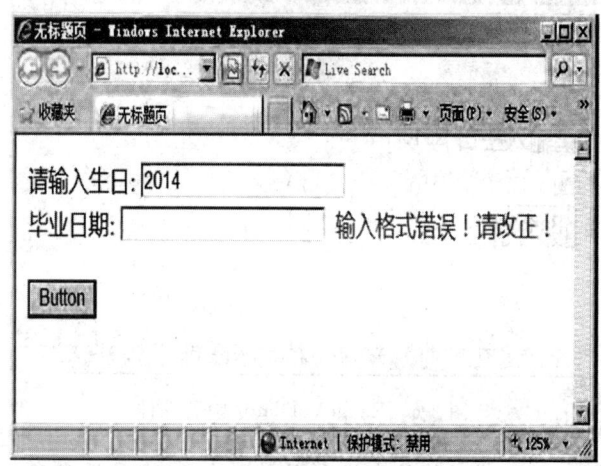

图 3-5　CompareValidator 验证控件

CompareValidator 验证控件不仅能够验证输入的格式是否正确,还可以验证两个控件之间的值是否相等。如果两个控件之间的值不相等,CompareValidator 验证控件同样会将自定义错误信息呈现在用户的客户端浏览器中。

## 3.1.14　范围验证控件

范围验证控件(RangeValidator)可以检查用户的输入是否在指定的上限与下限之间。通常情况下用于检查数字、日期、货币等。范围验证控件的常用属性如下所示。

- MinimumValue:指定有效范围的最小值。

- MaximumValue：指定有效范围的最大值。
- Type：指定要比较的值的数据类型。

通常情况下，为了控制用户输入的范围，可以使用该控件。当输入用户的生日时，今年是 2008 年，那么用户就不应该输入 2009 年，同样基本上没有人的寿命会超过 100，所以对输入的日期的下限也需要进行规定，示例代码如下所示：

```
<div>
    请输入生日:<asp:TextBox ID="TextBox1" runat="server"></asp:TextBox>
    <asp:RangeValidator ID="RangeValidator1" runat="server"
        ControlToValidate="TextBox1" ErrorMessage="超出规定范围,请重新填写"
        MaximumValue="2009/1/1" MinimumValue="1990/1/1" Type="Date">
    </asp:RangeValidator>
    <br />
    <asp:Button ID="Button1" runat="server" Text="Button" />
</div>
```

上述代码将 MinimumValue 属性值设置为 1990/1/1，并能将 MaximumValue 的值设置为 2009/1/1，当用户的日期低于最小值或高于最高值时，则提示错误，如图 3-6 所示。

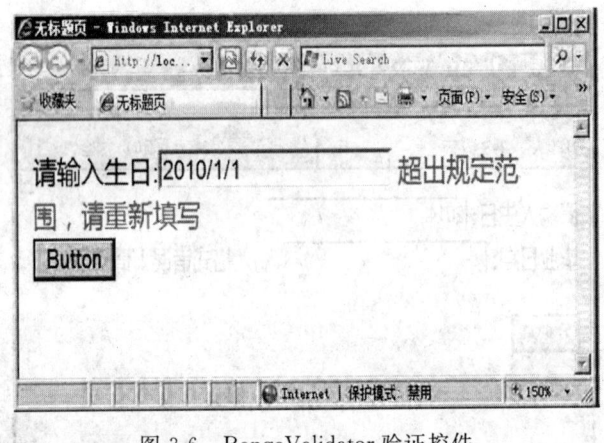

图 3-6　RangeValidator 验证控件

**注意**：RangeValidator 验证控件在进行控件的值的范围设定时，其范围不仅仅可以是一个整数值，同样还能够是时间、日期等值。

### 3.1.15　正则验证控件

在上述控件中，虽然能够实现一些验证，但是验证的能力是有限的，例如在验证的过程中，只能验证是否是数字，或者是否是日期。也可能在验证时，只能验证一定范围内的数值，虽然这些控件提供了一些验证功能，但却限制了开发人员进行自定义验证和错误信息的开发。为实现一个验证，很可能需要多个控件同时搭配使用。

正则验证控件（RegularExpressionValidator）就解决了这个问题，正则验证控件的功能非常强大，它用于确定输入控件的值是否与某个正则表达式所定义的模式相匹配，如电子邮件、电话号码以及序列号等。

正则验证控件常用的属性是 ValidationExpression,它用来指定用于验证的输入控件的正则表达式。客户端的正则表达式验证语法和服务端的正则表达式验证语法不同,因为在客户端使用的是 JSript 正则表达式语法,而在服务器端使用的是 Regex 类提供的正则表达式语法。使用正则表达式能够实现强大字符串的匹配并验证用户的输入格式是否正确,系统提供了一些常用的正则表达式,开发人员能够选择相应的选项进行规则筛选,如图 3-7 所示。

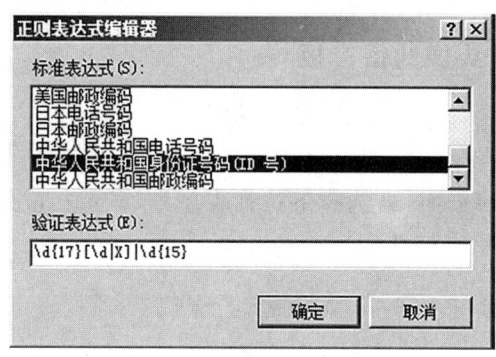

图 3-7　系统提供的正则表达式

当选择正则表达式后,系统自动生成的 HTML 代码如下所示:

```
<asp:RegularExpressionValidator ID="RegularExpressionValidator1"
    runat="server" ControlToValidate="TextBox1" ErrorMessage="正则不匹配,请
    重新输入!"
    ValidationExpression="\d{17}[\d|X]|\d{15}">
</asp:RegularExpressionValidator>
```

运行后当用户单击按钮控件时,如果输入的信息与相应的正则表达式不匹配,则会提示错误信息,如图 3-8 所示。

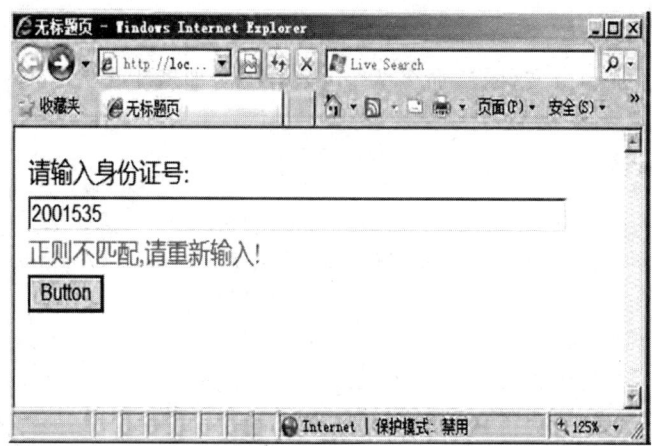

图 3-8　RegularExpressionValidator 验证控件

同样,开发人员也可以自定义正则表达式来规范用户的输入。使用正则表达式能够加快验证速度并在字符串中快速匹配,而另一方面,使用正则表达式能够减少复杂的应用程序的功能开发和实现。

**注意**:在用户输入为空时,其他验证控件都会验证通过。所以,在验证控件的使用中,通常需要同表单验证控件(RequiredFieldValidator)一起使用。

## 3.2 任务实现

### 3.2.1 任务1:带有头像的留言板

【任务描述】

设计如图 3-9 所示的页面,当选择下拉列表序号,显示相应的图像;当单击"发表留言"按钮,则获取页面的相应信息。

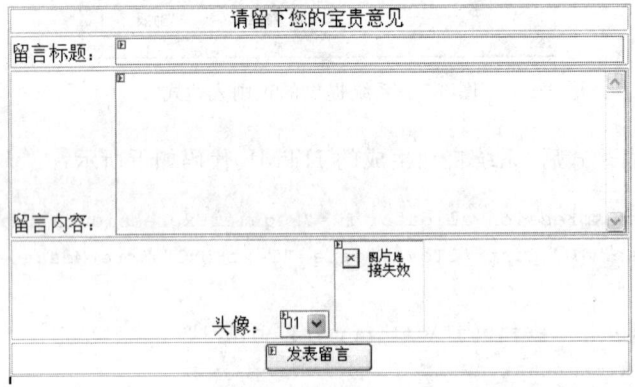

图 3-9 页面视图

【任务实施】

(1) 给工程添加一个文件夹,命名为 images,并添加若干图片文件,命名为 01.jpg、02.jpg…。

(2) 页面设计源代码如下:

```
<html xmlns="http://www.w3.org/1999/xhtml">
<head runat="server"><title>带有头像的留言板</title></head>
<body>
    <form id="form1" runat="server">
<div>
        <table style="margin-top: 0px;margin-left: 0px;clip: rect(auto auto
        auto auto);">
            <tr>
```

```
            <td align="center">请留下您的宝贵意见
            </td>
        </tr>
        <tr>
            <td>
                留言标题：
                <asp:TextBox ID="TextBox1" runat="server" Style="z-index:
                100;left: 0px;top: 0px" Width="420px"></asp:TextBox>
            </td>
        </tr>
        <tr>
            <td>
                留言内容：
                <asp:TextBox ID="TextBox2" runat="server" Style="z-index:
                100;left: 0px;top: 0px" TextMode="MultiLine" Height=
                "126px" Width="422px"></asp:TextBox>
            </td>
        </tr>
        <tr>
            <td align="center">
                头像：
                <asp:DropDownList ID="DropDownList1" runat="server" Style=
                "z-index: 100;left: 0px;top: 0px" AutoPostBack="true"
                OnSelectedIndexChanged="DropDownList1_SelectedIndexChanged">
                    <asp:ListItem Value="01"></asp:ListItem>
                    <asp:ListItem Value="02"></asp:ListItem>
                    <asp:ListItem Value="03"></asp:ListItem>
                    <asp:ListItem Value="04"></asp:ListItem>
                </asp:DropDownList>
                <asp:Image ID="Image1" runat="server" Style="z-index: 100;
                left: 0px;top: 0px" Height="75px" Width="75px" AlternateText=
                "图片连接失效" />
            </td>
        </tr>
        <tr>
            <td align="center">
                <asp:Button ID="Button1" runat="server" Style="z-index:
                100;left: 0px;top: 0px" Text="发表留言" Width="90px" OnClick=
                "Button1_Click" />
            </td>
        </tr>
    </table>
</div>
```

```
        </form>
    </body>
    </html>
```

（3）代码实现如下：

```
//页面加载事件
protected void Page_Load(object sender,EventArgs e)
{
    if(!Page.IsPostBack)
    {
        //设置 Image1 的链接图片
        Image1.ImageUrl="images/"+DropDownList1.SelectedValue.ToString()+".jpg";
    }
}
//下拉列表事件
protected void DropDownList1_SelectedIndexChanged(object sender,EventArgs e)
{
    //设置 Image1 的链接图片
    Image1.ImageUrl="images/"+DropDownList1.SelectedValue.ToString()+".jpg";
}
//按钮单击事件
protected void Button1_Click(object sender,EventArgs e)
{
    //获取下拉列表的内容
    string strImgCode=DropDownList1.SelectedValue.ToString();
    //获取留言标题
    string strTitle=TextBox1.Text.Trim();
    //获取留言内容
    string strContent=TextBox2.Text.Trim();
    //合成字符串
    string str="留言标题："+strTitle;
    str+=" 留言内容："+strContent;
    //替换字符中的指定符号
    str=str.Replace("\n","<br/>");
    str=str.Replace("\r\n","<br/>");
    str=str.Replace(" "," ");
    string msg="留言保存成功！";
    //弹出页面提示信息
    Response.Write("<script charset='UTF-8'>alert('"+msg+"');</script>");
}
```

（4）效果显示。

运行效果如图 3-10(a)、图 3-10(b)所示。

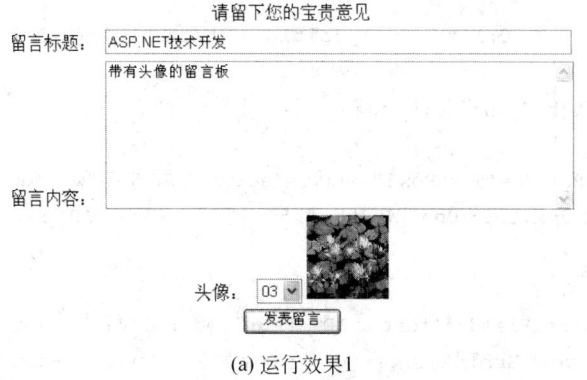

请留下您的宝贵意见

留言标题： ASP.NET技术开发

留言内容： 带有头像的留言板

头像： 03

发表留言

(a) 运行效果1

Microsoft Internet Explorer

留言保存成功!

确定

(b) 运行效果2

图 3-10   两种效果

## 3.2.2   任务 2：简单注册页面

### 【任务描述】

设计如图 3-11 所示的页面,输入相应的注册信息,要求使用验证控件进行数据验证；当单击"注册"按钮,获取页面的相应注册信息。

用户名：  用户名不能为空。
密码：  密码不能为空。
确认密码：  密码和确认密码不一致。
出生日期：  格式应该是yyyy-mm-dd
Email：  邮箱格式不对。
性别： 男 女
学历： 小学
兴趣爱好： 足球 乒乓球  唱歌 其他

注册

图 3-11   页面视图

### 【任务实施】

(1) 页面设计源代码如下：

```
<html xmlns="http://www.w3.org/1999/xhtml">
<head id="Head1" runat="server">
    <title>简单注册页面</title>
</head>
<body>
    <form id="form1" runat="server">
```

```
<div>
    <table style="z-index: 100;left: 0px;position: absolute;top: 0px">
        <tr>
            <td align="right">用户名:</td>
            <td>
                <asp:TextBox ID="TextBox1" runat="server" Style="z-index:
                100;left: 0px;top: 0px" Width="150px"></asp:TextBox>
            </td>
            <td>
                <asp:RequiredFieldValidator ID="RequiredFieldValidator1"
                runat="server" ErrorMessage="用户名不能为空。" Style="z-index:
                100;left: 0px;top: 0px" ControlToValidate="TextBox1">
                </asp:RequiredFieldValidator>
            </td>
        </tr>
        <tr>
            <td align="right">密码:</td>
            <td>
                <asp:TextBox ID="TextBox2" runat="server" Style="z-index:
                100;left: 0px;top: 0px" TextMode="Password" Width="150px">
                </asp:TextBox>
            </td>
            <td>
                <asp:RequiredFieldValidator ID="RequiredFieldValidator2"
                runat="server" ErrorMessage="密码不能为空。" Style="z-index:
                100;left: 0px;top: 0px" ControlToValidate="TextBox2">
                </asp:RequiredFieldValidator>
            </td>
        </tr>
        <tr>
            <td align="right">确认密码:</td>
            <td>
                <asp:TextBox ID="TextBox3" runat="server" Style="z-index:
                100;left: 0px;top: 0px" TextMode="Password" Width="150px">
                </asp:TextBox>
            </td>
            <td>
                <asp:CompareValidator ID="CompareValidator1" runat=
                "server" ErrorMessage="密码和确认密码不一致。" Style="z-index:
                100;left: 0px;top: 0px" ControlToCompare="TextBox2"
                ControlToValidate="TextBox3"></asp:CompareValidator>
            </td>
        </tr>
        <tr>
```

```
    <td align="right">出生日期:</td>
    <td>
        <asp:TextBox ID="TextBox4" runat="server" Style="z-index:
        100;left: 0px;top: 0px" Width="150px"></asp:TextBox>
    </td>
    <td>
        <asp:RegularExpressionValidator ID="RegularExpression-
        Validator1" runat="server" ErrorMessage="格式应该是 yyyy-
        mm-dd" Style="z-index: 100;left: 0px;top: 0px" ControlTo-
        Validate="TextBox5" ValidationExpression="\w+([-+.']\w+)*
        @\w+([-.]\w+)*\.\w+([-.]\w+)*"></asp:RegularExpressionValidator>
    </td>
</tr>
<tr>
    <td align="right">Email:</td>
    <td>
        <asp:TextBox ID="TextBox5" runat="server" Style="z-index:
        100;left: 0px;top: 0px" Width="150px"></asp:TextBox>
    </td>
    <td>
        <asp:RegularExpressionValidator ID="RegularExpressionValidator2"
        runat="server" ErrorMessage="邮箱格式不对。" Style="z-
        index: 100; left: 0px; top: 0px" ControlToValidate="TextBox5"
        ValidationExpression="\w+([-+.']\w+)*@\w+([-.]\w+)*\.\
        w+([-.]\w+)*"></asp:RegularExpressionValidator>
    </td>
</tr>
<tr>
    <td align="right">性别:</td>
    <td>
        <asp:RadioButton ID="RadioButton1" runat="server" Style=
        "z-index: 100;left: 0px;top: 0px" Text="男" GroupName="rb" />
        <asp:RadioButton ID="RadioButton2" runat="server" Style=
        "z-index: 102;left: 0px;top: 0px" Text="女" GroupName="rb" />
    </td>
    <td>
    </td>
</tr>
<tr>
    <td align="right">学历:</td>
    <td>
        <asp:DropDownList ID="DropDownList1" runat="server"
        Style="z-index: 100;left: 0px;top: 0px">
            <asp:ListItem Value="小学"></asp:ListItem>
```

```
                              <asp:ListItem Value="初中"></asp:ListItem>
                              <asp:ListItem Value="高中"></asp:ListItem>
                              <asp:ListItem Value="专科"></asp:ListItem>
                              <asp:ListItem Value="本科"></asp:ListItem>
                              <asp:ListItem Value="硕士研究生"></asp:ListItem>
                              <asp:ListItem Value="博士研究生"></asp:ListItem>
                          </asp:DropDownList>
                      </td>
                      <td>
                      </td>
                  </tr>
                  <tr>
                      <td align="right">兴趣爱好:</td>
                      <td>
                          <asp:CheckBox ID="CheckBox1" runat="server" Style=
                          "z-index: 100;left: 0px;top: 0px" Text="足球" />
                          <asp:CheckBox ID="CheckBox2" runat="server" Style=
                          "z-index: 100;left: 0px;top: 0px" Text="乒乓球" />
                          <br/>
                          <asp:CheckBox ID="CheckBox3" runat="server" Style=
                          "z-index: 100;left: 0px;top: 0px" Text="唱歌" />
                          <asp:CheckBox ID="CheckBox4" runat="server" Style=
                          "z-index: 100;left: 0px;top: 0px" Text="其他" />
                      </td>
                      <td>
                      </td>
                  </tr>
                  <tr>
                      <td align="right"></td>
                      <td>
                          <asp:Button ID="Button1" runat="server" Style="z-index:
                          100;left: 0px;top: 0px" Text="注册" Width="76px" OnClick=
                          "Button1_Click" />
                      </td>
                      <td>
                      </td>
                  </tr>
                  <tr>
                      <td><asp:Label ID="Label1" runat="server" Text="">
                      </asp:Label></td>
                  </tr>
              </table>
          </div>
      </form>
```

```
</body>
</html>
```

（2）代码实现如下：

```
//按钮的单击事件 获取界面信息
protected void Button1_Click(object sender,EventArgs e)
{
    //用户名
    string strName=TextBox1.Text.Trim();
    //密码
    string strPass=TextBox2.Text.Trim();
    //出生日期
    string strDate=TextBox4.Text.Trim();
    //Email
    string strEmail=TextBox5.Text.Trim();
    //性别
    bool bSex1=RadioButton1.Checked;
    bool bSex2=RadioButton2.Checked;
    string strSex="";
    if(bSex1==true)
    {
        strSex="男";
    }
    if(bSex2==true)
    {
        strSex="女";
    }
    //学历
    string strXL=DropDownList1.SelectedValue.ToString();
    //爱好
    bool b1=CheckBox1.Checked;
    bool b2=CheckBox2.Checked;
    bool b3=CheckBox3.Checked;
    bool b4=CheckBox4.Checked;
    string info="用户名："+strName+"<br/>";
    info+="密码："+strPass+"<br/>";
    info+="出生日期："+strDate+"<br/>";
    info+="Email："+strEmail+"<br/>";
    info+="性别："+strSex+"<br/>";
    info+="学历："+strXL+"<br/>";
    info+="爱好：";
    if(b1)
        info+=CheckBox1.Text+",";
    if(b2)
        info+=CheckBox2.Text+",";
```

```
    if(b3)
        info+=CheckBox3.Text+",";
    if(b4)
        info+=CheckBox4.Text;
    Label1.Text=info;
}
```

（3）效果显示。

运行效果如图 3-12 所示。

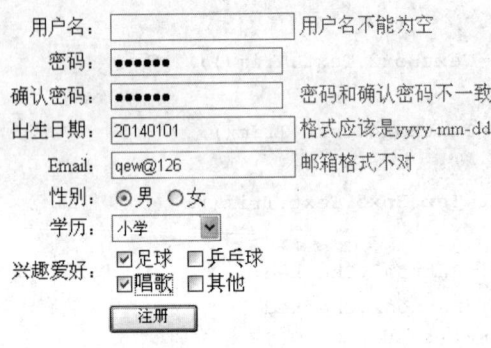

图 3-12　运行效果

# 3.3　课外任务

（1）查阅 MSDN，进一步学习、了解常用控件的属性、事件和方法以及相关的应用实例。

（2）当希望在 TextBox 控件中进行多行文本编辑时，应使用哪一个属性？设置成什么值？

（3）简述 DropDownList 和 ListBox 控件的 Items 属性意义。

（4）CheckBox 与 RadioButton 控件的主要区别是什么？

（5）在不同分组控件中的两个 RadioButton 控件是否能表现出"互斥"特征？在同一分组控件中的 CheckBox 控件是否表现出"互斥"特征？

（6）编写 Web 应用程序，网页中包含一个 ListBox 和一个 TextBox 控件以及一个"添加"按钮，可在 TextBox 中编辑文本项目，通过"添加"按钮能将其作为新的表项加入 ListBox 中。也可通过双击 ListBox 表项操作将表项删除。

# 3.4　实践

### 实训一：下拉列表信息浏览

**1. 实践目的**

（1）掌握 C♯基本语法的应用。

（2）掌握常用控件的使用。

**2. 实践要求**

编写 Web 应用程序，页面布局如图 3-13 所示，要求选择下拉列表的相应项之后，在下面列出对应的信息。运行效果如图 3-14 所示。

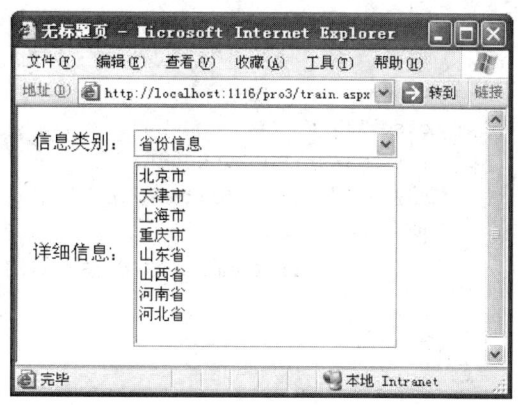

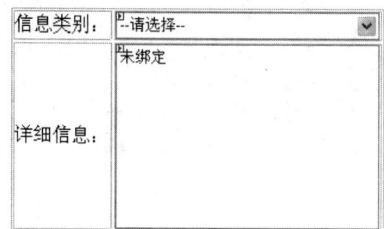

图 3-13　页面视图　　　　　　　　　　　图 3-14　运行效果

**3. 步骤指导**

（1）创建工程，按照上述要求创建页面体。

（2）本案例典型代码如下。

① 下拉列表的设计源代码如下：

```
<asp:DropDownList ID="DropDownList1" runat="server" Width="220px" OnSelected-
IndexChanged="DropDownList1_SelectedIndexChanged" AutoPostBack="True">
    <asp:ListItem Value="--请选择--" Selected="True">--请选择--</asp:ListItem>
    <asp:ListItem Value="01">省份信息</asp:ListItem>
    <asp:ListItem Value="02">人员名单</asp:ListItem>
    <asp:ListItem Value="03">教材名称</asp:ListItem>
</asp:DropDownList>
```

② 使用下拉列表的 DropDownList1_SelectedIndexChanged 事件，典型代码如下：

```
string str=DropDownList1.SelectedItem.Value;
ListBox1.Items.Clear();
switch(str)
{
    case "01":
    int iN1=strSF.Length;
    for(int i=0;i<iN1;i++)
    {
        ListBox1.Items.Add(strSF[i]);
    }
```

```
        break;
        case "02":
        int iN2=strPer.Length;
        for(int i=0;i<iN2;i++)
        {
            ListBox1.Items.Add(strPer[i]);
        }
        break;
        case "03":
        int iN3=strBook.Length;
        for(int i=0;i<iN3;i++)
        {
            ListBox1.Items.Add(strBook[i]);
        }
        break;
    }
```

# 第 4 章　DIV＋CSS 网页布局

**学习目标：**

(1) 了解 CSS 相关属性。

(2) 应用 Visual Studio 2008 创建内部、外部样式表。

(3) 应用 Visual Studio 2008 及 DIV＋CSS 技术实现一般网页页面设计。

## 4.1　知识梳理

DIV＋CSS 网页布局是当前网页设计的主流，在 ASP. NET Web 应用程序的网页页面设计部分也可应用 DIV＋CSS 技术实现网页布局。本章将介绍通过 DIV＋CSS 技术，实现 ASP. NET Web 应用程序的网页页面设计。

### 4.1.1　HTML 介绍

HTML 指的是超文本标记语言(Hyper Text Markup Language)。它不是一种编程语言，而是一种标记语言(markup language)。标记语言由一套标记标签(markup tag)构成，并使用标记标签来描述网页。

ASP. NET 网页界面代码由 HTML 标签、服务器控件标签及 HTML 控件标签等构成。

**1. ASP. NET 网页界面代码介绍**

如图 4-1 所示，显示的是名为 Default 的空白网页界面代码，该网页所用 HTML 标签及其作用介绍如表 4-1 所示。

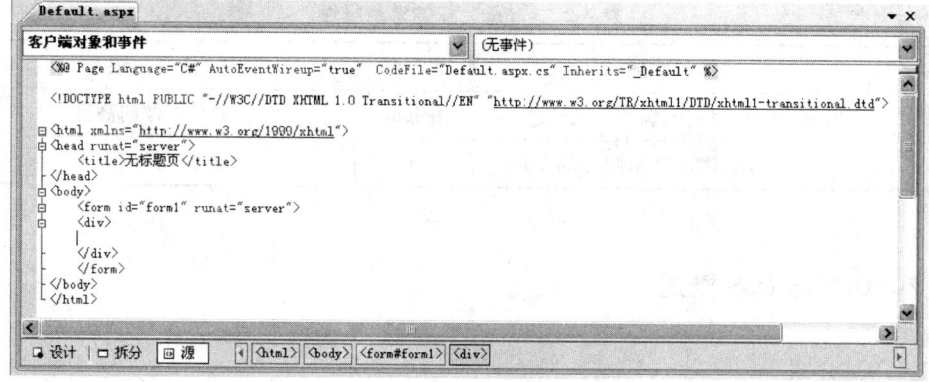

图 4-1　Default 网页界面代码

表 4-1　HTML 标签

| 标签名称 | 作　　用 |
|---|---|
| html | 告知浏览器这是一个 HTML 文档 |
| head | 用于定义 HTML 文档的头部,它是所有头部元素的容器。<head>中的元素可以引用脚本、指示浏览器在哪里找到样式表、提供元信息等 |
| body | 定义 HTML 文档的主体 |
| title | 定义 HTML 文档的标题 |
| div | 定义 HTML 文档中的分区或节,又称为层,网页中层可以有多个,也可以嵌套,服务器控件最好能放置在其中 |

**2. <ul>与<li>标签**

<ul>标签定义无序列表,<li>标签定义列表项目。通常应用 DIV+CSS 技术实现网页布局时都会用到这两个标签。

示例代码及其显示效果如图 4-2 所示。

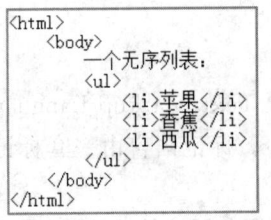

图 4-2　列表标签示例代码及其显示效果

**3. <img>标签**

<img>标签向网页中嵌入一幅图像,常用属性如表 4-2 所示。

表 4-2　<img>标签常用属性

| 属　性 | 描　　述 | 属　性 | 描　　述 |
|---|---|---|---|
| alt | 取值:text,规定图像的替代文本 | height | 定义图像的高度 |
| src | 取值:URL,规定显示图像的 URL | width | 设置图像的宽度 |

## 4.1.2　DIV 与 CSS 概述

**1. DIV 介绍**

<div>可定义文档中的分区或节或层,可以把文档分割为独立的、不同的部分。如果用 id 或 class 来标记<div>,那么该标签的作用会变得更加有效。

**说明：**

(1) ＜div＞是一个块级元素。默认情况下，每个＜div＞开始于一个新行。实际上，换行是＜div＞固有的唯一格式表现。

(2) 可以对同一个＜div＞元素应用 class 或 id 属性，但是更常见的情况是只应用其中一种。这两者的主要差异是，class 用于元素组（类似的元素，或者可以理解为某一类元素），而 id 用于标识单独的唯一的元素。

**2. CSS 介绍**

CSS(Cascading Style Sheets)级联样式表或层叠样式表，以下简称样式表。其作用是定义如何显示 HTML 元素。如果多个页面具有相同的样式，应用样式表会极大地提高工作效率。

1) CSS 语法

CSS 规则由两个主要部分构成：选择器及一条或多条声明。如下：

```
selector {declaration1;declaration2;…;declarationN}
```

(1) 选择器(selector)：通常是需要改变样式的 HTML 元素。

(2) 声明(declaration1)：由一个属性和一个值组成。如下：

```
selector {property: value;}
```

属性(property)是希望设置的样式属性，每个属性有一个值，属性和值被冒号分开。

(3) 示例。

下面这行代码的作用是将 h1 元素内的文字颜色定义为红色，同时将字体大小设置为 14 像素。

```
h1 {color:red; font-size:14px;}
```

在这个例子中，h1 是选择器，color 和 font-size 是属性，red 和 14px 是值。

2) id 选择器

id 选择器可以为标有特定 id 的 HTML 元素指定特定的样式。id 选择器以 ♯ 来定义。示例如下：

(1) 定义 id 选择器。

```
#red {color:red;}           /* 定义元素的颜色为红色 */
#green {color:green;}        /* 定义元素的颜色为绿色 */
```

(2) 应用 id 选择器。

下面 HTML 代码中，id 属性为 red 的 p 元素显示为红色，而 id 属性为 green 的 p 元素显示为绿色。

```
<p id="red">这个段落是红色。</p>
<p id="green">这个段落是绿色。</p>
```

（3）常用示例。

"♯content {}"：是为 id 值为 content 的层即<div id="content"></div>标签设置样式。

"♯content ul {}"：是为 id 值为 content 的层即<div id="content"></div>标签内的<ul></ul>标签设置样式。

"♯content li {}"：是为 id 值为 content 的层即<div id="content"></div>标签内的<li></li>标签设置样式。

**注意：**

① id 属性只能在每个 HTML 文档中出现一次。

② id 值必须以字母或者下划线开始，不能以数字开始。

3）类选择器

在 CSS 中，类选择器以一个点号显示，如下：

```
.center {text-align: center}
```

在上面的例子中，所有拥有 center 类的 HTML 元素均为居中。

在下面的 HTML 代码中，h1 和 p 元素都有 center 类。这意味着两者都将遵守".center"选择器中的规则。

```
<h1 class="center">
This heading will be center-aligned
</h1>
<p class="center">
This paragraph will also be center-aligned.
</p>
```

**注意：**类名的第一个字符不能使用数字。

4）创建样式表

（1）外部样式表。

当样式需要应用于很多页面时，外部样式表将是理想的选择。在使用外部样式表的情况下，用户可以通过改变一个文件来改变整个站点的外观。每个页面使用<link>标签链接到样式表。<link>标签在（文档的）头部，其中 href 属性值为样式表存放路径及样式表文件名，如下：

```
<head>
<link rel="stylesheet" type="text/css" href="mystyle.css" />
</head>
```

浏览器会从文件 mystyle.css 中读到样式声明，并根据它来格式文档。

外部样式表可以在任何文本编辑器中进行编辑，文件不能包含任何的 html 标签。样式表应该以 css 扩展名进行保存。下面是一个样式表文件的例子：

```
hr {color: sienna;}
p {margin-left: 20px;}
```

```
body {background-image: url("images/back40.gif");}
#green {color:green;}
.center {text-align: center}
```

（2）内部样式表。

当单个文档需要特殊的样式时，就应该使用内部样式表。用户可以使用＜style＞标签在文档头部定义内部样式表，如下：

```
<head>
<style type="text/css">
  hr {color: sienna;}
  p {margin-left: 20px;}
  body {background-image: url("images/back40.gif");}
</style>
</head>
```

（3）内联样式。

由于要将表现和内容混杂在一起，内联样式会损失掉样式表的许多优势。请慎用这种方法，例如当样式仅需要在一个元素上应用一次时，可以选择内联样式。

要使用内联样式，用户需要在相关的标签内使用样式（style）属性。style 属性可以包含任何 CSS 属性。本例展示如何改变段落的颜色和左外边距，如下：

```
<p style="color: sienna;margin-left: 20px">
    This is a paragraph
</p>
```

**说明**：当同一个 HTML 元素被不止一个样式定义时，内联样式（在 HTML 元素内部）拥有最高的优先权，首先声明；其次是内部样式表（位于＜head＞标签内部）中的样式声明；然后是外部样式表中的样式声明。

## 4.1.3  CSS 常用属性

### 1. CSS 框模型

CSS 框模型 Box Model 规定了元素框处理元素内容、内边距、边框和外边距的方式。如图 4-3 所示，元素框的最内部分是实际的内容，直接包围内容的是内边距。内边距呈现了元素的背景，内边距的边缘是边框，边框以外是外边距，外边距默认是透明的，因此不会遮挡其后的任何元素。

**说明**：

（1）内边距、边框和外边距可以应用于一个元素的所有边，也可以应用于单独的边。

（2）外边距可以是负值，而且在很多情况下都要使用负值的外边距。

（3）背景应用于由内容和内边距、边框组成的区域。

（4）在 CSS 中，width 和 height 指的是内容区域的宽度和高度。增加内边距、边框和外边距不会影响内容区域的尺寸,但是会增加元素框的总尺寸。例如,假设框的每个边上有 10 个像素的外边距和 5 个像素的内边距。如果希望这个元素框达到 100 个像素,就需要将内容的宽度设置为 70 像素,如图 4-4 所示。

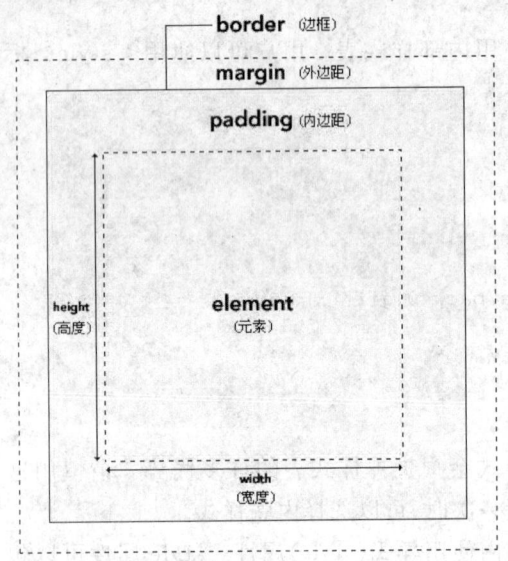

图 4-3　元素内容、内边距、边框和外边距

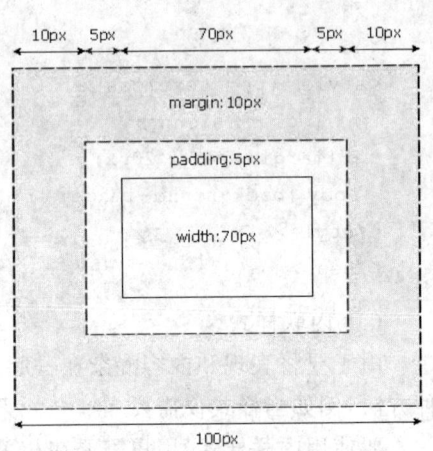

图 4-4　框模型示例

### 2. margin 属性

margin 属性用于设置外边距,接受任何长度单位,可以是像素、英寸、毫米或 em。

1) 常用属性

常用属性如表 4-3 所示。

表 4-3　margin 属性

| 属　　性 | 描　　述 |
| --- | --- |
| margin | 简写属性,在一个声明中设置所有外边距属性 |
| margin-bottom | 设置元素的下外边距 |
| margin-left | 设置元素的左外边距 |
| margin-right | 设置元素的右外边距 |
| margin-top | 设置元素的上外边距 |

2) 常用格式

(1) p {margin: 10px;}　　　　　　　　　　/ * 设置 p 元素的上、下、左、右外边距均为 10px * /
(2) p {margin: 10px 0px 15px 5px;}
　　/ * 设置 p 元素的上外边距为 10px、右外边距为 0px、下外边距为 15px、左外边距为 5px * /
(3) p {margin-left: 20px;}　　　　　　　　/ * 设置 p 元素的左外边距为 20px * /

### 3. padding 属性

padding 属性定义元素的内边距,接受长度值或百分比值,但不允许使用负值。

1）常用属性

常用属性如表 4-4 所示。

表 4-4　padding 属性

| 属　　　性 | 描　　　述 |
|---|---|
| padding | 简写属性,作用是在一个声明中设置元素的所有内边距属性 |
| padding-bottom | 设置元素的下内边距 |
| padding-left | 设置元素的左内边距 |
| padding-right | 设置元素的右内边距 |
| padding-top | 设置元素的上内边距 |

2）常用格式

(1) p{padding: 10px;}　　　　　　　　/＊设置 p 元素的上、下、左、右内边距均为 10px＊/

(2) p{padding: 10px 0px 15px 5px;}

　　/＊设置 p 元素的上内边距为 10px、右内边距为 0px、下内边距为 15px、左内边距为 5px＊/

(3) p{padding-left: 20px;}　　　　　　　/＊设置 p 元素的左内边距为 20px＊/

**4. border 属性**

设置元素边框的样式、宽度和颜色。

1）常用属性

常用属性如表 4-5 所示。

表 4-5　border 属性

| 属　　　性 | 描　　　述 |
|---|---|
| border | 简写属性,用于把针对四个边的属性设置在一个声明 |
| border-bottom | 简写属性,用于把下边框的所有属性设置到一个声明中 |
| border-left | 简写属性,用于把左边框的所有属性设置到一个声明中 |
| border-right | 简写属性,用于把右边框的所有属性设置到一个声明中 |
| border-top | 简写属性,用于把上边框的所有属性设置到一个声明中 |

2）常用格式

(1) p{border: 5px solid red;}

　　/＊设置 p 元素的上、下、左、右边框宽度 5px、边框样式 solid(实线)、边框颜色 red＊/

(2) p{border-left: 5px solid ＃ff0000;}

　　/＊设置 p 元素的左边框宽度 5px、左边框样式 solid、左边框颜色为十六进制值＊/

**5. 背景属性**

1）常用属性

常用属性如表 4-6 所示。

表 4-6　背景属性

| 属　　性 | 描　　述 |
|---|---|
| background-color | 设置元素的背景颜色 |
| background-image | 把图像设置为背景 |
| background-repeat | 设置背景图像是否及如何重复。repeat-x 和 repeat-y 分别设置图像只在水平或垂直方向上重复,no-repeat 则不允许图像在任何方向上平铺 |

2）常用格式

```
(1) p{background-color: gray;}              /* 设置 p 元素的背景为灰色 */
(2) p{
        /* 设置 p 元素的背景图像的存储路径及图像文件名 */
        background-image:url('/i/eg_bg_03.gif');
        /* 设置 p 元素背景图像不平铺 */
        background-repeat:no-repeat;
    }
```

**6. 文本属性**

通过文本属性,可以改变文本的颜色、对齐文本、装饰文本、对文本进行缩进等。

1）常用属性

常用属性如表 4-7 所示。

表 4-7　文本属性

| 属　　性 | 描　　述 |
|---|---|
| color | 设置文本颜色 |
| letter-spacing | 设置字符间距 |
| line-height | 设置行高 |
| text-align | 对齐元素中的文本。left 把文本排列到左边,默认值:由浏览器决定。right 把文本排列到右边。center 把文本排列到中间 |

2）常用格式

```
(1) p{color:red;}                /* 设置 p 元素文本颜色为红色 */
(2) p{text-align: center;}       /* 设置 p 元素文本对齐方式为居中 */
```

**7. 字体属性**

字体属性定义文本的字体系列、大小、加粗、风格(如斜体)等。

1）常用属性

常用属性如表 4-8 所示。

表 4-8　字体属性

| 属　　性 | 描　　述 |
| --- | --- |
| font-family | 设置字体系列 |
| font-size | 设置字体的尺寸 |
| font-weight | 设置字体的粗细。bold 定义粗体字符，bolder 定义更粗的字符，lighter 定义更细的字符 |

2）常用格式

```
(1) p{font-size:14px;}          /*设置 p 元素文本字体为 14px*/
(2) p{font-weight: bold;}       /*设置 p 元素文本字体加粗*/
```

### 8. left 属性与 top 属性

left 属性规定元素的左边缘，该属性定义了定位元素左外边距边界与其包含块左边界之间的偏移。

top 属性规定元素的顶部边缘，该属性定义了一个定位元素的上外边距边界与其包含块上边界之间的偏移。

### 9. 相对定位

如果对一个元素进行相对定位，可以通过设置垂直或水平位置以及 position 属性，让这个元素"相对于"它的起点进行移动。

（1）创建样式

```
#box_relative {
    position: relative;        /*设置相对定位*/
    left: 30px;
    top: 20px;
}
```

将 top 设置为 20px，那么框将在原位置顶部下面 20 像素的地方。将 left 设置为 30 像素，那么框将在左边创建 30 像素的空间，也就是将元素向右移动。

（2）应用样式后，效果如图 4-5 所示。

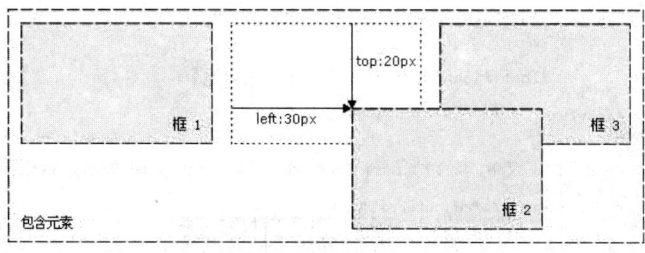

图 4-5　相对定位

**注意**：在使用相对定位时，无论是否进行移动，元素仍然占据原来的空间。因此，移动元素会导致它覆盖其他框。

### 10. 绝对定位

绝对定位使元素的位置与文档流无关，因此不占据空间。这一点与相对定位不同，相对定位实际上被看作普通流定位模型的一部分，因为元素的位置相对于它在普通流中的位置。

(1) 创建样式

```
#box_relative {
  position: absolute;            /*设置绝对定位*/
  left: 30px;
  top: 20px;
}
```

(2) 应用样式后，效果如图 4-6 所示。

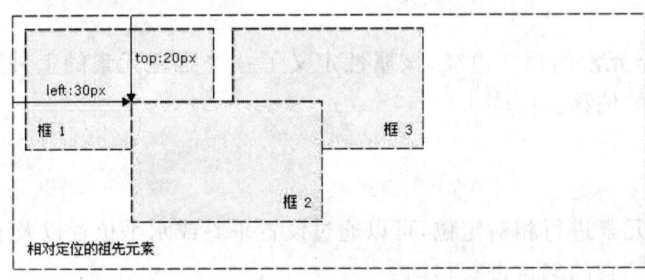

图 4-6　绝对定位

### 11. float 属性

float 属性定义元素在哪个方向浮动。以往这个属性总应用于图像，使文本围绕在图像周围，不过在 CSS 中，任何元素都可以浮动。浮动元素会生成一个块级框，而不论它本身是何种元素。

float 属性取值：left 元素向左浮动。right 元素向右浮动。none 默认值，元素不浮动。

示例代码如下所示。

```
<html>
    <head>
        <style type="text/css">
            img
            {
                float:right
            }
        </style>
    </head>
    <body>
        <p>在下面的段落中，我们添加了一个样式为 <b>float:right</b> 的图像。结果是这个图像
会浮动到段落的右侧。</p>
        <p><img src="/i/eg_cute.gif" />
段落文字段落文字段落文字段落文字段落文字段落文字段落文字段落文字段落文字段落文字段落文字
段落文字段落文字段落文字段落文字段落文字段落文字段落文字段落文字段落文字段落文字段落文字
段落文字段落文字段落文字段落文字段落文字段落文字段落文字段落文字段落文字段落文字段落文字
段落文字段落文字段落文字段落文字段落文字段落文字段落文字段落文字段落文字段落文字段落文字
段落文字</p>
    </body>
</html>
```

示例效果如图 4-7 所示。

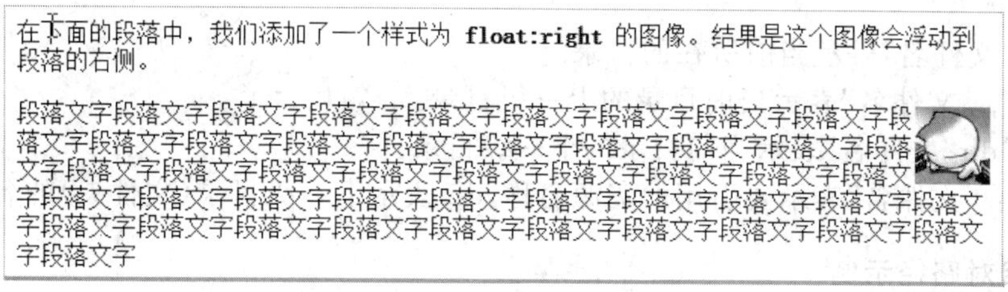

图 4-7　float 属性效果图

**12. clear 属性**

clear 属性规定元素的哪一侧不允许其他浮动元素。

clear 属性取值：left 在左侧不允许浮动元素。right 在右侧不允许浮动元素。both 在左右两侧均不允许浮动元素。none 默认值，允许浮动元素出现在两侧。

**13. list-style-type 属性**

list-style-type 属性设置列表项标记的类型。

list-style-type 属性取值：none 无标记。disc 默认，标记是实心圆。circle 标记是空心圆。square 标记是实心方块。

**14. overflow 属性**

overflow 属性规定当内容溢出元素框时如何处理，常用属性如表 4-9 所示。

表 4-9　overflow 属性

| 值 | 描　　述 |
| --- | --- |
| visible | 默认值。内容不会被修剪，会呈现在元素框之外 |
| hidden | 内容会被修剪，并且其余内容是不可见的 |
| scroll | 内容会被修剪，但是浏览器会显示滚动条以便查看其余的内容 |
| auto | 如果内容被修剪，则浏览器会显示滚动条以便查看其余的内容 |

## 4.1.4　绝对路径、相对路径

**1. 绝对路径**

绝对路径就是网页所需资源在硬盘上的真正路径，例如，图片是存放在 E:/sample/image 路径下的，那么 E:/sample/image 就是绝对路径。

**2. 相对路径**

相对路径就是相对于当前文件的路径，网页中通常用相对路径表示路径。

### 3. 相对路径表示形式

(1)"文件名"表示当前所在的目录。

(2)"../文件名"表示当前目录的上一级目录。

(3)"dir/文件名"表示当前目录的下一级目录。

**说明:** "文件名"表示要引用的资源名称,dir 表示下一级目录(文件夹)的名称。

### 4. 相对路径示例

图 4-8 为网站的目录结构。

1) 访问当前目录

sample1.html 网页引用 cat.jpg 图片,可以写成<img src="cat.jpg">。

2) 访问上一级目录

sample2.html 网页引用 monkey.jpg 图片,可以写成<img src="../images/monkey.jpg">。

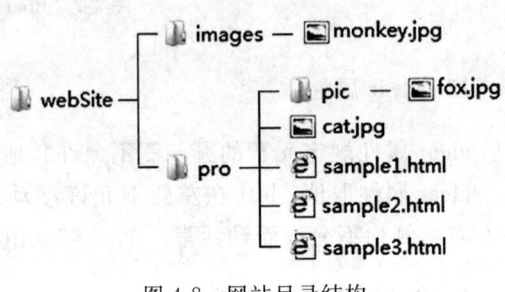

图 4-8 网站目录结构

3) 访问下一级目录

sample3.html 网页引用 fox.jpg 图片,可以写成<img src="pic/fox.jpg">。

## 4.2 任务实施

**说明:** 以下任务仅仅实现网页页面设计(即网页界面代码),网页功能实现将在后面章节陆续介绍。

### 4.2.1 任务 1:创建"图书借阅管理系统"网站结构

#### 【任务描述】

应用 Visual Studio 2008 为 bookSite 网站添加预定义文件夹及自定义文件夹。

#### 【任务实现】

#### 1. "图书借阅管理系统"网站需求分析

通过对图书借阅管理工作的了解,得出"图书借阅管理系统"网站共由"留言板"模块、"通知"模块、"图书借阅"管理模块构成。网站使用用户分别为管理员和读者。

通过该网站,管理员能够实现网站留言的回复与删除,网站通知的发布、修改与删除,图书信息的增删改以及图书的借阅与归还、读者用户增删改等操作。读者能够实现发表留言信息,查看通知,查阅图书信息,查阅本人借阅信息以及修改读者个人信息等操作。

#### 2. 规划"图书借阅管理系统"网站结构

根据"图书借阅管理系统"网站的需求分析结果,以及网站所需图片、样式表、数据库文件、类文件等资源的分类保存要求,最后确定网站自定义一级目录共有 9 个,分别为 res_images 用于存放网站所需图片,res_styleSheet 用于存放网站所需样式表,res_userControl 用于存放网站所需自定义用户控件,res_master 用于存放网站所需母版页,site_book 用于存放网站"图书借阅"管理模块相关处理网页,site_messageBoard 用于存放网站"留言板"模块相关处理网页,site_notice 用于存放网站"通知"模块相关处理网页,site_admin 用于存放管理员用户相关处理网页,site_reader 用于存放读者用户相关处理网页。

### 3. 应用 Visual Studio 2008 实现网站规划结构

Visual Studio 2008 通过创建不同的文件夹,实现网站结构规划。

1) 添加 App_Code 文件夹

App_Code 文件夹:此文件夹为代码共享文件夹,用来存放应用程序中所有网页都可以使用的共享文件,一般将类文件存放在该文件夹下,这样类文件里定义的类就可以被网站中所有网页调用。

在"解决方案资源管理器"面板中,右击网站 C:\bookSite\,在弹出的快捷菜单中按如图 4-9 所示操作,即可完成 App_Code 文件夹的添加。

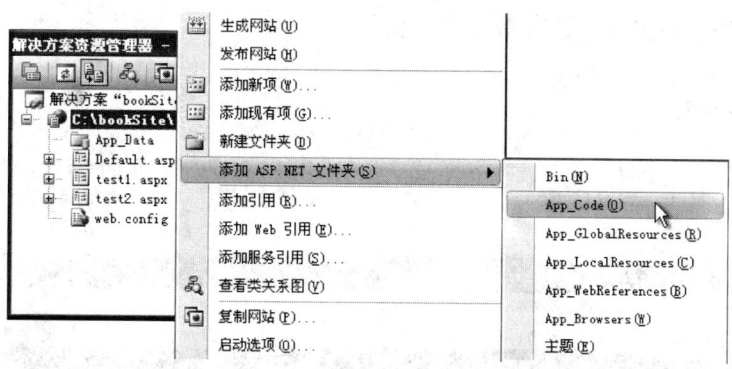

图 4-9　添加 App_Code 文件夹

2) 添加自定义文件夹

在"解决方案资源管理器"面板中,右击网站 C:\bookSite\,在弹出的快捷菜单中按图 4-10 所示操作,即可完成自定义文件夹 res_images 的添加。

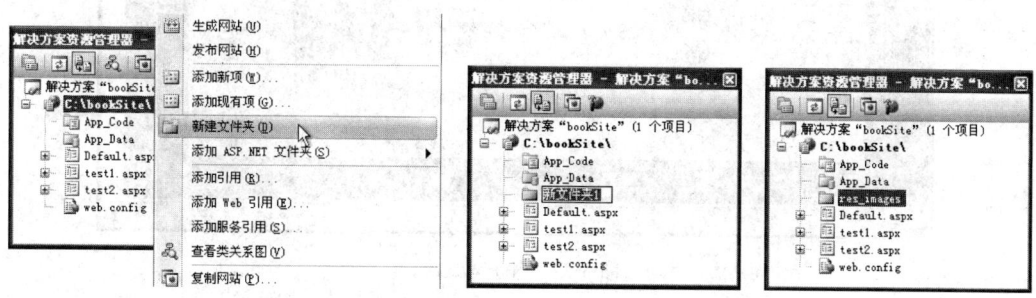

图 4-10　添加自定义文件夹

根据以上添加文件夹的方法,按照图 4-11 所示,完成网站结构创建。

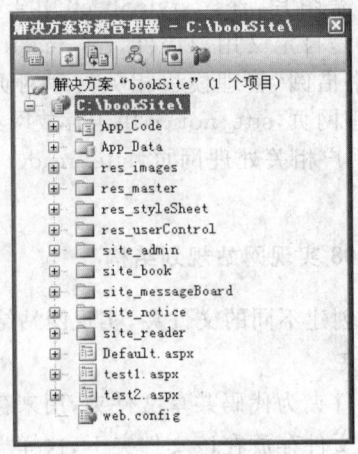

图 4-11 网站结构

说明:App_Data 文件夹用于存放已经分离的 SQL Server 2005 数据库文件。

### 4.2.2 任务 2:实现"用户登录"页页面设计

【任务描述】

创建及应用内部样式表、内联样式,实现"用户登录"页页面设计,效果如图 4-12 所示。

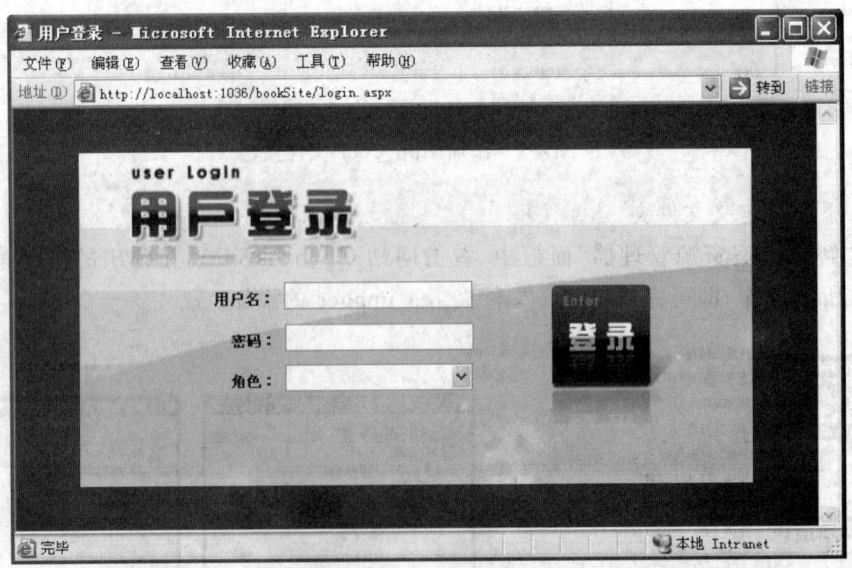

图 4-12 用户登录页

## 【任务实现】

### 1. 准备图片

将名为 loginPic. gif 的登录框图片及名为 logButton. gif 的登录按钮图片放置在 res_images 文件夹中。

### 2. 创建"用户登录"页，实现页面设计

在 C:\bookSite\网站根目录下创建一名为 login. aspx 的网页。在 login. aspx 文件内添加如代码 4-1 所示内容。

代码 4-1：

```
<html xmlns="http://www.w3.org/1999/xhtml">
<head runat="server">
  <title>用户登录</title>
  <!--内部样式表-->
  <style type="text/css">
    body
    {
        margin: 0;              /* 设置上、右、下、左外边距均为：0px */
        padding: 0;             /* 设置上、右、下、左内边距均为：0px */
        font-size:12px;         /* 设置字体尺寸：12px */
        text-align:center;      /* 设置元素文本的水平对齐方式：居中 */
        background-color:Blue;  /* 设置元素背景颜色：Blue */
        overflow:hidden;        /* 设置当内容溢出元素框时,hidden 表示内容会被
                                   修剪,并且其余内容是不可见的 */
    }
    #container
    {
        position:absolute;      /* 设置元素定位：绝对定位 */
        left: 50%;              /* 设置元素左边缘：50%,即向右移动 50%宽度 */
        top: 50%;               /* 设置元素顶部边缘：50%,即向下移动 50%高度 */
        width: 564px;           /* 设置元素的宽度：564px */
        height:271px;           /* 设置元素的高度：271px */
        margin-left: -282px;    /* 设置元素的左外边距：-282px,即向左移动
                                   282px */
        margin-top: -135px;     /* 设置元素的上外边距：-135px *,即向上移动
                                   135px */
        padding:0px;
        text-align:left;        /* 设置元素文本的水平对齐方式：居左 */
        background-image: url(res_images/loginPic.gif);
                                /* 设置元素背景图像：res_images/loginPic.gif */
    }
```

```
        #userInfo
        {
            position:absolute;
            margin: 100px 0px 0px 115px;        /*设置上外边距: 100px,右外边距: 0px,
                                                  下外边距: 0px,左外边距: 125px*/
            padding: 0px;
            width: 290px;
            height: 110px;
            text-align: left;
            font-weight: bold;                   /*设置文本的粗细: bold,粗体字符*/
        }
        #userInfo ul
        {
            margin: 0px;
            padding: 0px;
        }
        #userInfo li
        {
            margin: 0px;
            padding: 5px 0px;                     /*设置上、下内边距: 5px,左、右内边距: 0px*/
            list-style-type: none;               /*设置列表项: none,无标记*/
        }
        #userButton
        {
            position:absolute;
            margin:110px 0px 0px 396px;
            padding: 0px;
            width: 83px;
            height: 83px;
        }
    </style>
</head>
<body>
    <form id="form1" runat="server">
    <div id="container">
        <div id="userInfo">
            <ul>
                <li>
                    <asp:Label ID="lblUserName" runat="server" Text="用户名: ">
                    </asp:Label>
                    <asp:TextBox ID="txtUserName" runat="server" Width="150px">
                    </asp:TextBox>
                    <!--RequiredFieldValidator 控件,验证用户名文本框内容不能为空-->
                    <asp:RequiredFieldValidator ID="valrName" runat="server"
                    ControlToValidate="txtUserName" ErrorMessage="不能为空!">
```

```
                    </asp:RequiredFieldValidator>
                </li>
                <!--li 标签应用内联样式,设置左内边距: 14px-->
                <li style="padding-left: 14px;">
                    <asp:Label ID="lblUserPwd" runat="server" Text="密码: ">
                    </asp:Label>
                    <asp:TextBox ID="txtUserPwd" runat="server" TextMode=
                    "Password" Width="150px"></asp:TextBox>
                    <!--RequiredFieldValidator 控件,验证密码文本框内容不能为空-->
                    <asp:RequiredFieldValidator ID="valrPwd" runat="server"
                    ControlToValidate="txtUserPwd" ErrorMessage="不能为空!">
                    </asp:RequiredFieldValidator>
                </li>
                <!--li 标签应用内联样式,设置左内边距: 14px-->
                <li style="padding-left: 14px;">
                    <asp:Label ID="lblRole" runat="server" Text="角色: ">
                    </asp:Label>
                    <asp:DropDownList ID="ddlRole" runat="server" Width="155px">
                    </asp:DropDownList>
                </li>
            </ul>
        </div>
        <div id="userButton">
            <!--ImageButton 控件,用于实现确定按钮-->
            <asp:ImageButton ID="btnOk" runat="server" ImageUrl=
            "~/res_images/logButton.gif"/>
        </div>
    </div>
    </form>
</body>
</html>
```

说明: ImageButton 控件的 ImageUrl 属性值为~/res_images/logButton.gif,其中符号~代表网站根目录。

## 4.2.3 任务3: 实现"管理员主页"页面设计

### 【任务描述】

创建及应用外部样式表,实现"管理员主页"页面设计,效果如图4-13所示。

### 【任务实现】

#### 1. 准备图片

将名为 indexHeader.gif 的网页头部图片及名为 indexLeft.gif 的导航背景图片放置

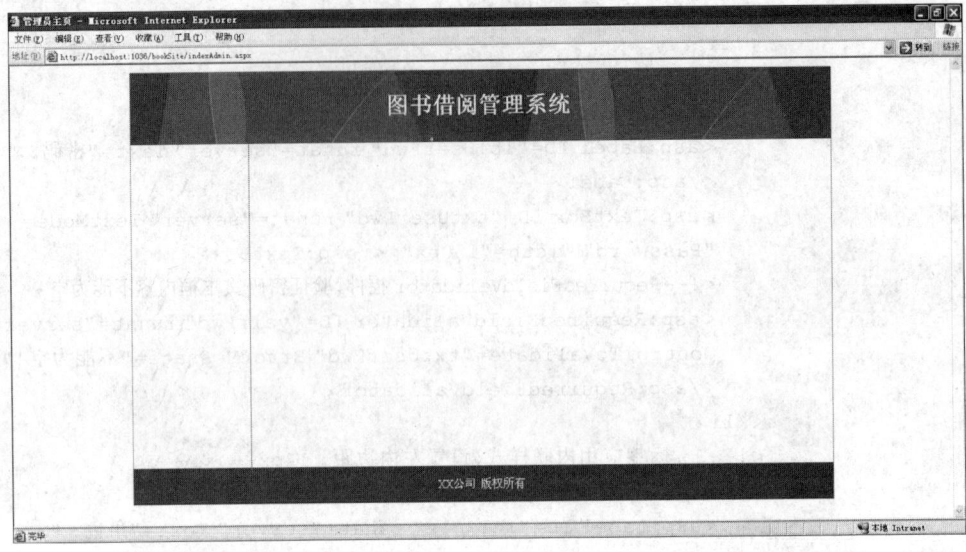

图 4-13 管理员主页

在 res_images 文件夹中。

**2. 实现"管理员主页"页面设计**

1）创建 CSS 类选择器，实现网页基础设置

（1）添加样式表。

在"解决方案资源管理器"中，右击 res_styleSheet 文件夹，在弹出的快捷菜单中选择"添加新项"命令，打开如图 4-14 所示的"添加新项"对话框，在"模板"中选择"样式表"，"名称"选项设置为 public.css，其余选项默认，单击"添加"按钮，即可在 res_styleSheet 文件夹内创建一个名为 public.css 的样式表。

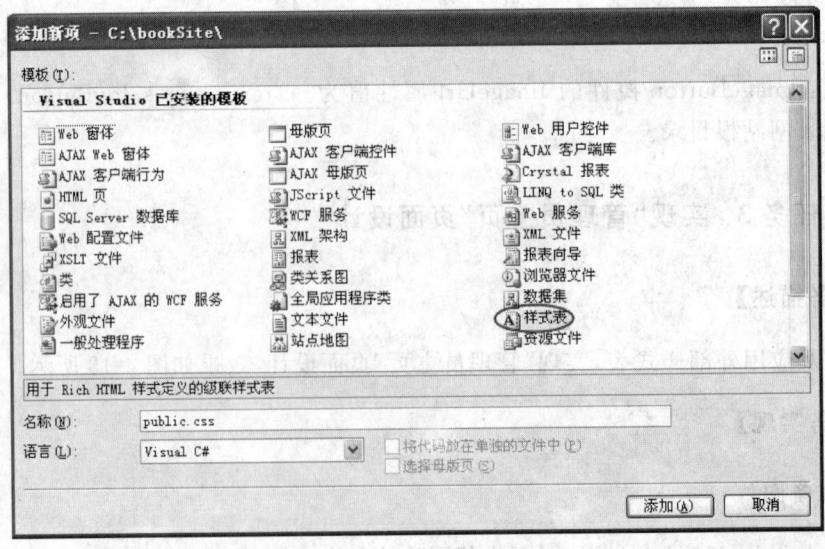

图 4-14 添加样式表

（2）在 public.css 文件内添加如代码 4-2 所示内容。

**代码 4-2：**

```
.bodyClass
{
    margin:0px;              /*设置上、右、下、左外边距均为：0px*/
    padding:0px;             /*设置上、右、下、左内边距均为：0px*/
    font-size:12px;          /*设置字体尺寸：12px*/
    text-align:center;       /*设置元素文本的水平对齐方式：居中*/
    overflow:hidden;         /*设置当内容溢出元素框时,hidden 表示内容会被修剪,并且
                                其余内容是不可见的*/
}
.container
{
    margin:0px;
    padding:0px;
    width:829px;             /*设置元素的宽度：829px*/
    height:450px;            /*设置元素的高度：450px*/
    text-align:left;         /*设置元素文本的水平对齐方式：居左*/
    overflow:auto;           /*auto：内容被修剪,显示滚动条以便查看其余的内容*/
}
.header1
{
    float:left;              /*设置元素浮动方向：向左*/
    margin:0px;
    padding:0px 10px;        /*设置上、下内边距：0px,左、右内边距：10px*/
    width:380px;
    height:40px;
    text-align:left;
    font-weight:bold;        /*设置文本的粗细：bold,粗体字符*/
    color:#2E9CBD;           /*设置文本颜色：#2E9CBD*/
    border-bottom:1px solid #2E9CBD;       /*设置元素下边框宽度 1px、下边框样式
                                              solid、下边框颜色：#2E9CBD*/
}
.header2
{
    float:left;
    margin:0px;
    padding:0px 10px;
    width:409px;
    height:40px;
    text-align:right;                      /*设置元素文本的水平对齐方式：居右*/
    font-weight:bold;
    color:#2E9CBD;
    border-bottom:1px solid #2E9CBD;
}
```

说明：public.css 文件内定义的 CSS 类选择器，可应用于本网站除登录页（login.aspx）外的所有网页。

2）创建"管理员主页"样式表

按照添加 public.css 文件的方法，在 res_styleSheet 文件夹中添加一个名为 indexStyle.css 的样式表文件。在 indexStyle.css 文件内添加如代码 4-3 所示内容。

代码 4-3：

```
#container
{
    position: absolute;      /* 设置元素定位：绝对定位 */
    left:50%;                /* 设置元素距离左边缘：50%,即向右移动 50%宽度 */
    top: 50%;                /* 设置元素距离顶部边缘：50%,即向下移动 50%高度 */
    width: 1000px;           /* 设置元素的宽度：1000px */
    height: 600px;           /* 设置元素的高度：600px */
    margin-left:-500px;      /* 设置元素的左外边距：-500px,即向左移动 500px */
    margin-top: -300px;      /* 设置元素的上外边距：-300px*,即向上移动 300px */
    padding:0px;             /* 设置上、右、下、左内边距均为：0px */
    text-align:left;         /* 设置元素文本的水平对齐方式：居左 */
    border:1px solid #2E9CBD;    /* 设置元素的上、下、左、右边框宽度 1px、边框样式
                                    solid(实线)、边框颜色：#2E9CBD */
}
#header
{
    margin:0px;              /* 设置上、右、下、左外边距均为：0px */
    padding:0px;
    width:1000px;
    height:100px;
    line-height:100px;       /* 设置行高：100px */
    text-align:center;       /* 设置元素文本的水平对齐方式：居中 */
    font-size:32px;          /* 设置字体尺寸：32px */
    font-weight:bold;        /* 设置文本的粗细：bold,粗体字符 */
    color:Yellow;            /* 设置文本颜色：Yellow */
    background-image:url(../res_images/indexHeader.gif);
                             /* 设置元素背景图像：res_images/indexHeader.gif */
}
#left
{
    float:left;              /* 设置元素浮动方向：向左 */
    margin:0px;
    padding:0px 10px;        /* 设置上、下内边距：0px,左、右内边距：10px */
    width:150px;
    height:450px;
    text-align:left;
    border-right:1px solid #2E9CBD;/* 设置元素右边框宽度 1px、右边框样式 solid、右
```

```
                                    边框颜色:#2E9CBD*/
    background-image:url(../res_images/indexLeft.gif);
}
#left ul{
    margin:0px;
    padding:0px;
}
#left li{
    margin:0px;
    padding:2px 0px;
    list-style-type:none;              /*设置列表项:none,无标记*/
}
#content
{
    float:left;
    margin:0px;
    padding:0px;
    width:829px;
    height:450px;
}
#footerIndex
{
    clear:both;                        /*both在元素左右两侧均不允许浮动元素*/
    margin:0px;
    padding:0px;
    width:1000px;
    height:50px;
    line-height:50px;
    text-align:center;
    color:Yellow;
    background-color:#00719B;          /*设置元素背景颜色:#00719B*/
}
```

3）创建"管理员主页",实现页面设计

在 C:\bookSite\网站根目录下创建一名为 indexAdmin. aspx 的网页。在 indexAdmin. aspx
文件内添加如代码 4-4 所示内容。

**代码 4-4:**

```
<html xmlns="http://www.w3.org/1999/xhtml">
<head runat="server">
    <title>管理员主页</title>
    <!--引用样式表-->
    <link rel="stylesheet" type="text/css" href="res_styleSheet/public.css"/>
    <link rel="stylesheet" type="text/css" href="res_styleSheet/indexStyle.css"/>
```

```
    </head>
    <body class="bodyClass">
        <form id="form1" runat="server">
        <div id="container">
            <div id="header">图书借阅管理系统</div>
            <div id="left">
                <!--TreeView、SiteMapDataSource 控件用于实现导航-->
            </div>
            <div id="content">
                <!--内嵌框架-->
            </div>
            <div id="footerIndex">XX 公司 版权所有</div>
        </div>
        </form>
    </body>
</html>
```

说明：关于样式表文件的相对路径也可采用如图 4-15 所示的方式进行设置。在后续任务中无论何种类型属性如若需要相对路径设置，也可以采用如图 4-15 所示的方法进行设置。

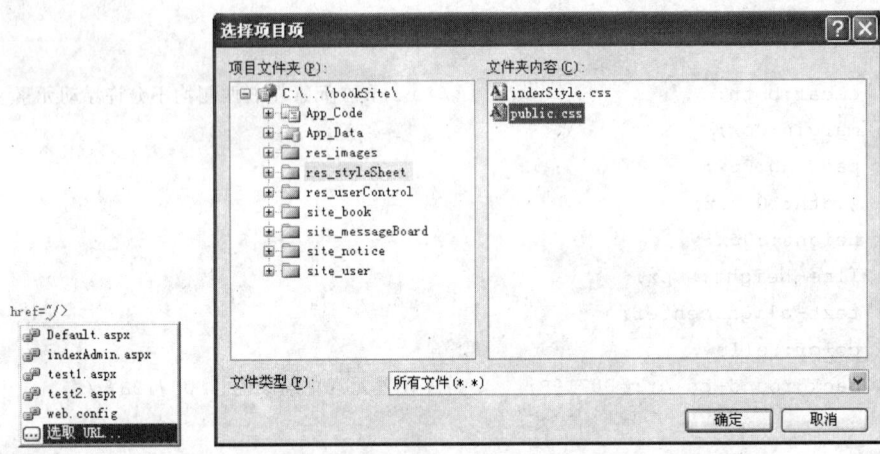

图 4-15　样式表文件的相对路径设置

## 4.2.4　任务 4：实现"发表留言"页页面设计

### 【任务描述】

创建本网站多数网页所需的外部样式表，并应用其实现"发表留言"页页面设计，效果如图 4-16 所示。

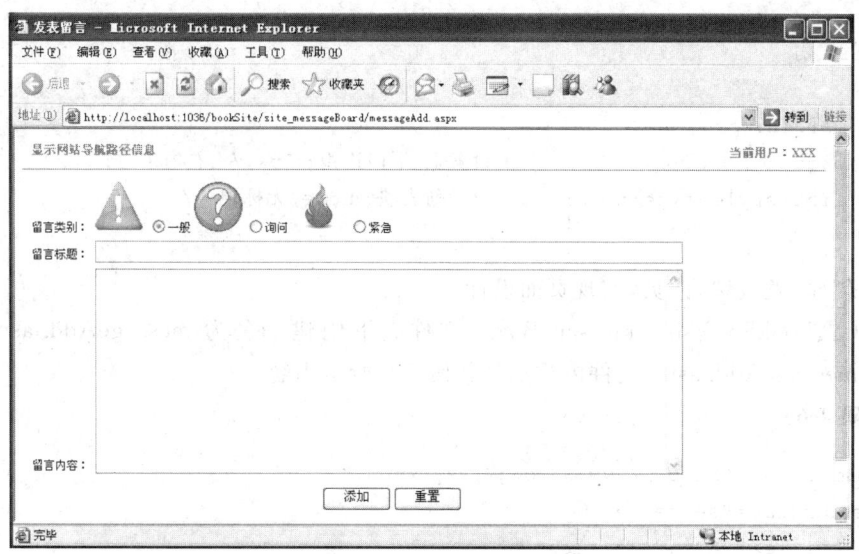

图 4-16　发表留言页

## 【任务实现】

### 1. 准备图片

在 res_images 文件夹下，创建名为 msgTypePic 的文件夹用于存放"一般"图片 common.jpg，"询问"图片 question.jpg，"紧急"图片 urgent.jpg。

### 2. 实现"发表留言"页页面设计

1）创建"发表留言"页样式表

在 res_styleSheet 文件夹中添加一个名为 singleStyle.css 的样式表文件。在 singleStyle.css 文件内添加如代码 4-5 所示内容。

**代码 4-5：**

```
#part
{
    clear:both;           /*both 在元素左右两侧均不允许浮动元素*/
    margin:0px;           /*设置上、右、下、左外边距均为：0px*/
    padding:10px;         /*设置上、右、下、左内边距均为：10px*/
    width:809px;          /*设置元素的宽度：809px*/
    height:360px;         /*设置元素的高度：360px*/
}
#part ul
{
    margin:0px;
    padding:0px;
```

```
}
#part li
{
    margin:0px;
    padding:2px 0px;              /* 设置上、下内边距: 2px,左、右内边距: 0px */
    list-style-type:none;    /* 设置列表项: none,无标记 */
}
```

2) 创建"发表留言"页,实现页面设计

在 C:\bookSite\site_messageBoard 文件夹下创建一名为 messageAdd.aspx 的网页。在 messageAdd.aspx 文件内添加如代码 4-6 所示内容。

**代码 4-6:**

```
<html xmlns="http://www.w3.org/1999/xhtml">
<head runat="server">
    <title>发表留言</title>
    <!--引用样式表-->
    <link rel="stylesheet" type="text/css" href="../res_styleSheet/public.css" />
    <link rel="stylesheet" type="text/css" href="../res_styleSheet/
    singleStyle.css" />
</head>
<body class="bodyClass">
    <form id="form1" runat="server">
    <div class="container">
        <div class="header1">
            <!--放置 SiteMapPath 控件,用于显示网站导航路径-->
            <br />显示网站导航路径信息
        </div>
        <div class="header2">
            <!--放置 Label 控件,用于显示当前登录用户名-->
            <br />当前用户:<asp:Label ID="lblUser" runat="server" Text="XXX">
            </asp:Label>
        </div>
        <div id="part">
            <ul>
                <li>留言类别:
                    <!--Image 控件,用于显示留言类别图片-->
                    <asp:Image ID="imgCom" runat="server" Width="50px" Height=
                    "50px" ImageUrl="~/res_images/msgTypePic/common.jpg" />
                    <!--RadioButton 控件,用于选择留言类别-->
                    <asp:RadioButton ID="rdoCom" runat="server" GroupName=
                    "msgType" Text="一般" />
                    <asp:Image ID="imgAsk" runat="server" Width="50px" Height=
                    "50px" ImageUrl="~/res_images/msgTypePic/question.jpg" />
```

```
      <asp:RadioButton ID="rdoAsk" runat="server" GroupName=
      "msgType" Text="询问" />
      <asp:Image ID="imgUrgent" runat="server" Width="50px"
      Height="50px" ImageUrl="~/res_images/msgTypePic/
      urgent.jpg" />
      <asp:RadioButton ID="rdoUrgent" runat="server" GroupName=
      "msgType" Text="紧急" />
   </li>
   <li>留言标题:
      <asp:TextBox ID="txtTitle" runat="server" Width="600px">
      </asp:TextBox>
      <!--RequiredFieldValidator 控件,验证留言标题文本框不能为空-->
      <asp:RequiredFieldValidator ID="valrTitle" runat="server"
      ErrorMessage="不能为空!" ControlToValidate="txtTitle"></asp:
      RequiredFieldValidator>
   </li>
   <li>留言内容:
      <asp:TextBox ID="txtContent" runat="server" TextMode=
      "MultiLine" Width="600px" Height="200px"></asp:TextBox>
      <!--RequiredFieldValidator 控件,验证留言内容文本框不能为空-->
      <asp:RequiredFieldValidator ID="valrContent" runat=
      "server" ErrorMessage="不能为空!" ControlToValidate=
      "txtContent"></asp:RequiredFieldValidator>
   </li>
   <li style="padding-left: 300px;padding-top: 10px">
      <asp:Button ID="btnSubmit" runat="server" Text="添加"
      Width="70px"/>
      <asp:Button ID="btnReset" runat="server" Text="重置"
      Width="70px"/>
   </li>
        </ul>
      </div>
   </div>
   </form>
</body>
</html>
```

# 4.3  课后任务

## 1. 实现部分读者用户网页界面设计

如图 4-17～图 4-20 所示,观察网页界面控件及布局,应用样式表实现网页界面设计。

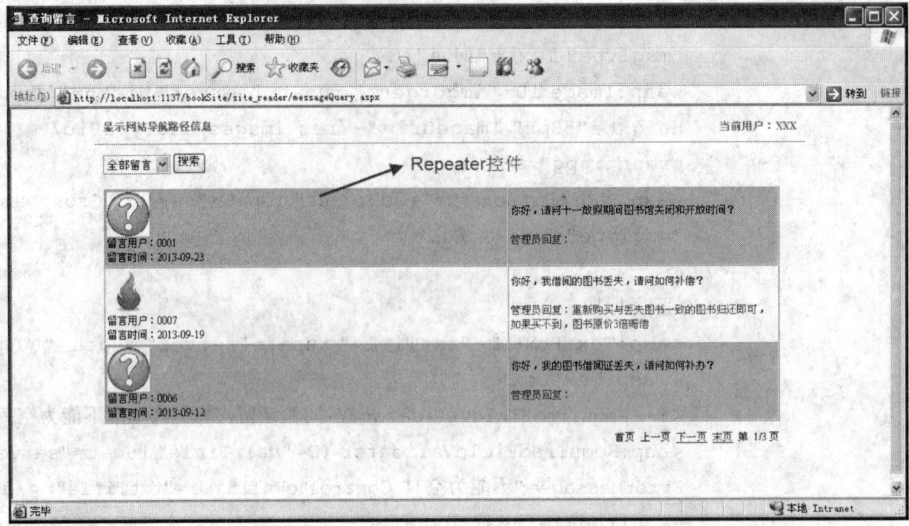

图 4-17　读者查询留言页

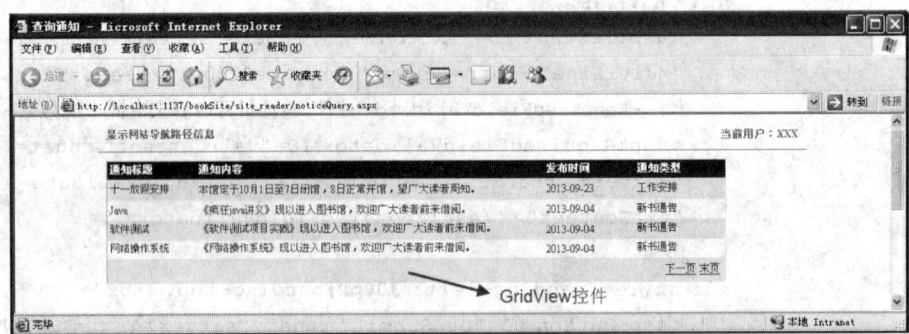

图 4-18　读者查询通知页

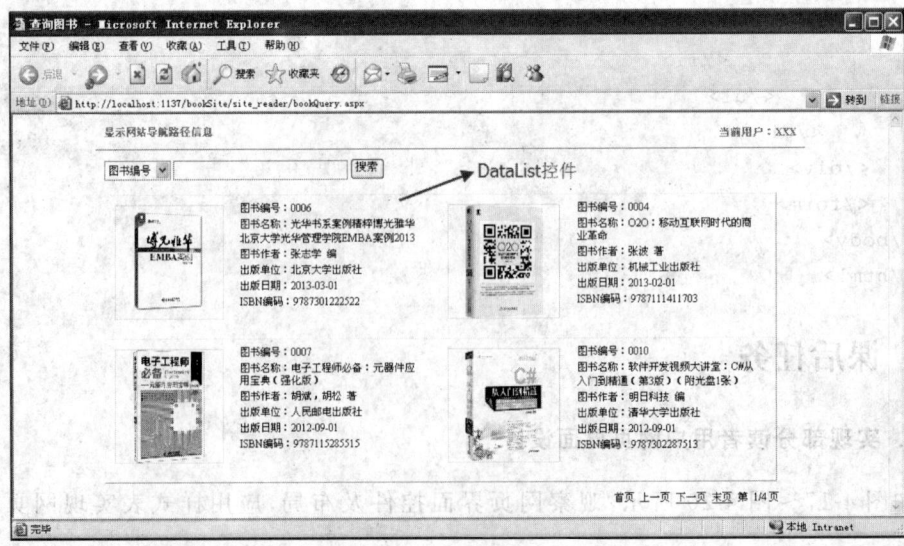

图 4-19　读者查询图书页

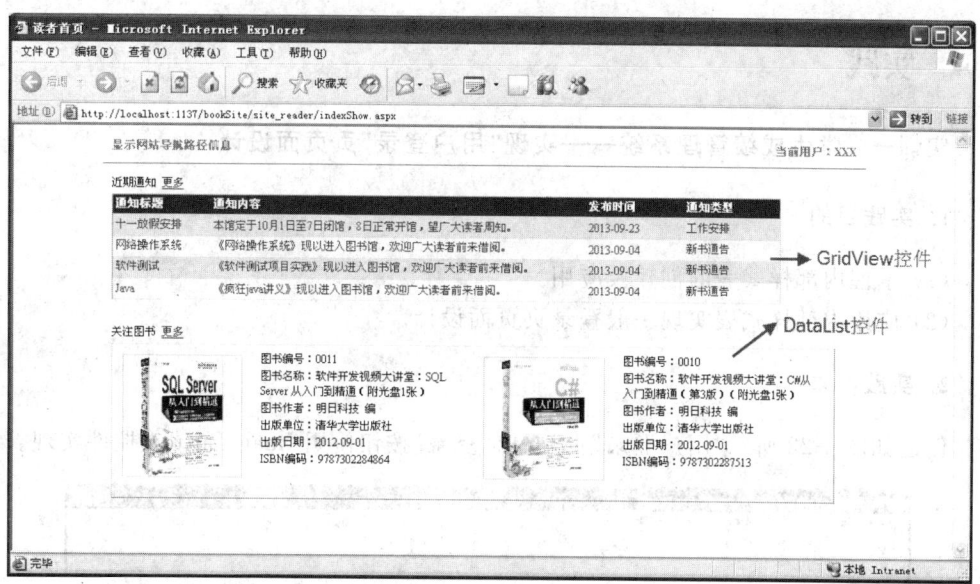

图 4-20　读者主页

## 2. 复杂网页界面布局

如图 4-21 所示,观察网页界面布局,应用样式表实现网页界面设计。

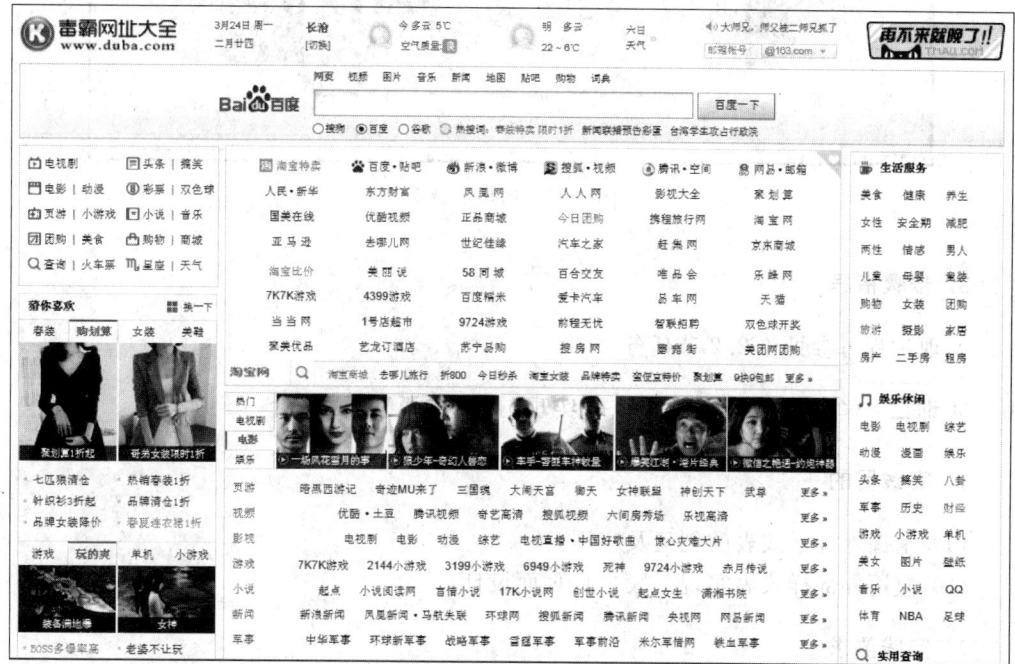

图 4-21　复杂网页

## 4.4 实践

**实训一：学生成绩管理系统——实现"用户登录"页页面设计**

**1. 实践目的**

（1）掌握内部样式表的创建及应用。
（2）应用内部样式表实现一般登录页页面设计。

**2. 实践要求**

创建如图 4-22 所示"用户登录"页，要求"登录"按钮使用 ImageButton 控件实现。

图 4-22　用户登录页

**3. 步骤指导**

实现过程可参见 4.2.2 节任务 2。

**实训二：学生成绩管理系统——实现"用户主页"页面设计**

**1. 实践目的**

（1）掌握外部样式表的创建及应用。
（2）应用外部样式表实现一般主页页面设计。

**2. 实践要求**

创建如图 4-23 所示"用户主页"。

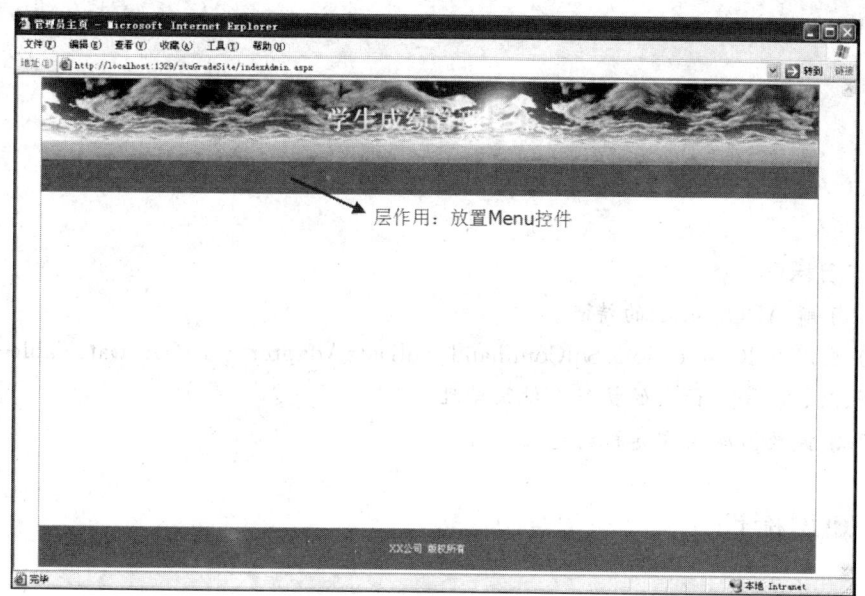

图 4-23　用户主页

## 3. 步骤指导

实现过程可参见 4.2.3 节任务 3。

# 第5章　图书借阅管理系统
## ——管理员用户增、删、改、查的实现

**学习目标：**

（1）了解 ADO. NET 的特点。

（2）应用 SqlConnection、SqlCommand、SqlDataAdapter、DataSet、DataTable 等类完成增、删、改、查 SQL 语句的执行及结果处理。

（3）掌握数据库操作类的创建及应用。

## 5.1　知识梳理

### 5.1.1　ADO. NET 介绍

ADO. NET 是. NET Framework 内部一组用于访问数据库的类库，命名空间 System. Data 组成了 ADO. NET 的体系结构。ADO. NET 通过. NET Data Provider（数据提供者）进行数据库的连接与存取，通过 DataSet（数据集）进行数据缓存与处理，如图 5-1 所示。

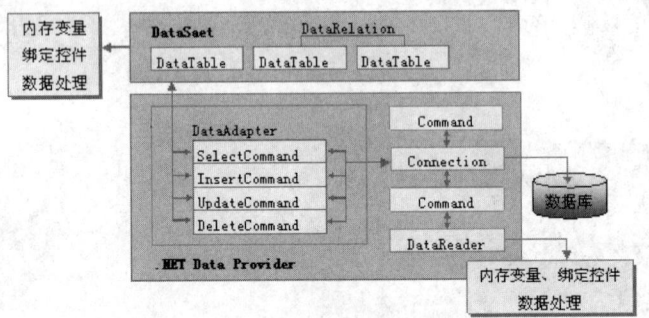

图 5-1　ADO. NET 体系结构

### 5.1.2　. NET Data Provider（数据提供者）

**1. 访问不同数据源，. NET Data Provider 需引用不同的命名空间**

. NET 数据提供者包含一组数据提供者对象，用于与特定的数据源通信。每一个 . NET 数据提供者都有特定的访问数据体系结构，它们之间存在很小的差异，在类构成、功能和方法调用方面基本一致。

.NET 数据提供者被组织在特定的命名空间中,表 5-1 显示了它们的构成。

表 5-1 .NET 数据提供者命名空间

| 数据提供者命名空间 | 说　　明 |
| --- | --- |
| System. Data. SqlClient | 支持 SQLServer 7.0 及以上版本 |
| System. Data. OleDb | 支持 OLEDB 数据源,如 Microsoft Access 等 |
| System. Data. Odbc | 支持直接访问 ODBC 数据源 |

### 2. .NET Data Provider 核心类

.NET Data Provider 是一组类库,它统一各种数据源的存取方式,可建立与数据源的实际连接,并可通过执行 SQL 完成数据的读写操作,如表 5-2 所示。

表 5-2 .NET Data Provider 类

| 类　名　称 | 说　　明 |
| --- | --- |
| Connection | 提供与各种数据源的连接,如完成与指定数据库连接 |
| Command | 提供存取数据库的命令,执行数据传输或数据修改命令,包括 INSERT、DELELE、UPDATE 等,同时也可调用存放在数据库后台的存储过程,实现读写数据库 |
| DataAdapter | 用于连接数据源和 DataSet,通过 SelectCommand、InsertCommand、UpdateCommand、DeleteCommand 对象执行 SQL 命令,完成读取数据库或根据 DataSet 更新数据库 |
| DataReader | 通过 Command 对象,执行 SQL 查询命令,创建数据流,实现快速浏览数据库 |

由图 5-1 和表 5-2 可知,.NET Data Provider 作为 ADO. NET 的连接和数据存取层,能够向它的另一个成员 DataSet 提供来自数据源的数据。

### 3. 应用.NET Data Provider 访问 SQL Server 2005 数据库

如果需要使用.NET Data Provider 相关类实现访问 SQL Server 2005 数据库,就需要在使用相关类前,引用访问 SQL Server 数据库的命名空间,如代码 5-1 所示。

代码 5-1:

```
//引入命名空间
using System.Data.SqlClient;
```

因为引入命名空间 System. Data. SqlClient,所以.NET Data Provider 核心类名称前都加上了前缀 Sql,如 Connection 变为 SqlConnection,Command 变为 SqlCommand,以下内容将详细介绍 SqlConnection、SqlCommand、SqlDataAdapter 类构造函数,常用属性及方法的应用。

1) SqlConnection 类

(1)功能。

SqlConnection 类用于创建与 SQL Server 数据源的连接。

（2）构造函数。

```
public SqlConnection()              //无参构造函数
public SqlConnection(string connectionString)
```

connectionString 参数说明：

用于打开 SQL Server 数据库的连接字符串，也称数据库连接串。数据库连接串通常由服务器名称、安全信息、数据库名称组成。它的基本格式是一系列由分号分隔的关键字/值对，具体如表 5-3 所示。

表 5-3　访问数据库 SQL Server 2005 连接串格式

| 关　键　字 | 值 |
|---|---|
| Data Source | 表示当前连接的 SQL Server 数据库名称 |
| Integrated Security | 表示集成安全信息，当值为 SSPI 或 True 时，连接数据库需使用当前的 Windows 账户登录；否则，使用数据库服务器命名的 SQL Server 登录 ID 和密码登录 |
| Catalog | 表示当前要访问的数据库名称 |
| User ID/Password | 表示混合登录方式下需要访问数据库服务器的登录 ID 和密码 |

示例：

① 使用当前 Windows 账户访问数据库方式。

```
string connectionString="Data Source=mypc;Initial Catalog=student;
                         Integrated Security=True;";
```

② 使用数据库服务器命名的 SQL Server 登录 ID 及密码访问数据库方式。

```
string connectionString="Data Source=mypc;Initial Catalog=student;
                         User ID=sa;Password=1;";
```

（3）SqlConnection 类常用属性及方法如表 5-4 所示。

表 5-4　SqlConnection 类常用属性及方法

| 属 性 名 称 | 说　　明 | | |
|---|---|---|---|
| ConnectionString | 获取或设置用于打开 SQL Server 数据库的字符串 | | |
| ConnectionTimeout | 获取在尝试建立连接时终止尝试并生成错误之前所等待的时间 | | |
| Database | 获取当前数据库或连接打开后要使用的数据库的名称 | | |
| DataSource | 获取要连接的 SQL Server 实例的名称 | | |
| State | 获取 SqlConnection 的连接状态，其值为 ConnectionState 类型枚举值，具体如下 | | |
| | 值 | 说　　明 | |
| | Closed | 连接处于关闭状态 | |
| | Open | 连接处于打开状态 | |

续表

| 方 法 名 称 | 说　　明 |
|---|---|
| Close | 关闭与数据库的连接。结束数据库操作后应该及时关闭连接,以便减少不必要的数据库资源占用 |
| Open | 使用数据库连接串所指定的设置打开数据库连接,在访问数据库之前必须首先打开数据库连接 |

（4）示例：应用数据库连接串创建连接对象。

```
//数据库连接串 connectionString
string connectionString="Data Source=mypc;Initial Catalog=student;
                        User ID=sa;Password=1;";
```

① 使用无参构造函数：

```
SqlConnection myConn=new SqlConnection();
myConn.ConnectionString=connectionString;
```

② 使用有参构造函数：

```
SqlConnection myConn=new SqlConnection(connectionString);
```

2）SqlCommand 类

（1）功能。

SqlCommand 对象用于执行一个 SQL 语句或存储过程。

（2）构造函数。

```
public SqlCommand()                    //无参构造函数
public SqlCommand(string cmdText,SqlConnection connection)
```

参数说明：

① cmdText　是一个 SQL 语句字符串或是已存在的存储过程名。

② connection　是 SqlCommand 实例使用的连接对象。

（3）SqlCommand 类常用属性及方法如表 5-5 所示。

表 5-5　SqlCommand 类常用属性及方法

| 属 性 名 称 | 说　　明 |
|---|---|
| CommandText | 用于获取或设置需要对数据源执行的 SQL 语句或存储过程名 |
| Connection | 用于获取或设置当前实例对象使用的 SqlConnection 对象 |
| 方 法 名 称 | 说　　明 |
| ExecuteReader | 将 CommandText 发送到 Connection 并生成一个 SqlDataReader 对象 |
| ExecuteNonQuery | 执行 INSERT、DELETE、UPDATE 等 SQL 语句命令或执行存储过程,并可返回影响行数 |
| ExecuteScalar | 从数据库中检索单个值(例如一个聚合值) |
| ExecuteXmlReader | 将 CommandText 发送到 Connection 并生成一个 XmlReader 对象 |

（4）示例：应用 SQL 语句、连接对象创建命令对象。

```
//查询 SQL 语句
string cmdText="Select sno,sname,sex,age From Stu_Tab";
//创建连接对象 myConn
SqlConnection myConn=new SqlConnection(connectionString);
```

① 使用无参构造函数：

```
SqlCommand myCom=new SqlCommand();
myCom.CommandText=cmdText;
myCom.Connection=myConn;
```

② 使用有参构造函数：

```
SqlCommand myCom=new SqlCommand(cmdText,myConn);
```

3）应用 SqlConnection、SqlCommand 对象实现对数据表数据的增删改操作示例，如代码 5-2 所示

**代码 5-2：**

```
//数据库连接串 connectionString
string connectionString="Data Source=mypc;Initial Catalog=student;User
ID=sa;Password=1;";
//创建 SqlConnection(连接)对象 myConn
SqlConnection myConn=new SqlConnection(connectionString);
//INSERT 语句字符串
string cmdText="INSERT INTO Stu_Tab(sno,sname,sex,age) VALUES('04','李四',
'女',22)";
//创建 SqlCommand(命令)对象 myCom
SqlCommand myCom=new SqlCommand(cmdText,myConn);
//打开数据库连接
myConn.Open();
//执行增删改 SQL 语句,并返回影响行数
int row=myCom.ExecuteNonQuery();
//关闭数据库连接
myConn.Close();
```

**说明：**INSERT 语句字符串也可更改为修改语句字符串如"UPDATE Stu_Tab SET age＝23 WHERE sno＝'04'"，同理也可更改为删除语句字符串如"DELETE FROM Stu_Tab WHERE sno＝'04'"，从而实现修改及删除数据操作。

4）SqlDataAdapter 类

（1）功能。

SqlDataAdapter 也称适配器，它用于连接数据源和 DataSet。SqlDataAdapter 类通过自己的一组 SQL 命令属性和数据库连接属性，可向 DataSet 填充数据或使用 DataSet 的数据更新数据源。图 5-1 描述了这种关系。

（2）构造函数。

DataAdapter 的构造函数有多个重载版本，以下是最基本的构造方法：

① public SqlDataAdapter(string selectText，string selectConn)

参数说明：

selectText　SQL Select 语句或存储过程。

selectConn　表示数据库连接字符串。

② public SqlDataAdapter(string selectText，SqlConnection selectConn)

参数说明：

selectText　SQL Select 语句或存储过程。

selectConn　表示该对象所使用的连接对象。

（3）SqlDataAdapter 类常用属性及方法如表 5-6 所示。

表 5-6　SqlDataAdapter 类常用属性及方法

| 属 性 名 称 | 说　明 |
|---|---|
| DeleteCommand | 获取或设置一个 SQL 语句或存储过程，用于在数据源中删除记录 |
| InsertCommand | 获取或设置一个 SQL 语句或存储过程，用于在数据源中插入新记录 |
| SelectCommand | 获取或设置一个 SQL 语句或存储过程，用于在数据源中选择记录 |
| UpdateCommand | 获取或设置一个 SQL 语句或存储过程，用于更新数据源中的记录 |
| 方 法 名 称 | 说　明 |
| Fill | 在 DataSet 中添加或刷新行以匹配使用 DataSet 名称的数据源中的行，并创建一个 DataTable<br>Fill 方法语法格式：<br>`public int Fill(DataSet dataSet, string srcTable)`<br>参数说明：<br>dataSet　要用记录填充的 DataSet 对象<br>srcTable　用于表映射的源表的名称<br>返回值　已在 DataSet 中成功添加或刷新的行数 |
| Update | 为指定 DataSet 中每个已插入、已更新或已删除的行调用相应的 INSERT、UPDATE 或 DELETE 语句<br>Update 方法语法格式：<br>`public int Update(DataTable dataTable)`<br>参数说明：<br>dataTable　用于更新数据源的 DataTable 对象<br>返回值　DataTable 中成功更新的行数 |

（4）示例：应用 SQL 语句、数据库连接串、连接对象创建适配器对象。

```
//查询 SQL 语句
string cmdText="Select sno,sname,sex,age From Stu_Tab";
//数据库连接串
```

```
string connStr="Data Source=mypc;Initial Catalog=student;User ID=sa;Password=1;";
//创建连接对象
SqlConnection myConn=new SqlConnection(connStr);
//使用构造函数①创建适配器对象
SqlDataAdapter da=new SqlDataAdapter(cmdText,connStr);
//使用构造函数②创建适配器对象
SqlDataAdapter da=new SqlDataAdapter(cmdText,myConn);
```

**说明**：如表 5-6 所示 SqlDataAdapter 类的常用属性都是 Command 类型，当应用有参构造函数创建 SqlDataAdapter 的对象 da 时，也初始化了 da 的 SelectCommand 属性。在实际应用中，SqlDataAdapter 对象的连接属性必须设置，而 4 个 Command 类属性则可根据需要来设置，在读取数据库情况下 SelectCommand 必须设置，其他 3 个属性用于更新数据库，可不必设置。

（5）应用 SqlConnection 对象、SqlDataAdapter 对象将数据库中相关数据载入 DataSet（数据集）示例，如代码 5-3 所示。

**代码 5-3**：

```
//数据库连接串 connectionString
string connectionString="Data Source=mypc;Initial Catalog=student;User ID=
sa;Password=1;";
//创建连接对象 myConn
SqlConnection myConn=new SqlConnection(connectionString);
//SELECT 语句字符串
string cmdText="SELECT sno,sname,sex,age FROM Stu_Tab ORDER BY sno";
//创建 SqlDataAdapter(数据库适配器)对象 da
SqlDataAdapter da=new SqlDataAdapter(cmdText,myConn);
//创建 DataSet(数据集)对象
DataSet ds=new DataSet();
//打开数据库连接
myConn.Open();
//对象 da 调用 Fill 方法将 SELECT 语句筛选的数据装载至 ds 的数据表中，并以 Stu_Tab 作为
  表名
da.Fill(ds,"Stu_Tab");
//关闭数据库连接
myConn.Close();
```

### 5.1.3 DataSet（数据集）

数据集是 ADO.NET 的数据处理核心，它像数据库一样允许内部存放多个表对象，表由记录和数据字段组成，它包含主键、外键，表间也可建立关系。数据集几乎就是一个内存中的数据库，它即可接纳来自 DataAdapter 读取来的数据库数据，也可用于存放应用程序通过其他方式获得的数据；它还支持多个数据源、XML 数据的存取以及数据集成，

是客户端的高性能数据缓存区。在离线状态下，数据集能够独立接受应用程序对数据的增、删、改操作，并可通过 DataAdapter 对象更新数据库。

DataSet 以 DataTable（表）对象的集合形式存储关系数据，DataTable 由 DataRow（行）对象组成，表内所有 DataRow 对象都具有一致的 DataColumn（列）结构。DataSet 的层结构如图 5-2 所示。

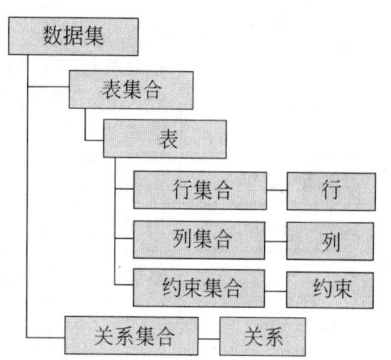

图 5-2 DataSet 层次对象模型

**1. DataSet 类常用属性及方法**

如表 5-7 所示，为 DataSet 类常用属性及方法。

**2. DataTable 类常用属性及方法**

如表 5-8 所示，为 DataTable 类常用属性及方法。

表 5-7 DataSet 类常用属性和方法

| 属 性 名 称 | 说　　明 |
| --- | --- |
| Tables | 获取包含在 DataSet 中表的集合<br>格式 1：Tables［索引值］如 Tables［0］<br>格式 2：Tables［"表名"］如 Tables［"dtName"］ |
| **方 法 名 称** | **说　　明** |
| AcceptChanges | 确认对所属 DataSet 的变更操作 |
| Clear | 通过移除所有表中的所有行，来清除任何数据的 DataSet |

表 5-8 DataTable 类常用属性和方法

| 属 性 名 称 | 说　　明 |
| --- | --- |
| Columns | 获取属于该表列的集合<br>格式 1：Columns［索引值］如 Columns［0］<br>格式 2：Columns［"列名"］如 Columns［"sno"］ |
| Rows | 获取属于该表行的集合<br>格式：Rows［索引值］如 Rows［0］ |
| TableName | 获取或设置 DataTable 的名称 |
| **方 法 名 称** | **说　　明** |
| AcceptChanges | 提交自上次调用 AcceptChanges 以来对该表进行的所有更改 |
| Clear | 清除所有数据的 DataTable |

**3. DataRow 类常用属性及方法**

如表 5-9 所示，为 DataRow 类常用属性及方法。

表 5-9　DataRow 类常用属性和方法

| 属 性 名 称 | 说　　明 |
|---|---|
| [] | 获取或设置存储在指定列中的数据<br>格式 1：［索引值］如［0］<br>格式 2：［"列名"］如［"sno"］ |

| 方 法 名 称 | 说　　明 |
|---|---|
| AcceptChanges | 提交自上次调用 AcceptChanges 以来对该行进行的所有更改 |
| IsNull | 获取一个值，该值指示指定的列是否包含 null 值，如果列包含 null 值，则为 true；否则，为 false |
| Delete | 删除 DataRow |

### 4. 常用示例：DataTable、DataRow 类应用

参考代码 5-3，执行成功后，数据集对象 ds 中存有名为 Stu_Tab 的数据表对象。且假设数据表内数据如图 5-3 所示。对数据表对象中行、单元值的引用如代码 5-4 所示。

| sno | sname | sex | age |
|---|---|---|---|
| 01 | 王一 | 女 | 19 |
| 02 | 孙二 | 男 | 20 |
| 03 | 张三 | 男 | 18 |

图 5-3　Stu_Tab 的数据表对象

**代码 5-4：**

```
//通过索引值 0,获取数据表对象 dt
DataTable dt=ds.Tables[0];
//通过表名 Stu_Tab,获取数据表对象 dt
DataTable dt=ds.Tables["Stu_Tab"];
//通过索引值 0,获取索引值 0 即行号为 1 的数据行对象 dr
DataRow dr=dt.Rows[0];
//通过索引值 0,获取行对象 dr 上列索引值为 0 即列号为 1 的单元格值,并将其转换为字符串
string sno=dr[0].ToString();
//通过列名 sno,获取行对象 dr 上列名为 sno 的单元格值,并将其转换为字符串
string sno=dr["sno"].ToString();
//通过行、列索引值 1,获取数据表对象 dt 上行号为 2 列号为 2 的单元格值,并将其转换为字符串
string sname=dt.Rows[1][1].ToString();
//通过行索引值 1、列名 sex,获取数据表对象 dt 上行号为 2 列名为 sex 的单元格值,并将其转
//换为字符串
string sex=dt.Rows[1]["sex"].ToString();
```

**说明**：形如 dt.Rows[1][1]可以获取数据表对象单元格的值,但将其赋值给相关类型变量时,一定要进行相关数据类型的转换,否则报告错误。如下代码所示：

```
//获取数据表对象 dt 上行号为 3 列名为 age 的单元格值,并将其转换为整型
```

```
int age=(int)dt.Rows[2]["age"];
```

## 5.1.4 异常处理

掌握异常处理机制需要注意 4 个关键字：try、catch、throw、finally。它们组合成各种特殊的程序结构，下面来讨论这些关键字和结构的用法。

**1. try、catch 和 finally 关键字**

异常处理使用 try、catch 和 finally 关键字来尝试可能未成功的操作以及事后清理资源。

1) try、catch 和 finally 结构语法格式

```
try
{
    //可能引发异常的语句
}
catch(异常类型1  异常变量)
{
    //处理异常的代码
}
catch(异常类型2  异常变量)
{
    //处理异常的代码
}
finally
{
    //无论是否发生异常,均要执行的代码,如释放资源等
}
```

**说明：**

① try 子句中用于放置可能引发异常的代码。

② catch 子句中放置异常类型和处理异常的代码,可以用多个 catch 捕获不同类型异常。

③ finally 子句包含代码进行资源清理,或者执行 try 子句和 catch 子句末尾都要执行的操作。无论是否产生异常,finally 子句都会被执行。

**注意**：在应用多重 catch 时,为 catch 参数定义的异常子类必须位于所有 catch 子句序列的基类之前,否则子类 catch 子句不可能被访问。

2) try、catch 和 finally 结构执行过程

当 try 子句中的程序代码产生异常时,系统就会在 catch 子句中查找,看是否有与设置的异常类型相同的 catch 子句。如果有,就会执行该子句中的语句,然后再执行 finally 子句;如果没有,则转到调用当前方法的方法中继续查找。该过程一直继续下去,直至找到一个匹配的 catch 子句为止。如果一直没有找到,则运行时将会产生一个未处理的异

常错误，程序中断运行。

如果没有发生异常，那么 try 子句正常结束，所有的 catch 子句被忽略，直接执行 finally 子句，然后转向 finally 子句后第一条语句开始执行。

3）try、catch 和 finally 结构的 3 种常用形式

① try-catch 语句：一个 try 子句后接一个或多个 catch 子句。

② try-finally 语句：一个 try 子句后接一个 finally 子句。

③ try-catch-finally 语句：一个 try 子句后接一个或多个 catch 子句，后面再跟一个 finally 子句。

4）示例：try、catch 和 finally 结构应用

如代码 5-5 所示，在获取两数相除结果的方法内，加入异常处理。

**代码 5-5：**

```
//division方法：将参数 a 除 b 的整数值返回
public int division(int a,int b)
{
    int c=0;
    try
    {
        //有可能引发异常的代码
        c=a/b;
    }
    catch(Exception ex)
    {
        //弹出对话框,显示异常信息
        Response.Write("<script>alert('"+ex.Message+"')</script>");
    }
    return c;
}
```

**说明：**

① Response. Write("＜script＞alert('XXX')＜/script＞")；语句用于弹出对话框。

② Exception 为所有异常类的基类。

③ ex 为 Exception 类型对象，通过其属性 Message，可获取异常信息。

**2．throw 关键字**

使用 throw 语句显式抛出（引发）异常。在此情况下，控制权将无条件转到处理异常代码。throw 语句可用于抛出（引发）系统异常或自定义异常。如代码 5-6 所示，使用 throw 关键字显示抛出异常。

**代码 5-6：**

```
try
{
```

```
    //程序代码
}
catch(Exception ex)
{
    //显式抛出这个未处理的异常给调用者
    throw ex;
}
```

说明：如果抛出的异常没有被捕获，则程序将会出现致命错误。因此在抛出异常时应确保该异常一定会被捕获。

# 5.2　任务实施

## 5.2.1　任务 1：实现管理员用户的添加

### 【任务描述】

创建"添加管理员用户"页，实现向 users 表中添加管理员用户，添加成功后显示"添加"成功对话框，效果如图 5-4 所示。

图 5-4　"添加管理员用户"页

### 【任务实现】

#### 1. 创建数据表 users

在名为 book 的数据库内创建数据表 users，字段及类型设置如表 5-10 所示。

表 5-10　users 表

| 字　　段 | 字 段 类 型 | 是 否 为 空 | 主键或外键 | 字 段 说 明 |
|---|---|---|---|---|
| userID | varchar(20) | Not Null | PK | 管理员用户名 |
| userPwd | varchar(30) | Not Null | | 管理员密码 |

#### 2. 创建"添加管理员用户"页及实现页面设计

在 C:\bookSite\site_admin 文件夹下创建一名为 adminAdd.aspx 的网页，在

adminAdd.aspx 文件内添加如代码 5-7 所示内容。

代码 5-7：

```
<html xmlns="http://www.w3.org/1999/xhtml">
<head runat="server">
    <title>添加管理员用户</title>
    <!--引用样式表-->
    <link rel="stylesheet" type="text/css" href="../res_styleSheet/public.
    css" />
    <link rel="stylesheet" type="text/css" href="../res_styleSheet/
    singleStyle.css" />
</head>
<body class="bodyClass">
    <form id="form1" runat="server">
    <div class="container">
        <div id="part">
            <ul>
                <li>
                    用户名:<asp:TextBox ID="txtName" runat="server" Width=
                    "150px"></asp:TextBox>
                </li>
                <li style="padding-left:12px">
                    密码:<asp:TextBox ID="txtPwd" runat="server" Width=
                    "150px"></asp:TextBox>
                </li>
                <li style="padding-left:50px">
                    <asp:Button ID="btnSubmit" runat="server" Text="添加"
                    Width="70px" onclick="btnSubmit_Click"/>
                    <asp:Button ID="btnReset" runat="server" Text="重置"
                    Width="70px" onclick="btnReset_Click"/>
                </li>
            </ul>
        </div>
    </div>
    </form>
</body>
</html>
```

### 3. 实现"添加管理员用户"页功能

在 adminAdd.aspx.cs 文件内添加如代码 5-8 所示内容。

代码 5-8：

```
//引入命名空间
using System.Data.SqlClient;
```

```
//btnSubmit_Click 事件：添加管理员用户
protected void btnSubmit_Click(object sender,EventArgs e)
{
    //获取用户名
    string userID=txtName.Text.Trim();
    //获取密码
    string userPwd=txtPwd.Text.Trim();
    //设置添加管理员用户 SQL 语句
    string sql="INSERT INTO users(userID,userPwd)";
    sql+="VALUES('"+userID+"','"+userPwd+"')";
    //数据库连接串
    string connStr="Data Source=mypc;Initial Catalog=book;User ID=sa;
    Password=1;";
    //创建连接对象 conn
    SqlConnection conn=new SqlConnection(connStr);
    //打开连接
    conn.Open();
    try
    {
        //创建命令对象 cmd
        SqlCommand cmd=new SqlCommand(sql,conn);
        //执行命令并返回影响的行数
        int result=cmd.ExecuteNonQuery();
        if(result>0)
        {
            Response.Write("<script>alert('添加成功!')</script>");
        }
        else
        {
            Response.Write("<script>alert('添加失败!')</script>");
        }
    }
    catch(Exception ex)
    {
        //显示捕捉到的异常信息
        Response.Write("<script>alert('"+ex.Message+"')</script>");
    }
    finally
    {
        if(conn.State==ConnectionState.Open)
        {
            //关闭数据库连接
            conn.Close();
```

```
        }
      }
   }
//btnReset_Click 事件：设置控件初始值
protected void btnReset_Click(object sender,EventArgs e)
{
    txtName.Text="";
    txtPwd.Text="";
}
```

说明：

① 在设置增删改查 SQL 语句时，由于访问数据表的字段个数不定，经常采用字符串拼接的写法，如下代码所示：

```
string sql="INSERT INTO users(userID,userPwd)";
    sql+=" VALUES('"+userID+"','"+userPwd+"')";
```

② 由于增删改查 SQL 语句要实现动态更新及访问数据表，所以字段取值应是动态的。如上代码所示，向 users 表插入数据时，插入数据的取值由变量 userID 及 userPwd 决定。

③ 提示：符号'为英文半角状态下的单引号。

④ 所有的 SQL 语句最好在 SQL Server 2005 数据库中能够执行后，再写入代码中，以便于调试。

## 5.2.2 任务2：实现管理员用户的修改

### 【任务描述】

创建"修改管理员用户"页，实现对指定管理员用户名及密码的修改，修改成功后显示"修改"成功对话框，效果如图 5-5 所示。

图 5-5 "修改管理员用户"页

**【任务实现】**

**1. 创建"修改管理员用户"页及实现页面设计**

在 C：\ bookSite \ site _ admin 文件夹下创建名为 adminEdit. aspx 的网页。在 adminEdit. aspx 文件内添加如代码 5-9 所示内容。

**代码 5-9：**

```
<html xmlns="http://www.w3.org/1999/xhtml">
<head runat="server">
    <title>修改管理员用户</title>
    <!--引用样式表-->
    <link rel="stylesheet" type="text/css" href="../res_styleSheet/public.
    css" />
    <link rel="stylesheet" type="text/css" href="../res_styleSheet/
    singleStyle.css" />
</head>
<body class="bodyClass">
    <form id="form1" runat="server">
    <div class="container">
        <div id="part">
            <ul>
                <li>
                    原用户名:<asp:TextBox ID="txtNameOld" runat="server"
                    Width="150px"></asp:TextBox>
                </li>
                <li style="padding-left:12px">
                    原密码:<asp:TextBox ID="txtPwdOld" runat="server" Width=
                    "150px"></asp:TextBox>
                </li>
                <li>
                    新用户名:<asp:TextBox ID="txtName" runat="server" Width=
                    "150px"></asp:TextBox>
                </li>
                <li style="padding-left:12px">
                    新密码:<asp:TextBox ID="txtPwd" runat="server" Width=
                    "150px"></asp:TextBox>
                </li>
                <li style="padding-left:67px">
                    <asp:Button ID="btnSubmit" runat="server" Text="修改"
                    Width="70px" onclick="btnSubmit_Click"/>
                    <asp:Button ID="btnReset" runat="server" Text="重置"
                    Width="70px" onclick="btnReset_Click"/>
                </li>
```

```
            </ul>
        </div>
    </div>
    </form>
</body>
</html>
```

### 2. 实现"修改管理员用户"页功能

在 adminEdit.aspx.cs 文件内添加如代码 5-10 所示内容。

代码 **5-10**：

```
//引入命名空间
using System.Data.SqlClient;
//btnSubmit_Click 事件：修改管理员用户
protected void btnSubmit_Click(object sender,EventArgs e)
{
    //获取原用户名
    string userIDOld=txtNameOld.Text.Trim();
    //获取原密码
    string userPwdOld=txtPwdOld.Text.Trim();
    //获取新用户名
    string userID=txtName.Text.Trim();
    //获取新密码
    string userPwd=txtPwd.Text.Trim();
    //设置修改管理员用户 SQL 语句
    string sql="UPDATE users SET";
    sql+=" userID='"+userID+"',userPwd='"+userPwd+"'";
    sql+=" WHERE userID='"+userIDOld+"' AND userPwd='"+userPwdOld+"'";
    //数据库连接串
    string connStr="Data Source=mypc;Initial Catalog=book;User ID=sa;
    Password=1;";
    //创建连接对象 conn
    SqlConnection conn=new SqlConnection(connStr);
    //打开连接
    conn.Open();
    try
    {
        //创建命令对象 cmd
        SqlCommand cmd=new SqlCommand(sql,conn);
        //执行命令并返回影响的行数
        int result=cmd.ExecuteNonQuery();
        if(result>0)
        {
```

```
            Response.Write("<script>alert('修改成功!')</script>");
        }
        else
        {
            Response.Write("<script>alert('修改失败!')</script>");
        }
    }
    catch(Exception ex)
    {
        //显示捕捉到的异常信息
        Response.Write("<script>alert('"+ex.Message+"')</script>");
    }
    finally
    {
        if(conn.State==ConnectionState.Open)
        {
            //关闭数据库连接
            conn.Close();
        }
    }
}
//btnReset_Click 事件：设置控件初始值
protected void btnReset_Click(object sender,EventArgs e)
{
    txtNameOld.Text="";
    txtPwdOld.Text="";
    txtName.Text="";
    txtPwd.Text="";
}
```

## 5.2.3　任务3：实现用户的登录

### 【任务描述】

实现管理员用户及读者用户的登录,登录成功后显示管理员或读者主页,效果如图 5-6 所示。

### 【任务实现】

因为用户登录页及管理员主页页面设计在 4.2.2 节任务 2 及 4.2.3 节任务 3 中已经完成,这里仅实现用户登录页功能。

打开 C:\bookSite\项目下 login. aspx. cs 文件,在 login. aspx. cs 文件内添加如代码 5-11 所示内容。

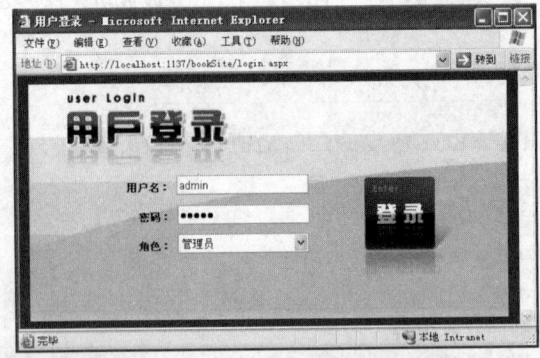

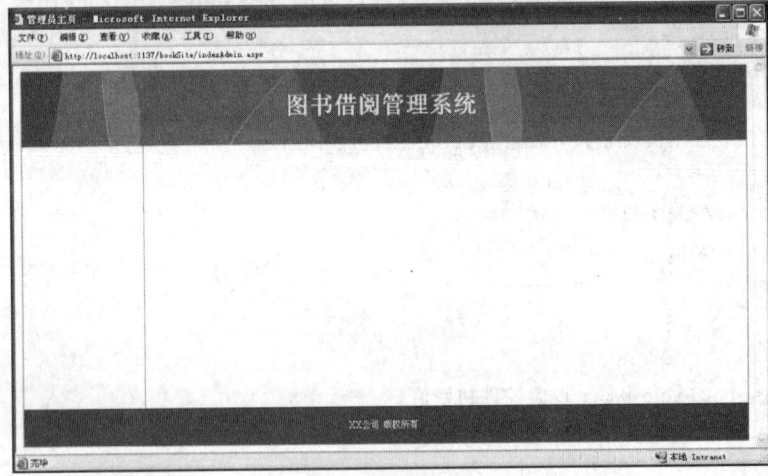

图 5-6　管理员登录

**代码 5-11：**

```
//引入命名空间
using System.Data.SqlClient;
protected void Page_Load(object sender,EventArgs e)
{
    if(!IsPostBack)
    {
        //调用 SetDDL 方法,加载下拉列表项
        SetDDL();
    }
}
//btnOk_Click 事件: 查询用户是否存在
protected void btnOk_Click(object sender,ImageClickEventArgs e)
{
    //获取用户名
    string userID=txtUserName.Text.Trim();
    //获取密码
```

```
string userPwd=txtUserPwd.Text.Trim();
string sql="";
string fileName="";
//如果下拉列表中,选中项索引值为 0,表示当前登录身份为读者,若选中项索引值为 1,表示
//当前登录身份为管理员
if(ddlRole.SelectedIndex==0)
{
    //设置查询读者用户 SQL 语句
    sql="SELECT readerID,readerPwd FROM reader WHERE readerID='"+userID+
    "'and readerPwd='"+userPwd+"'";
    //设置登录成功后,跳转至读者主页的路径(相对路径)包括文件名
    fileName="indexReader.aspx";
}
else if(ddlRole.SelectedIndex==1)
{
    //设置查询管理员用户 SQL 语句
    sql="SELECT userID,userPwd FROM users WHERE userID='"+userID+
    "'and userPwd='"+userPwd+"'";
    //设置登录成功后,跳转至管理员主页的路径(相对路径)包括文件名
    fileName="indexAdmin.aspx";
}
//数据库连接串
string connStr=" Data Source=mypc; Initial Catalog=book; User ID=sa;
Password=1;";
//创建连接对象 conn
SqlConnection conn=new SqlConnection(connStr);
try
{
    //创建数据库适配器对象 adapter
    SqlDataAdapter adapter=new SqlDataAdapter(sql,conn);
    //创建数据集对象 ds
    DataSet ds=new DataSet();
    //对象 adapter 调用 Fill 方法将 select 语句筛选的数据集合装载至 ds 的数据表
    //中,并以 dtName 作为表名
    adapter.Fill(ds,"dtName");
    //返回 ds 对象中表名为 dtName 的数据表
    DataTable dt=ds.Tables["dtName"];
    //获取数据表对象 dt 的行数
    int result=dt.Rows.Count;
    if(result>0)
    {
        //设置网页重定向至 fileName 表示的网页
        Response.Redirect(fileName);
    }
```

133

```
        else
        {
            Response.Write("<script>alert('用户名或密码错误!')</script>");
        }
    }
    catch(Exception ex)
    {
        //显示捕捉到的异常信息
        Response.Write("<script>alert('"+ex.Message+"')</script>");
    }
    finally
    {
        if(conn.State==ConnectionState.Open)
        {
            //关闭数据库连接
            conn.Close();
        }
    }
}
//SetDDL 方法:设置"角色"下拉列表框各数据项及显示项
private void SetDDL()
{
    ddlRole.Items.Add("读者");
    ddlRole.Items.Add("管理员");
    ddlRole.SelectedIndex=0;
}
```

### 5.2.4　任务 4：创建数据库操作类

通过前面任务 1～任务 3 的功能代码编写,可以发现所编写的代码存在大量冗余,如任务 1 与任务 2 功能代码除执行的 SQL 语句不同,其余代码一致,如何避免这种情况的发生,可以通过创建数据库操作类来实现。

【任务描述】

创建类文件,定义执行添加、修改、删除及查询 SQL 语句的方法,实现调用不同方法,根据不同参数(SQL 语句)执行不同操作,从而简化代码,达到代码复用的效果。

【任务实现】

**1. 配置 Web.Config 文件与数据库相连**

通常为了编程和后续维护方便,常将数据库的连接信息存放在 Web.Config 文件中。

在 C:\bookSite\项目中找到 Web.Config 文件,双击将其打开,将<connectionStrings/>元素替换为如代码 5-12 所示内容。

**代码 5-12:**

```
<connectionStrings>
    <add name="sqlConn" connectionString="Data Source=mypc;Initial Catalog=
    book;Integrated Security=False;User=sa;Pwd=1;" providerName="System.
    Data.SqlClient" />
</connectionStrings>
```

**说明**:sqlConn 是自定义的一个名称,其后是连接到 SQL Server 2005 数据库的配置语句。

**2. 创建类文件**

右击 C:\bookSite\App_Code 文件夹,在弹出的快捷菜单中选择"添加新项"命令,弹出如图 5-7 所示的"添加新项"对话框,在"模板"中选择类,"名称"选项设置为 DBClass.cs,其余选项默认,单击"添加"按钮,即可在该文件夹内创建一个名为 DBClass.cs 的类。

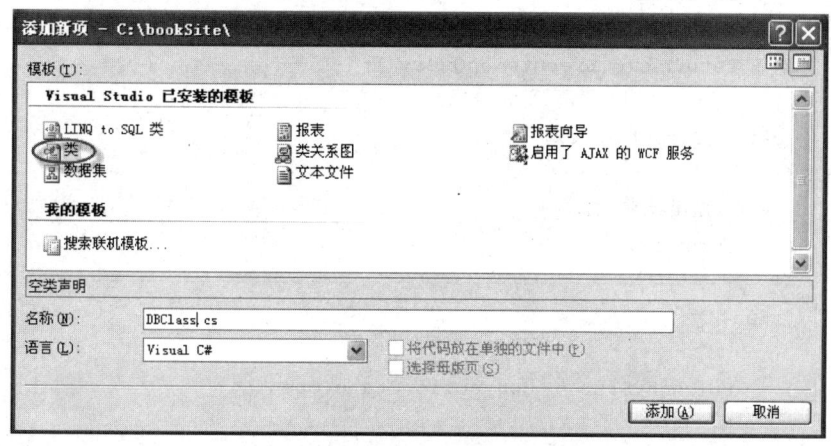

图 5-7 添加类文件

**3. 实现类功能**

在 DBClass.cs 文件内添加如代码 5-13 所示内容。

**代码 5-13:**

```
//引入命名空间
using System.Data.SqlClient;
///<summary>
///DBClass 的摘要说明
///</summary>
public class DBClass
{
```

```
//获取数据库连接串,sqlConn 为在 WebConfig 文件中定义的连接名称
private static string connStr=ConfigurationManager.ConnectionStrings
["sqlConn"].ConnectionString;
///<summary>
///实现对一般数据表添加、修改、删除操作
///</summary>
///<param name="sql">添加、修改、删除的 SQL 语句</param>
///<returns>返回执行 SQL 语句所影响的行数</returns>
public static int ExecuteNonQuery(string sql)
{
    //创建连接对象 conn
    SqlConnection conn=new SqlConnection(connStr);
    //打开连接
    conn.Open();
    try
    {
        //创建命令对象 cmd
        SqlCommand cmd=new SqlCommand(sql,conn);
        //执行命令并返回影响的行数
        return cmd.ExecuteNonQuery();
    }
    catch(Exception ex)
    {
        //抛出异常
        throw ex;
    }
    finally
    {
        if(conn.State==ConnectionState.Open)
        {
            //关闭数据库连接
            conn.Close();
        }
    }
}
///<summary>
///实现对数据表查询操作,并返回 DataTable 结果集
///</summary>
///<param name="sql">select 类型 SQL 语句</param>
///<returns>返回 DataTable 类型结果集</returns>
public static DataTable ExecuteQuery(string sql)
{
    //DataAdapter 可以自动打开数据库连接,可以不使用 conn.Open();语句
    //创建连接对象 conn
```

```
SqlConnection conn=new SqlConnection(connStr);
try
{
    //创建数据库适配器对象 adapter
    SqlDataAdapter adapter=new SqlDataAdapter(sql,conn);
    //创建数据集对象 ds
    DataSet ds=new DataSet();
    //对象 adapter 调用 Fill 方法将 select 语句筛选的数据集合装载至 ds 的数据
    //表中,并以 dtName 作为表名
    adapter.Fill(ds,"dtName");
    //返回 ds 对象中表名为 dtName 的数据表
    return ds.Tables["dtName"];
}
catch(Exception ex)
{
    //抛出异常
    throw ex;
}
finally
{
    if(conn.State==ConnectionState.Open)
    {
        //关闭数据库连接
        conn.Close();
    }
}
}
}
```

## 5.2.5 任务 5：实现管理员用户的删除

### 【任务描述】

创建"删除管理员用户"页,应用数据库操作类实现对指定管理员用户名及密码的删除,删除成功后显示"删除"成功对话框,效果如图 5-8 所示。

### 【任务实现】

**1. 创建"删除管理员用户"页及实现页面设计**

在 C：\ bookSite \ site_admin 文件夹下创建名为 adminDel. aspx 的网页。在 adminDel. aspx 文件内添加如代码 5-14 所示内容。

图 5-8 "删除管理员用户"页

**代码 5-14：**

```html
<html xmlns="http://www.w3.org/1999/xhtml">
<head runat="server">
    <title>删除管理员用户</title>
    <!--引用样式表-->
    <link rel="stylesheet" type="text/css" href="../res_styleSheet/public.css" />
    <link rel="stylesheet" type="text/css" href="../res_styleSheet/
    singleStyle.css" />
</head>
<body class="bodyClass">
    <form id="form1" runat="server">
    <div class="container">
        <div id="part">
            <ul>
                <li>
                    用户名:<asp:TextBox ID="txtName" runat="server" Width=
                    "150px"></asp:TextBox>
                </li>
                <li style="padding-left:12px">
                    密码:<asp:TextBox ID="txtPwd" runat="server" Width=
                    "150px"></asp:TextBox>
                </li>
                <li style="padding-left:50px">
                    <asp:Button ID="btnSubmit" runat="server" Text="删除"
                    Width="70px" onclick="btnSubmit_Click"/>
                    <asp:Button ID="btnReset" runat="server" Text="重置"
                    Width="70px" nclick="btnReset_Click"/>
                </li>
            </ul>
        </div>
    </div>
    </form>
</body>
</html>
```

**2. 实现"删除管理员用户"页功能**

在 adminDel.aspx.cs 文件内添加如代码 5-15 所示内容。

**代码 5-15：**

```csharp
//btnSubmit_Click 事件：删除管理员用户
protected void btnSubmit_Click(object sender,EventArgs e)
{
    //获取用户名
    string userID=txtName.Text.Trim();
    //获取密码
    string userPwd=txtPwd.Text.Trim();
    //设置删除管理员用户 SQL 语句
    string sql="DELETE FROM users WHERE userID=";
    sql+="'"+userID+"'AND userPwd='"+userPwd+"'";
    try
    {
        //调用 DBClass 类 ExecuteNonQuery 方法执行删除 SQL 语句
        int result=DBClass.ExecuteNonQuery(sql);
        if(result>0)
        {
            Response.Write("<script>alert('删除成功!')</script>");
        }
        else
        {
            Response.Write("<script>alert('删除失败!')</script>");
        }
    }
    catch(Exception ex)
    {
        //显示捕捉到的异常信息
        Response.Write("<script>alert('"+ex.Message+"')</script>");
    }
}
//btnReset_Click 事件：设置控件初始值
protected void btnReset_Click(object sender,EventArgs e)
{
    txtName.Text="";
    txtPwd.Text="";
}
```

# 5.3　课后任务

（1）应用数据库操作类，重新实现管理员用户的添加。

（2）应用数据库操作类，重新实现管理员用户的修改。

（3）应用数据库操作类，重新实现管理员用户的登录。

## 5.4 实践

**实训一：图书借阅管理系统——实现图书类别的增删改**

### 1. 实践目的

（1）掌握数据库操作类的创建及应用。

（2）应用数据库操作类方法实现 Insert、Delete、Update 类型 SQL 语句的执行。

### 2. 实践要求

创建如图 5-9、图 5-10、图 5-11 所示的"添加图书类别"页、"删除图书类别"页、"修改图书类别"页，并实现其功能。注意在添加及修改图书类别时，需要进行"类别编号"重名检测。

图 5-9　添加图书类别

图 5-10　删除图书类别

图 5-11　修改图书类别

### 3. 步骤指导

（1）创建图书类别数据表 bookType。

在名为 book 的数据库内创建数据表 bookType，字段及类型设置如表 5-11 所示。

表 5-11  bookType 表

| 字　　段 | 字 段 类 型 | 是 否 为 空 | 主键或外键 | 字 段 说 明 |
|---|---|---|---|---|
| typeID | varchar(4) | Not Null | PK | 类别编号 |
| typeName | varchar(50) | Not Null | | 类别名称 |

（2）参考任务。

实现过程可参见 5.2.4 节任务 4 及 5.2.5 节任务 5。

### 实训二：学生成绩管理系统——实现用户登录

**1. 实践目的**

应用数据库操作类方法实现 Select 类型 SQL 语句的执行。

**2. 实践要求**

实现不同身份如管理员、教师、学生用户的登录，登录成功后，进入用户主页，如图 5-12 所示。

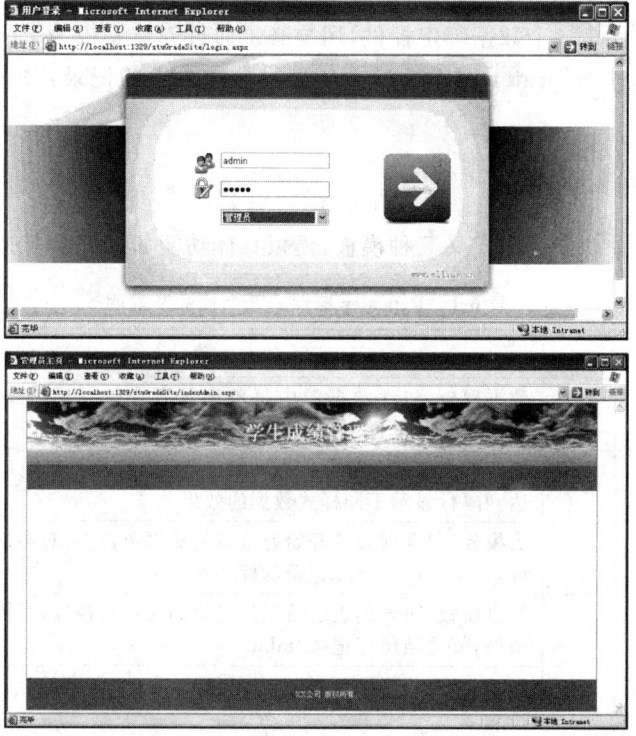

图 5-12　用户登录过程

**3. 步骤指导**

实现过程可参见 5.2.3 节任务 3 及 5.2.4 节任务 4。

# 第 6 章　图书借阅管理系统——留言板子系统

**学习目标：**
（1）熟练掌握数据操作类的应用。
（2）应用 Repeater 控件分页显示数据。
（3）掌握网页间数据的传递。
（4）掌握用户控件的创建及应用。

## 6.1　知识梳理

### 6.1.1　Repeater 控件

Repeater 控件又称重复列表控件，在工具箱中的图标为 Repeater。

Repeater 控件是一个数据绑定控件，用户必须通过创建模板为 Repeater 控件提供布局。当网页运行时，Repeater 控件通过循环显示数据源中的记录，并为每个记录呈现一个项。

#### 1. 模板

Repeater 控件允许用户定义 5 种模板，模板具体功能如表 6-1 所示。

表 6-1　Repeater 控件的 5 个模板及说明

| 模　　板 | 功　　能 | 备　　注 |
| --- | --- | --- |
| ItemTemplate | 数据模板，包含数据源中每条记录所含数据项的 HTML 标签及控件设置 | 必选参数 |
| AlternatingItemTemplate | 隔行数据模板，同 ItemTemplate 模板，两者一起使用可以达到隔行显示不同样式数据的效果 | 可选参数 |
| HeaderTemplate | 头模板，包含列表的开始处呈现的文本及控件，对数据表来说，就是＜table＞和记录的标题列 | 可选参数 |
| FooterTemplate | 结尾模板，包含列表的结尾处呈现的文本及控件，对数据表来说，就是结尾标记＜/table＞ | 可选参数 |
| SeparatorTemplate | 分割线模板，记录与记录间呈现的 HTML 标签，如 hr 标签 | 可选参数 |

#### 2. 语法格式

```
<asp:Repeater Id="repeater" Runat="server">
    <HeaderTemplate></HeaderTemplate>
    <ItemTemplate></ItemTemplate>
```

```
    <AlternatingItemTemplate></AlternatingItemTemplate>
    <FooterTemplate></FooterTemplate>
</asp:Repeater>
```

### 3. 常用属性及方法

Repeater 控件的常用属性及方法如表 6-2 所示。

表 6-2　Repeater 控件常用属性及方法

| 属 性 名 称 | 说　明 |
|---|---|
| DataSource | 获取或设置为填充列表提供数据的数据源 |
| 方 法 名 称 | 说　明 |
| DataBind() | 将 Repeater 控件及其所有子控件绑定到指定数据源 |

### 4. 示例

Repeater 控件应用显示效果如图 6-1 所示。此示例网页界面如代码 6-1 所示，网页功能代码如代码 6-2 所示。

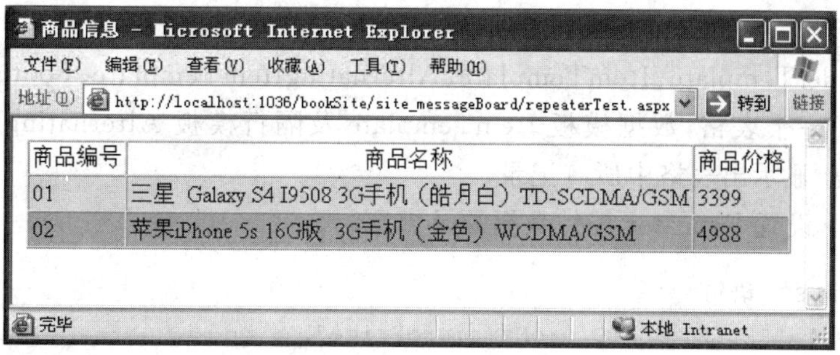

图 6-1　Repeater 控件应用显示效果

**代码 6-1**：设置 Repeater 控件显示内容及风格。

```
01: <asp:Repeater ID="Repeater1" runat="server">
02:     <HeaderTemplate>
03:         <table border="1" cellspacing="0" cellpadding="2px">
04:         <tr style="text-align:center">
05:             <td>商品编号</td>
06:             <td>商品名称</td>
07:             <td>商品价格</td>
08:         </tr>
09:     </HeaderTemplate>
10:     <ItemTemplate>
11:         <tr style="background-color:Aqua">
12:             <td><%#Eval("proID") %></td>
```

```
13:              <td><%#Eval("proName") %></td>
14:              <td><%#Eval("proPrice","{0:C}") %></td>
15:          </tr>
16:      </ItemTemplate>
17:      <AlternatingItemTemplate>
18:          <tr style="background-color:Silver">
19:              <td><%#Eval("proID") %></td>
20:              <td><%#Eval("proName") %></td>
21:              <td><%#Eval("proPrice","{0:C}")%></td>
22:          </tr>
23:      </AlternatingItemTemplate>
24:      <FooterTemplate>
25:          </table>
26:      </FooterTemplate>
27: </asp:Repeater>
```

**说明：**

（1）代码 6-1 中行 12～14、19～21 代码为数据绑定语句。

（2）代码 6-1 中行 02～09 为 HeaderTemplate 模板内容，行 10～16 为 ItemTemplate 模板内容，行 17～23 为 AlternatingItemTemplate 模板内容，行 24～26 为 FooterTemplate 模板内容。

（3）HeaderTemplate、ItemTemplate、AlternatingItemTemplate、FooterTemplate 模板一起构造了一个表格，数据模板 ItemTemplate 及隔行模板 AlternatingItemTemplate 部分自动重复，显示出表格中所有记录。

**代码 6-2**：设置 Repeater 控件数据源及绑定。

```
//设置查询 SQL 语句
string sql="SELECT proID,proName,proPrice";
sql+="FROM testProduc ORDER BY proID";
//调用 DBClass 类 ExecuteQuery 方法执行查询 SQL 语句
DataTable dt=DBClass.ExecuteQuery(sql);
//设置 Repeater1 控件数据源为 dt
Repeater1.DataSource=dt;
//设置 Repeater1 控件数据绑定
Repeater1.DataBind();
```

## 6.1.2 数据绑定

当数据绑定至模板列时，可以使用 Eval 方法。Eval 方法用于定义单向（只读）绑定，即只用于显示数据项，不能进行编辑。

格式：

```
<%#Eval("字段名") %>或<%#Eval("字段名","{0}") %>
```

说明：字段名是所要访问的数据表中的列名称。

示例：如代码 6-1 中行 12～14、19～21 代码为数据绑定语句。

## 6.1.3 实现网页间数据传递

### 1. 网页间传递数据

格式：

```
target.aspx ? variable=Value
```

target. aspx 表示将要链接的目标页，? 表示设置传递参数，variable 表示参数名，Value 表示参数值。

常见用法如下：

（1）

```
Response.Redirect("target.aspx ? variable='"+TextBox1.Text+" '");
```

常用在网页功能代码中，表示将文本框 TextBox1 的值作为参数传递至重定向网页 target. aspx。

（2）

```
<a href="target.aspx?variable="<%#Eval("ID") %>">链接</a>
```

常用在网页界面代码中，<％＃Eval("ID") ％>是一个绑定到字段 ID 的值，即单击此超级链接时将当前记录的 ID 字段值传给目标页 target. aspx。

### 2. 接收地址栏传递数据

一般以 Request. QueryString["variable"]的方式接收，实际上只要是以?方式传递过来的参数，都可以用这种方式接收。

另外，使用 Request. QueryString["variable"]的方式接收变量 variable 后，要进行类型转换，才能符合实际需要。如下代码所示：

```
int ID=Convert.ToInt32(Request.QueryString["variable"].ToString());
```

### 3. 网页间传递多个数据

格式：

```
target.aspx ? variable1=Value1 & variable2=Value2
```

& 表示连接多个传递参数，variable1 表示第 1 个参数，Value1 表示参数 variable1 的值，variable2 表示第 2 个参数，Value2 表示参数 variable2 的值。

说明：这种方式的优点是执行速度快，缺点是?方式传递参数时，参数会显示在地址栏中，保密性不好，还有这种方式传递的参数不能太长。

### 6.1.4 分页技术

一般数据绑定控件的分页技术可借助 PagedDataSource 类实现,该类封装了数据控件的分页属性,其常用属性及说明如表 6-3 所示。使用方法可参见 6.2.2 节任务 2。

表 6-3 PagedDataSource 类常用属性

| 名　　称 | 说　　明 |
| --- | --- |
| AllowPaging | 获取或设置一个值,指示是否在数据绑定控件中启用分页。如果启用分页,则为 true;否则为 false |
| DataSource | 获取或设置数据源 |
| PageSize | 获取或设置要在单页上显示的项数 |
| PageCount | 获取显示数据源中的所有项所需要的总页数 |
| CurrentPageIndex | 获取或设置当前页的索引 |
| FirstIndexInPage | 获取页面中显示的首条记录的索引 |
| IsFirstPage | 获取一个值,该值指示当前页是否是首页。如果当前页是首页,则为 true;否则为 false |
| IsLastPage | 获取一个值,该值指示当前页是否是最后一页。如果当前页是最后一页,则为 true;否则为 false |

### 6.1.5 ASP.NET 内置对象

#### 1. Response 对象

Response 对象的主要功能是向客户端输出信息,该对象的对象类别名称是 HttpResponse,属于 Page 对象的成员,可以不用定义直接使用。Response 对象常用属性及方法如表 6-4 所示。

表 6-4 Response 对象常用属性及方法

| 属 性 名 称 | 说　　明 |
| --- | --- |
| BufferOutput | 设定 HTTP 输出是否要做缓冲处理,预设为 True |
| Charset | 设定或获取 HTTP 的输出字符编码 |
| 方 法 名 称 | 说　　明 |
| Clear | 将缓冲区的内容清除 |
| End | 将目前缓冲区中所有的内容送到客户端然后关闭连接 |
| Redirect | 将网页重新导向另一个地址 |
| Write | 将数据输出到客户端 |
| WriteFile | 将一个文件直接输出至客户端 |

### 2. Request 对象

Request 对象的主要功能是取得客户端输入信息,该对象的对象类别名称是 HttpRequest,属于 Page 对象的成员,可以不用定义直接使用。Request 对象常用属性及方法如表 6-5 所示。

表 6-5 Request 对象常用属性及方法

| 属 性 名 称 | 说　　　明 |
| --- | --- |
| FilePath | 获取当前请求的虚拟路径,即相对路径 |
| Files | 返回客户端上传的文件集合 |
| PhysicalApplicationPath | 获取当前正在执行的服务器应用程序的根目录的物理文件系统路径 |
| QueryString | 获取 HTTP 查询字符串变量集合 |
| UserAgent | 返回客户端浏览器的版本信息 |
| UserHostAddress | 获取远程客户端的 IP 主机地址 |
| 方 法 名 称 | 说　　　明 |
| MapPath | 为当前请求将请求的 URL 中的虚拟路径映射到服务器上的物理路径 |
| SaveAs | 将 HTTP 请求保存到磁盘 |

## 6.2 任务实施

### 6.2.1 任务 1:实现读者用户发表留言

【任务描述】

创建读者用户"发表留言"页,实现向 message 表中添加留言信息,添加成功后显示"添加"成功对话框,效果如图 6-2 所示。

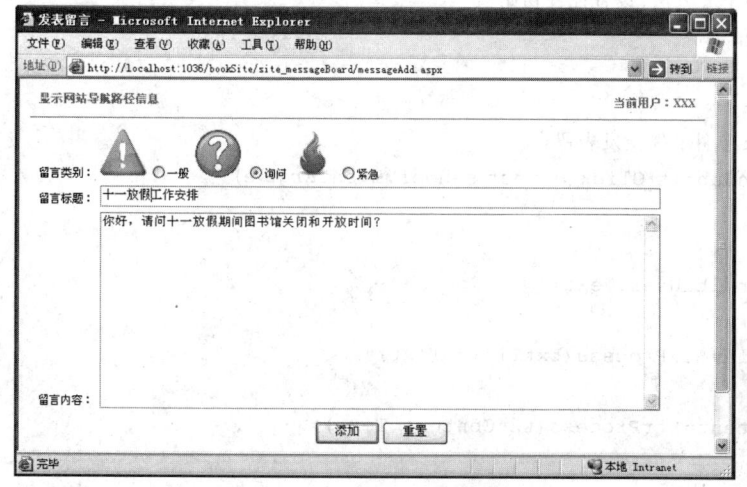

图 6-2 "发表留言"页

## 【任务实现】

### 1. 创建数据表 message

在名为 book 的数据库内创建数据表 message，字段及类型设置如表 6-6 所示。

表 6-6  message 表

| 字 段 | 字 段 类 型 | 是 否 为 空 | 主键或外键 | 字 段 说 明 |
|---|---|---|---|---|
| msgID | bigint | Not Null | PK | 留言 ID，自增 |
| msgUser | varchar(20) | Not Null | | 读者用户名 |
| msgTitle | varchar(20) | Not Null | | 留言标题 |
| msgContent | varchar(MAX) | Not Null | | 留言内容 |
| pubDate | datetime | Not Null | | 发表时间 |
| typePicPath | varchar(50) | Not Null | | 留言类别图片路径信息 |
| reply | varchar(MAX) | | | 回复留言 |

### 2. 创建"发表留言"页及实现页面设计

可参见 4.2.4 节任务 4 实现发表留言页页面设计。

### 3. 实现"发表留言"页功能

在 messageAdd.aspx.cs 文件内添加如代码 6-3 所示内容。

代码 6-3：

```
protected void Page_Load(object sender,EventArgs e)
{
    if(!IsPostBack)
    {
        //调用 SetInit 方法,设置控件初始值
        SetInit();
    }
}
//btnSubmit_Click 事件：提交发表留言
protected void btnSubmit_Click(object sender,EventArgs e)
{
    //获取用户名
    string msgUser=lblUser.Text;
    //获取留言标题
    string msgTitle=StrProcess(txtTitle.Text);
    //获取留言内容
    string msgContent=StrProcess(txtContent.Text);
    //获取当前时间
    string pubDate=DateTime.Now.ToShortDateString();
    //获取留言类型图片路径及图片名称
```

```csharp
        string typePicPath="images/";
        if(rdoCom.Checked==true)
            typePicPath+="common.jpg";
        else if(rdoAsk.Checked==true)
            typePicPath+="question.jpg";
        else
            typePicPath+="urgent.jpg";
        //设置添加留言信息 SQL 语句
        string sql="INSERT INTO message";
        sql+="(msgUser,msgTitle,msgContent,pubDate,typePicPath,reply)";
        sql+=" VALUES('"+msgUser+"','"+msgTitle+"',";
        sql+="'"+msgContent+"','"+pubDate+"','"+typePicPath+"','')";
        try
        {
            //调用 DBClass 类 ExecuteNonQuery 方法执行添加 SQL 语句,并将影响行数返回赋
            //值给 result 变量
            int result=DBClass.ExecuteNonQuery(sql);
            if(result>0)
            {
                Response.Write("<script>alert('添加成功!')</script>");
            }
            else
            {
                Response.Write("<script>alert('添加失败!')</script>");
            }
        }
        catch(Exception ex)
        {
            //显示捕捉到的异常信息
            Response.Write("<script>alert('"+ex.Message+"')</script>");
        }
    }
//btnReset_Click 事件: 设置控件初始值
protected void btnReset_Click(object sender,EventArgs e)
{
    //调用 SetInit 方法,设置控件初始值
    SetInit();
}
//SetInit 方法: 设置控件初始值
private void SetInit()
{
    txtTitle.Text="";
    txtContent.Text="";
    rdoCom.Checked=true;
}
//StrProcess 方法: 处理特殊字符
```

```
private string StrProcess(string strTxt)
{
    string strContent=Server.HtmlEncode(strTxt);
    strContent=strContent.Replace("\r\n","<br>");
    strContent=strContent.Replace("'","''");
    strContent=strContent.Replace(" "," ");
    return strContent;
}
```

**说明**：对于留言板子系统的图片处理方式是将图片的相对路径存储至数据表 message 的 typePicPath 字段内实现的。

### 6.2.2  任务 2：实现管理员用户管理留言信息

#### 【任务描述】

创建"管理留言"页，实现分页查看留言信息。单击"回复"链接时，网页重定向至"回复留言"页，实现对指定留言的回复，单击"删除"链接时，实现对指定留言的删除，效果如图 6-3 所示。

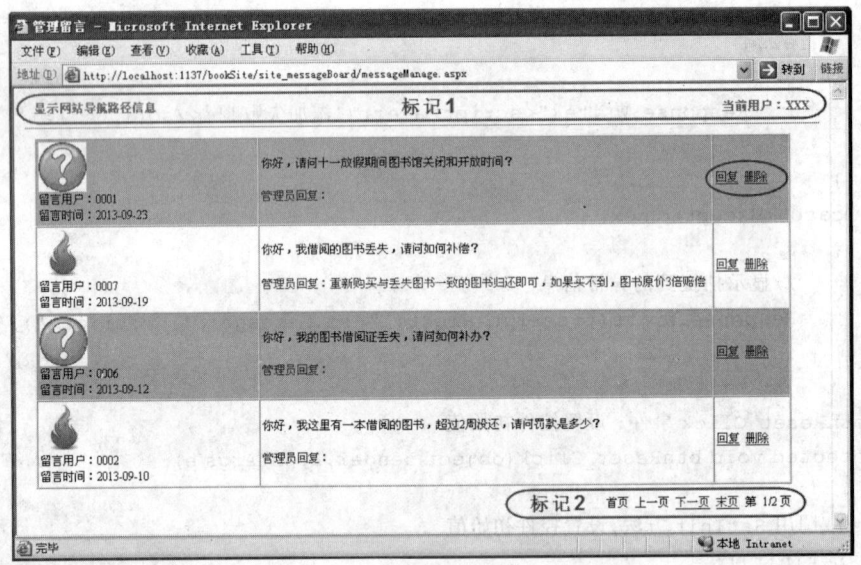

图 6-3  管理留言页

#### 【任务实现】

#### 1. 创建"管理留言"页及实现页面设计

在 C:\bookSite\site_messageBoard 文件夹下创建名为 messageManage.aspx 的网页。在 messageManage.aspx 文件内添加如代码 6-4 所示内容。

**代码 6-4：**

```html
<html xmlns="http://www.w3.org/1999/xhtml">
<head runat="server">
    <title>管理留言</title>
    <!--引用样式表-->
    <link rel="stylesheet" type="text/css" href="../res_styleSheet/public.
    css"/>
    <link rel="stylesheet" type="text/css" href="../res_styleSheet/
    searchMStyle.css"/>
</head>
<body class="bodyClass">
    <form id="form1" runat="server">
    <div class="container">
        <div class="header1">
            <!--放置 SiteMapPath 控件,用于显示网站导航路径信息-->
            <br />显示网站导航路径信息
        </div>
        <div class="header2">
            <!--放置 Label 控件,用于显示当前登录用户名-->
            <br />当前用户:<asp:Label ID="lblUser" runat="server" Text="XXX">
            </asp:Label>
        </div>
        <div id="tabData">
        <asp:Repeater ID="Repeater1" runat="server">
            <HeaderTemplate>
                <table border="1" cellspacing="0" cellpadding="2px" style=
                "width:100%;word-break:break-all;word-wrap:break-all;">
            </HeaderTemplate>
            <ItemTemplate>
                <tr style="background-color:Silver";align="left">
                    <td style="width:30%">
                        <img src="<%#Eval("typePicPath")%>" alt="无头像显
                        示" width="50px" height="50px"><br />
                        留言用户:<%#Eval("msgUser")%><br/>
                        留言时间:<%#Eval("pubDate")%>
                    </td>
                    <td style="width:60%">
                        <%#Eval("msgContent")%>
                        <div style="color: Blue">
                            <%#Eval("reply","<p>管理员回复：{0}</p>")%>
                        </div>
                    </td>
                    <td style="width:10%">
```

```
                        <a href="messageReply.aspx?msgID=
                            <%#Eval("msgID") %>">回复</a>
                        <a href="messageDel.aspx?msgID=
                            <%#Eval("msgID") %>">删除</a>
                    </td>
                </tr>
            </ItemTemplate>
            <AlternatingItemTemplate>
                <tr style="background-color:White";align="left">
                    <td style="width:30%">
                        <img src="<%#Eval("typePicPath")%>" alt="无头像显
                        示" width="50px" height="50px"><br />
                        留言用户:<%#Eval("msgUser")%><br/>
                        留言时间:<%#Eval("pubDate")%>
                    </td>
                    <td style="width:60%">
                        <%#Eval("msgContent")%>
                        <div style="color: Blue">
                            <%#Eval("reply","<p>管理员回复:{0}</p>")%>
                        </div>
                    </td>
                    <td style="width:10%">
                        <a href="messageReply.aspx?msgID=
                            <%#Eval("msgID") %>">回复</a>
                        <a href="messageDel.aspx?msgID=
                            <%#Eval("msgID") %>">删除</a>
                    </td>
                </tr>
            </AlternatingItemTemplate>
            <FooterTemplate>
                </table>
            </FooterTemplate>
        </asp:Repeater>
    </div>
    <div id="footer">
        <asp:HyperLink ID="hlnkFirst" runat="server">首页</asp:HyperLink>
        <asp:HyperLink ID="hlnkPre" runat="server">上一页</asp:HyperLink>
        <asp:HyperLink ID="hlnkNext" runat="server">下一页</asp:HyperLink>
        <asp:HyperLink ID="hlnkLast" runat="server">末页</asp:HyperLink>
        <asp:Label ID="lblPage" runat="server" Text="/"></asp:Label>
    </div>
</div>
</form>
</body>
```

```
</html>
```

## 2. 实现"管理留言"页功能

在 messageManage.aspx.cs 文件内添加如代码 6-5 所示内容。

代码 6-5：

```
protected void Page_Load(object sender,EventArgs e)
{
    //防止用户非法登录及显示当前用户名(9.2.2 节任务 2 实现)
    if(!IsPostBack)
    {
        //调用 PageList 方法,显示分页后留言信息
        PageList();
    }
}
//PageList 方法:设置"查询结果"分页,并显示在 Repeater1 控件内
private void PageList()
{
    int iRowCount;                    //记录总数
    int iPageSize=4;                  //一页显示的记录数
    int iPageCount;                   //总页码
    int iPageIndex;                   //当前页码
    //调用 GetData 方法,获取数据表对象
    DataTable dt=GetData();
    //数据表对象所含行数即为记录总数 iRowCount
    iRowCount=dt.Rows.Count;
    if(iRowCount==0)
    {
        //若记录总数为 0,设置控件数据源为 null
        Repeater1.DataSource=null;
        Repeater1.DataBind();
        //分页导航不显示
        SetHyperLink(false);
        lblPage.Text="第 0 页/共 0 页";
    }
    else
    {
        //若记录总数不为 0
        //获取网页传递参数 page,作为当前页码
        string strPage=Request.QueryString["page"];
        //设置当前页最小页码为 1
        if(strPage==null)
        {
```

```
        iPageIndex=1;
    }
    else
    {
        iPageIndex=Convert.ToInt32(strPage);
        if(iPageIndex<1)
            iPageIndex=1;
    }
    //创建分页对象 pds
    PagedDataSource pds=new PagedDataSource();
    //设置分页对象数据源 dt
    pds.DataSource=dt.DefaultView;
    //设置允许分页
    pds.AllowPaging=true;
    //设置每页显示记录数
    pds.PageSize=iPageSize;
    //设置当前页码
    pds.CurrentPageIndex=iPageIndex -1;
    //设置总页码数
    iPageCount=pds.PageCount;
    //分页对象 pds 作为数据源绑定至控件,显示分页后查询结果
    Repeater1.DataSource=pds;
    Repeater1.DataBind();
    //设置当前页最大页码为 iPageCount 即总页码数
    if(iPageIndex>iPageCount)
        iPageIndex=iPageCount;
    //显示当前页码及总页码信息
    lblPage.Text="第 "+iPageIndex.ToString()+"/"+iPageCount.ToString()+" 页";
    //设置分页导航,以网页传递参数 page 传递将要显示的页码
    if(iPageIndex !=1)
    {
        hlnkFirst.NavigateUrl=Request.FilePath+"?page=1";
        hlnkPre.NavigateUrl=Request.FilePath+"?page="+ (iPageIndex -1);
    }
    if(iPageIndex !=iPageCount)
    {
        hlnkNext.NavigateUrl=Request.FilePath+"?page="+ (iPageIndex+1);
        hlnkLast.NavigateUrl=Request.FilePath+"?page="+iPageCount;
    }
    //是否显示分页导航,若显示记录数小于每页记录数,不显示分页导航,否则显示分页导航
    if(iRowCount<=iPageSize)
    {
        SetHyperLink(false);
    }
```

```
            else
            {
                SetHyperLink(true);
            }
        }
    }
//GetData 方法：按照查询条件设置,将查询结果以 DataTable 对象类型返回
private DataTable GetData()
{
    DataTable dt=null;
    //设置查询 SQL 语句
    string sql="SELECT msgID,msgUser,msgTitle,msgContent,";
    sql+=" convert(varchar(10),pubDate,120) as pubDate,typePicPath,reply";
    sql+=" FROM message ORDER BY pubDate DESC,msgID DESC";
    try
    {
        //调用 DBClass 类 ExecuteQuery 方法执行查询 SQL 语句
        dt=DBClass.ExecuteQuery(sql);
    }
    catch(Exception ex)
    {
        //显示捕捉到的异常信息
        Response.Write("<script>alert('"+ex.Message+"')</script>");
        return dt;
    }
    return dt;
}
//SetHyperLink 方法：设置分页导航(首页、上一页、下一页、尾页) HyperLink 控件是否可见
private void SetHyperLink(bool flag)
{
    hlnkFirst.Visible=flag;
    hlnkPre.Visible=flag;
    hlnkNext.Visible=flag;
    hlnkLast.Visible=flag;
}
```

## 6.2.3 任务 3：创建及应用网页页眉用户控件

如果需要在多个网页中显示相同的界面,如导航、版权信息等,就可以考虑将相同的元素置于用户控件中,利用用户控件设计网页就可以像搭积木一样灵活方便,并且具有容易扩展的优势。

【任务描述】

创建本网站一般网页所需的页眉用户控件,该控件用于显示当前网页路径信息及当前登录用户信息,如图 6-3 标记 1 所示。

【任务实现】

1. 创建页眉用户控件

右击 C:\bookSite\res_userControl 文件夹,在弹出的快捷菜单中选择"添加新项"命令,弹出如图 6-4 所示的"添加新项"对话框,在"模板"中选择"Web 用户控件","名称"选项设置为 headerControl.ascx,其余选项默认,单击"添加"按钮,即可在该文件夹内创建一个名为 headerControl.ascx 的 Web 用户控件。

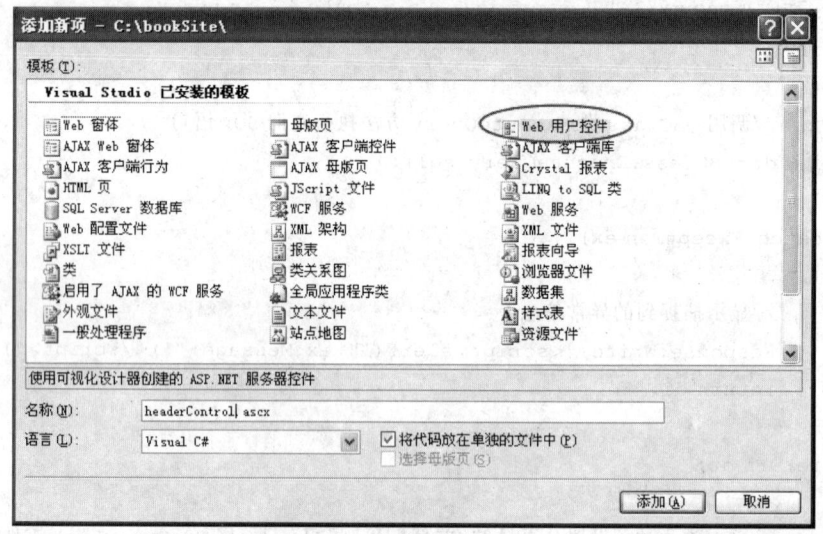

图 6-4 "添加新项"对话框

2. 实现页眉用户控件页面设计

在 headerControl.ascx 文件内添加如代码 6-6 所示内容。

代码 6-6:

```
<!--引用样式表-->
<link rel="stylesheet" type="text/css" href="../res_styleSheet/public.css"/>
<div class="header1">
    <!--放置 SiteMapPath 控件,用于显示网站导航路径信息-->
    <br/>显示网站导航路径信息
</div>
<div class="header2">
    <!--放置 Label 控件,用于显示当前登录用户名-->
```

```
<br/>当前用户：<asp:Label ID="lblUser" runat="server" Text="XXX"></asp:
Label>
</div>
```

**说明**：页眉用户控件导航路径显示及功能代码实现可参见 9.2.1 节任务 1,这里暂不实现。

**3. 实现页眉用户控件的应用**

1）用户控件网页注册

格式：

```
<%@Register Src="~/res_userControl/headerControl.ascx"
    TagName="headerControl" TagPrefix="uc1" %>
```

**说明**：

（1）Src 表示引用用户控件的路径信息。

（2）TagName 表示当前网页页面中关系到用户控件的名称,可以使用任意字符串表示。

（3）TagPrefix 表示页面中使用用户控件的标记,可以使用任意字符串表示。

（4）如果某一网页有多个用户控件,应保证每个用户控件的 TagName 及 TagPrefix 不相同。

2）使用用户控件

格式：

```
<uc1:headerControl ID="headerControl1" runat="server" />
```

**说明**：

（1）uc1 与注册用户控件时 TagPrefix 属性值保持一致。

（2）headerControl 与注册用户控件时 TagName 属性值保持一致。

（3）用户控件使用时,需要提供用户控件的 ID 和 Runat 属性。

## 6.2.4 任务 4：创建及应用分页用户控件

**【任务描述】**

创建本网站管理类网页所需的分页用户控件,该控件用于实现对 Repeater 控件的分页显示,如图 6-3 标记 2 所示。

**【任务实现】**

**1. 创建分页用户控件**

在 C:\bookSite\res_userControl 文件夹下创建名为 repeaterPageControl.ascx 的用户控件。

**2. 实现分页用户控件页面设计**

在 repeaterPageControl.ascx 文件内添加如代码 6-7 所示内容。

**代码 6-7：**

```
<asp:HyperLink ID="hlnkFirst" runat="server">首页</asp:HyperLink>
<asp:HyperLink ID="hlnkPre" runat="server">上一页</asp:HyperLink>
<asp:HyperLink ID="hlnkNext" runat="server">下一页</asp:HyperLink>
<asp:HyperLink ID="hlnkLast" runat="server">末页</asp:HyperLink>
<asp:Label ID="lblPage" runat="server" Text="/"></asp:Label>
```

**3. 实现分页用户控件功能**

在 repeaterPageControl.cs 文件内添加如代码 6-8 所示内容。

**代码 6-8：**

```
private int iRowCount;                    //记录总数
private int iPageSize;                    //一页显示的记录数
private int iPageCount;                   //总页码
private int iPageIndex=0;                 //当前页码
private DataTable dt;                     //创建数据表对象 dt
private Repeater repeater;                //创建 Repeater 对象 repeater

//iPageSize 属性
public int IPageSize
{
    get { return iPageSize;}
    set { iPageSize=value;}
}
//dt 属性
public DataTable DT
{
    get { return dt;}
    set { dt=value;}
}
//repeater 属性
public Repeater IRepeater
{
    get { return repeater;}
    set { repeater=value;}
}
protected void Page_Load(object sender,EventArgs e)
{
    //数据表对象所含行数即为记录总数 iRowCount
```

```
iRowCount=dt.Rows.Count;
if(iRowCount==0)
{
    //若记录总数为0,设置控件数据源为null
    repeater.DataSource=null;
    repeater.DataBind();
    //分页导航不显示
    SetHyperLink(false);
    lblPage.Text="第 0 页/共 0 页";
}
else
{
    //若记录总数不为0
    //获取网页传递参数page,作为当前页码
    string strPage=Request.QueryString["page"];
    //设置当前页最小页码为1
    if(strPage==null)
    {
        iPageIndex=1;
    }
    else
    {
        iPageIndex=Convert.ToInt32(strPage);
        if(iPageIndex<1)
            iPageIndex=1;
    }
    //创建分页对象pds
    PagedDataSource pds=new PagedDataSource();
    //设置分页对象数据源dt
    pds.DataSource=dt.DefaultView;
    //设置允许分页
    pds.AllowPaging=true;
    //设置每页显示记录数
    pds.PageSize=iPageSize;
    //设置当前页码
    pds.CurrentPageIndex=iPageIndex -1;
    //设置总页码数
    iPageCount=pds.PageCount;
    //分页对象pds作为数据源绑定至控件,显示分页后查询结果
    repeater.DataSource=pds;
    repeater.DataBind();
    //设置当前页最大页码为iPageCount即总页码数
    if(iPageIndex>iPageCount)
        iPageIndex=iPageCount;
```

```
//显示当前页码及总页码信息
lblPage.Text="第 "+iPageIndex.ToString()+"/"+iPageCount.ToString()+" 页";
//设置分页导航,以网页传递参数 page 传递将要显示的页码
if(iPageIndex !=1)
{
    hlnkFirst.NavigateUrl=Request.FilePath+"?page=1";
    hlnkPre.NavigateUrl=Request.FilePath+"?page="+(iPageIndex -1);
}
if(iPageIndex !=iPageCount)
{
    hlnkNext.NavigateUrl=Request.FilePath+"?page="+(iPageIndex+1);
    hlnkLast.NavigateUrl=Request.FilePath+"?page="+iPageCount;
}
//是否显示分页导航,若显示记录数小于每页记录数,不显示分页导航,否则显示分页导航
if(iRowCount<=iPageSize)
{
    SetHyperLink(false);
}
else
{
    SetHyperLink(true);
}
}
}
//SetHyperLink 方法:设置分页导航(首页、上一页、下一页、尾页) HyperLink 控件是否可见
private void SetHyperLink(bool flag)
{
    hlnkFirst.Visible=flag;
    hlnkPre.Visible=flag;
    hlnkNext.Visible=flag;
    hlnkLast.Visible=flag;
}
```

## 6.2.5　任务 5:实现留言回复

### 【任务描述】

创建"回复留言"页,如图 6-3 管理留言页所示,单击某条留言记录的"回复"链接时,网页重定向至"回复留言"页,并呈现留言的相关信息,回复成功后显示"回复"成功对话框,效果如图 6-5 所示。

要求:网页的页眉用任务 3 中实现的自定义用户控件实现。

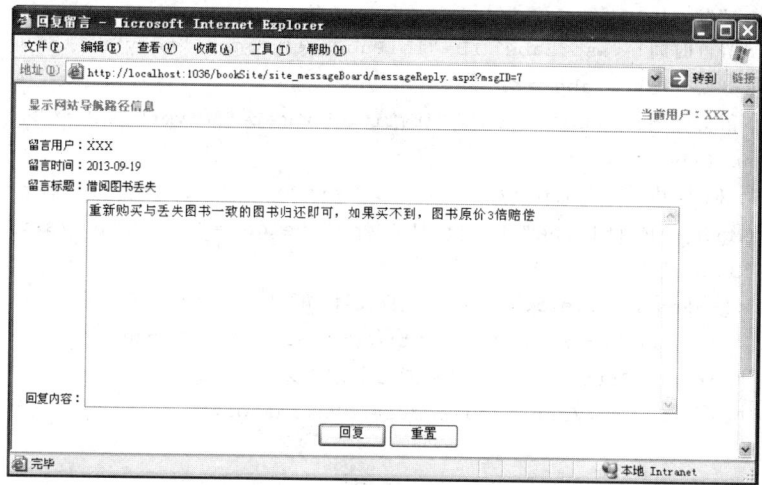

图 6-5 "回复留言"页

## 【任务实现】

### 1. 实现"回复留言"页页面设计

在 C:\bookSite\site_messageBoard 文件夹下创建名为 messageReply.aspx 的网页。在 messageReply.aspx 文件内添加如代码 6-9 所示内容。

**代码 6-9：**

```
<%--页眉用户控件注册--%>
<%@Register Src="~/res_userControl/HeaderControl.ascx" TagName=
"headerControl" TagPrefix="uc1" %>
<html xmlns="http://www.w3.org/1999/xhtml">
<head runat="server">
    <title>回复留言</title>
    <!--引用样式表-->
    <link rel="stylesheet" type="text/css" href="../res_styleSheet/public.
    css"/>
    <link rel="stylesheet" type="text/css" href="../res_styleSheet/
    singleStyle.css"/>
</head>
<body class="bodyClass">
    <form id="form1" runat="server">
    <div class="container">
        <!--应用页眉用户控件-->
        <uc1:headerControl ID="headerControl1" runat="server" />
        <div id="part">
            <ul>
                <li>留言用户：<asp:Label ID="lblMsgUser" runat="server"
```

```
        Text=""></asp:Label></li>
        <li>留言时间：<asp:Label ID="lblPubDate" runat="server"
        Text=""></asp:Label></li>
        <li>留言标题：<asp:Label ID="lblTitle" runat="server" Text="">
        </asp:Label></li>
        <li>回复内容：<asp:TextBox ID="txtReply" runat="server"
        TextMode="MultiLine" Width="600px" Height="200px"></asp:
        TextBox>
            <!--RequiredFieldValidator 控件,验证留言回复文本框不能为空-->
            <asp:RequiredFieldValidator ID="valrContent" runat=
            "server" ErrorMessage="不能为空！" ControlToValidate=
            "txtReply"></asp:RequiredFieldValidator>
        </li>
        <li style="padding-left:300px;padding-top:10px">
            <asp:Button ID="btnSubmit" runat="server" Text="回复"
            Width="70px" onclick="btnSubmit_Click"/>
            <asp:Button ID="btnReset" runat="server" Text="重置"
            Width="70px" onclick="btnReset_Click"/>
        </li>
    </ul>
    </div>
    </div>
    </form>
</body>
</html>
```

## 2. 实现"回复留言"页功能

在 messageReply.aspx.cs 文件内添加如代码 6-10 所示内容。

**代码 6-10：**

```
//定义变量 msgID,用于接收网页传递参数 msgID 的值
private string msgID="";
protected void Page_Load(object sender,EventArgs e)
{
    //接收网页传递参数 msgID 的值
    msgID=Request.QueryString["msgID"];
    if(!IsPostBack)
    {
        //调用 GetData 方法,根据 msgID 值,获取相关记录各数据项信息,并显示至各控件
        GetData(msgID);
    }
}
//btnSubmit_Click 事件：提交回复留言
```

```
protected void btnSubmit_Click(object sender,EventArgs e)
{
    string reply=StrProcess(txtReply.Text);
    //设置更新留言信息 SQL 语句
    string sql="UPDATE message SET reply='"+reply+"'";
    sql+=" WHERE msgID='"+msgID+"'";
    try
    {
        //调用 DBClass 类 ExecuteNonQuery 方法执行更新 SQL 语句
        int result=DBClass.ExecuteNonQuery(sql);
        if(result>0)
        {
            Response.Write("<script>alert('回复成功!')</script>");
        }
        else
        {
            Response.Write("<script>alert('回复失败!')</script>");
        }
        //网页重定向至 messageManage.aspx 页
        Response.Redirect("messageManage.aspx");
    }
    catch(Exception ex)
    {
        //显示捕捉到的异常信息
        Response.Write("<script>alert('"+ex.Message+"')</script>");
    }
}
//btnReset_Click 事件: 设置控件初始值
protected void btnReset_Click(object sender,EventArgs e)
{
    //调用 GetData 方法,根据 msgID 值,获取相关记录各数据项信息,并显示至各控件
    GetData(msgID);
}
//GetData: 根据 msgIDKey 值,获取相关记录各数据项信息,并显示至各控件
private void GetData(string msgIDKey)
{
    //根据 msgIDKey 值,设置查询留言信息 SQL 语句
    string sql="SELECT msgID,msgUser,msgTitle,msgContent,";
    sql+=" convert(varchar(10),pubDate,120) as pubDate,typePicPath,reply";
    sql+=" FROM message WHERE msgID='"+msgIDKey+"' ORDER BY msgID";
    try
    {
        //调用 DBClass 类 ExecuteQuery 方法执行查询 SQL 语句
        DataTable dt=DBClass.ExecuteQuery(sql);
```

```
        if(dt.Rows.Count>0)
        {
            //设置记录各数据项值至各控件显示
            lblMsgUser.Text=dt.Rows[0]["msgUser"].ToString();
            lblPubDate.Text=dt.Rows[0]["pubDate"].ToString();
            lblTitle.Text=dt.Rows[0]["msgTitle"].ToString();
        }
    }
    catch(Exception ex)
    {
        //显示捕捉到的异常信息
        Response.Write("<script>alert('"+ex.Message+"')</script>");
    }
}
//StrProcess 方法：处理特殊字符
private string StrProcess(string strTxt)
{
    string strContent=Server.HtmlEncode(strTxt);
    strContent=strContent.Replace("\r\n","<br>");
    strContent=strContent.Replace("'","''");
    strContent=strContent.Replace(" "," ");
    return strContent;
}
```

## 6.2.6  任务 6：实现留言删除

### 【任务描述】

创建"删除留言"页，如图 6-3 管理留言页所示，单击某条留言记录的"删除"链接时，删除指定留言，删除成功后显示"删除"成功对话框，然后网页重定向至"管理留言"页。

### 【任务实现】

#### 1. 创建"删除留言"页

在 C:\bookSite\site_messageBoard 文件夹下创建名为 messageDel.aspx 的网页。实现删除功能的网页无须网页界面代码。

#### 2. 实现"删除留言"页功能

在 messageDel.aspx.cs 文件内添加如代码 6-11 所示内容。

代码 6-11：

```
protected void Page_Load(object sender,EventArgs e)
```

```
{
    //定义变量 msgID,用于接收网页传递参数 msgID 的值
    string msgID=Request.QueryString["msgID"];
    //根据 msgID 值,设置删除留言信息 SQL 语句
    string sql="DELETE FROM message WHERE msgID='"+msgID+"'";
    try
    {
        //调用 DBClass 类 ExecuteNonQuery 方法执行删除 SQL 语句
        int result=DBClass.ExecuteNonQuery(sql);
        if(result>0)
        {
            Response.Write("<script>alert('删除成功!')</script>");
        }
        else
        {
            Response.Write("<script>alert('删除失败!')</script>");
        }
        //网页重定向至 messageManage.aspx 页
        Response.Redirect("messageManage.aspx");
    }
    catch(Exception ex)
    {
        //显示捕捉到的异常信息
        Response.Write("<script>alert('"+ex.Message+"')</script>");
    }
}
```

## 6.3 课后任务

**1. 实现读者用户查询留言信息**

如图 6-6 所示,实现读者留言信息的查询,包括读者本人留言信息及全部留言信息的查询。

**2. 实现通知类别的增删改查操作**

(1)创建通知类别数据表 noticeType。

在名为 book 的数据库内创建数据表 noticeType,字段及类型设置如表 6-7 所示。

表 6-7　noticeType 表

| 字　　段 | 字 段 类 型 | 是 否 为 空 | 主键或外键 | 字 段 说 明 |
|---|---|---|---|---|
| typeID | varchar(4) | Not Null | PK | 类别编号 |
| typeName | varchar(50) | Not Null | | 类别名称 |

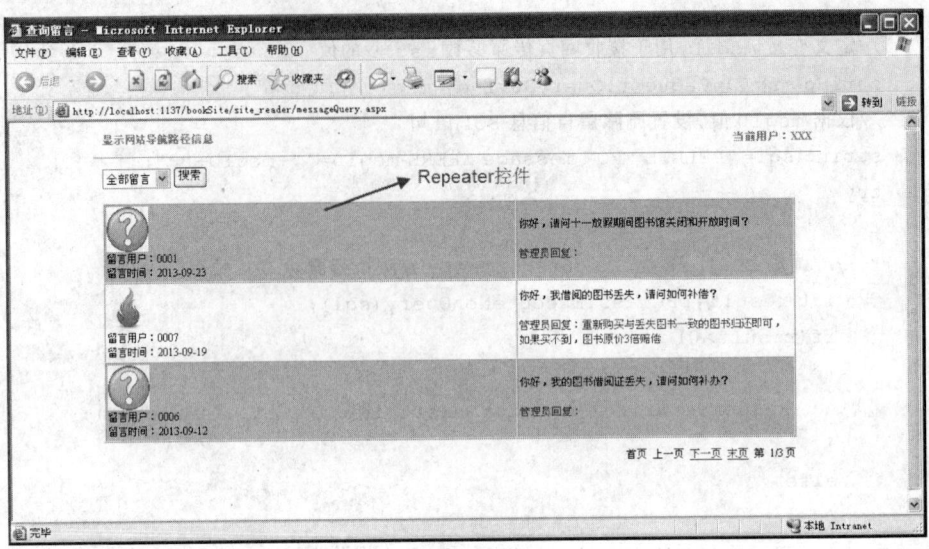

图 6-6  读者查询留言页

（2）如图 6-7 所示，实现添加通知类别。

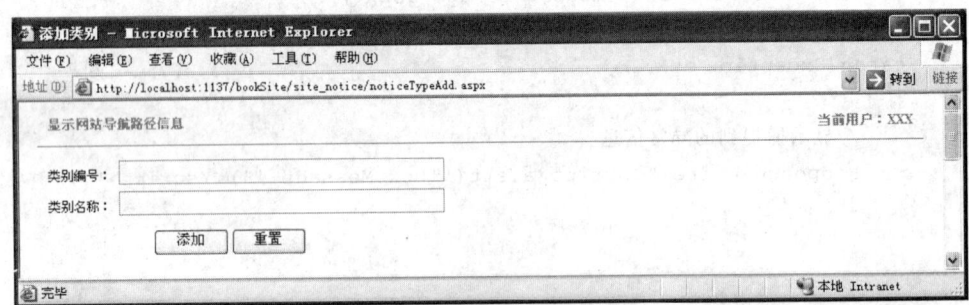

图 6-7  添加通知类别页

（3）如图 6-8 所示，实现管理通知类别。单击"修改"链接时，打开"修改通知类别"页，链接对应记录的信息将显示在"修改通知类别"页，如图 6-9 所示。单击"删除"链接时，删除指定通知类别，删除成功后显示"删除"成功对话框，然后网页重定向至"管理通知类别"页。

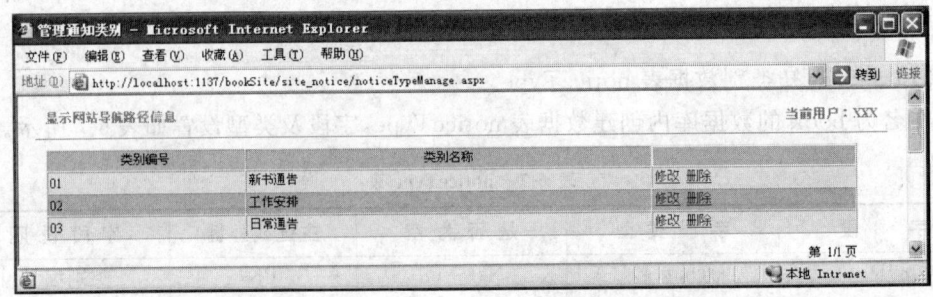

图 6-8  "管理通知类别"页

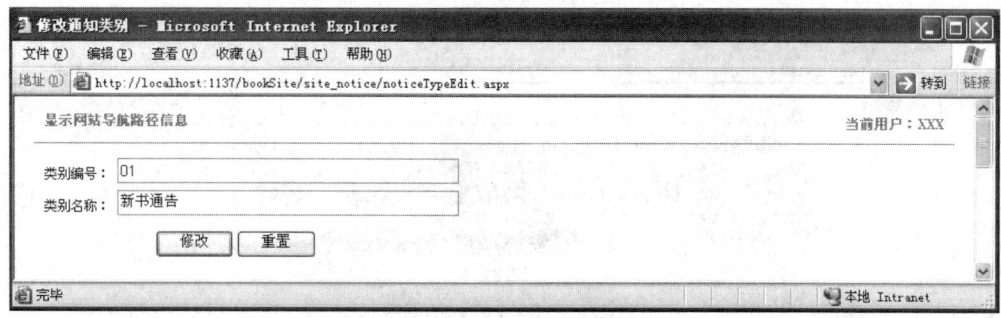

图 6-9 "修改通知类别"页

# 6.4 实践

**实训一：学生成绩管理系统——实现教师信息的增删改查**

## 1. 实践目的

(1) 掌握应用 Repeater 控件分页显示数据。
(2) 掌握网页间数据的传递。
(3) 掌握用户控件的创建及应用。

## 2. 实践要求

(1) 创建如图 6-10 所示"添加教师"页，实现教师信息添加。新添加教师的密码与教师编号一致。

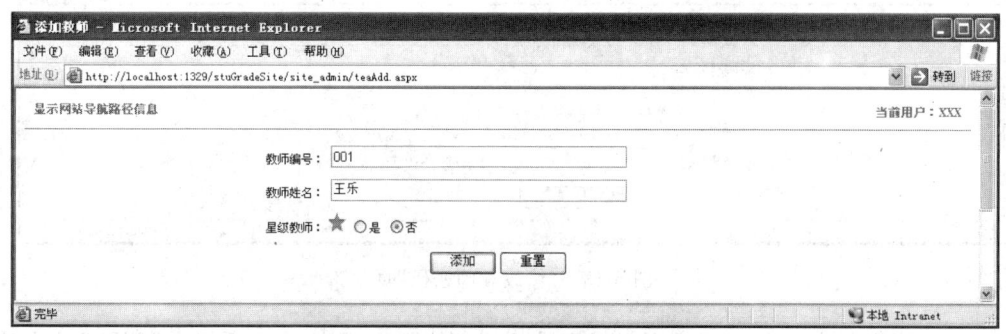

图 6-10 "添加教师"页

(2) 创建如图 6-11 所示"管理教师"页，实现管理教师信息。单击"修改信息"链接时，打开"修改教师"页，链接对应记录的信息将显示在"修改教师"页，如图 6-12 所示。单击"修改密码"链接时，打开"修改密码"页，链接对应记录的信息将显示在"修改密码"页，如图 6-13 所示。

(3) 创建如图 6-12 所示"修改教师信息"页，实现对指定教师信息的修改。

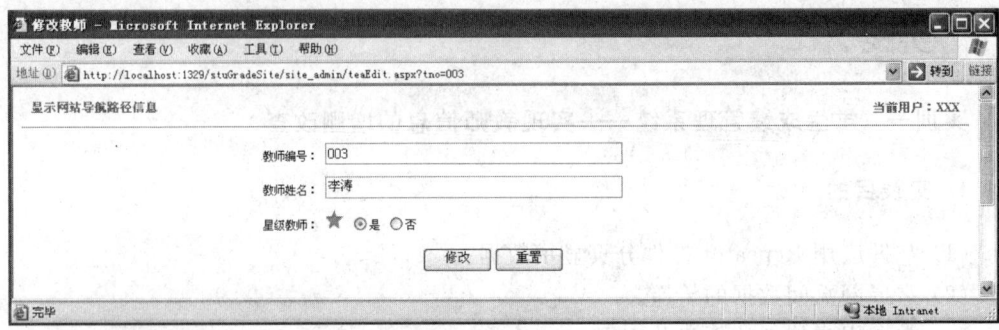

图 6-11 "管理教师"页

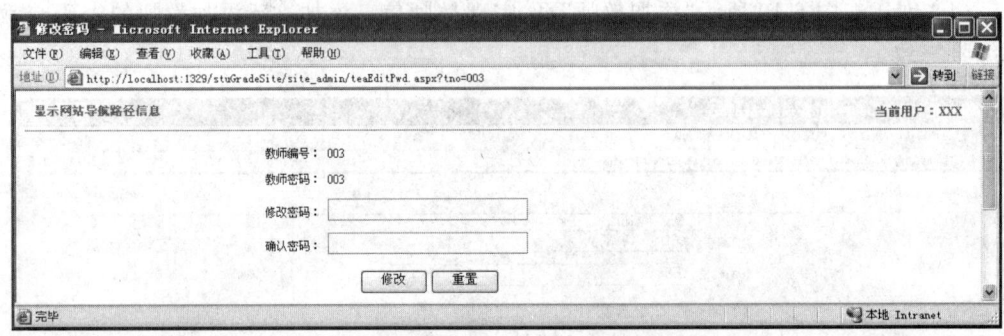

图 6-12 "修改教师信息"页

（4）创建如图 6-13 所示"修改教师密码"页，实现对指定教师密码的修改。

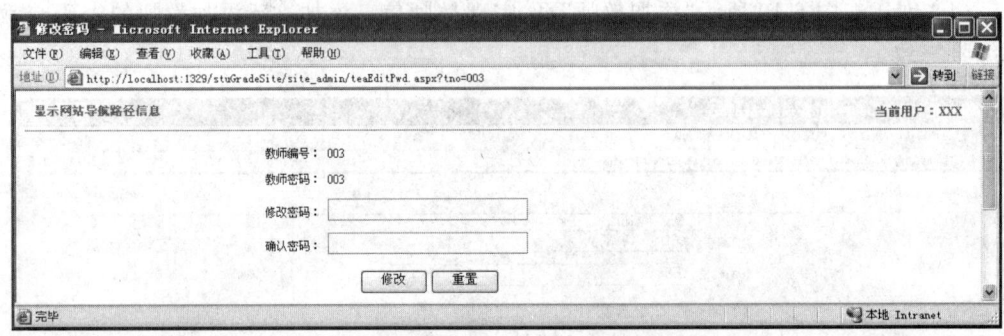

图 6-13 "修改教师密码"页

（5）创建"删除教师"页，实现对指定教师信息的删除，删除成功后显示"删除"成功对话框，然后网页重定向至"管理教师"页。

**注意**：在添加及修改"教师编号"时，需要进行"教师编号"重名检测。

**3. 步骤指导**

1）创建教师数据表 tea

在名为 stuGrade 的数据库内创建数据表 tea，字段及类型设置如表 6-8 所示。

表 6-8　tea 表

| 字　段 | 字段类型 | 是否为空 | 主键或外键 | 字段说明 |
|---|---|---|---|---|
| tno | varchar(10) | Not Null | PK | 教师编号 |
| tPwd | varchar(10) | Not Null | | 登录密码 |
| tName | varchar(50) | Not Null | | 教师姓名 |
| rankPic | varchar(50) | | | 星级图片路径 |

2）参考任务

实现过程可参见 6.2.1 节任务 1 至 6.2.6 节任务 6。

# 第 7 章　图书借阅管理系统——通知子系统

**学习目标：**

(1) 应用 DropDownList 控件加载数据项(文本、值)。

(2) 应用 GridView 控件分页显示数据。

## 7.1　知识梳理

### 7.1.1　DropDownList 控件

DropDownList 控件又称下拉列表控件,在工具箱中的图标为 ▤ DropDownList。

#### 1. DropDownList 控件常用属性及方法

DropDownList 控件通常用于呈现需填写数据的预选项。为了实现应用程序扩展性更好,通常在使用该控件的过程中,其数据往往从数据库相应表的相关字段中提取,且界面显示预选项的文字,而实际上操作的是预选项文字对应的编码值。如需实现这个过程,需要设置 DropDownList 控件的相关属性及方法,如表 7-1 所示。

表 7-1　DropDownList 控件属性及方法

| 属 性 名 称 | 说　　明 |
| --- | --- |
| DataSource | 获取或设置为填充列表提供数据的数据源 |
| DataTextField | 设置为数据项提供文本内容的数据源字段 |
| DataValueField | 设置为数据项提供值的数据源字段 |
| SelectedIndex | 获取或设置 DropDownList 控件中的选定项的索引 |
| 方 法 名 称 | 说　　明 |
| DataBind() | 将数据源绑定到被调用的服务器控件及其所有子控件 |

#### 2. 示例

本示例实现通过 DropDownList 控件显示通知类别,如代码 7-1 所示。

**代码 7-1：**

```
//设置查询通知类别 SQL 语句
string sql="SELECT typeID,typeName FROM noticeType ORDER BY typeID";
//调用 DBClass 类 ExecuteQuery 方法执行查询 SQL 语句
DataTable dt=DBClass.ExecuteQuery(sql);
if(dt.Rows.Count>0)
```

```
{
    //为 DropDownList 控件 ddlType 设置数据源 dt
    ddlType.DataSource=dt;
    //设置为各数据项提供文本内容的数据源字段
    ddlType.DataTextField="typeName";
    //设置为各数据项提供值的数据源字段
    ddlType.DataValueField="typeID";
    //绑定数据源
    ddlType.DataBind();
    //设置 DropDownList 控件默认显示项索引值
    ddlType.SelectedIndex=0;
}
else
{
    Response.Write("<script>alert('通知类别加载有误!')</script>");
}
```

说明：为了实现代码复用，可以将加载 DropDownList 控件数据项的过程制作成类方法，实现过程可参见 7.2.1 节任务 1。

## 7.1.2　GridView 控件

GridView 控件又称网络视图控件，在工具箱中的图标为 GridView。GridView 控件用于在表中显示数据源的数据，每列表示一个字段，每行表示一条记录。

该控件有很多实用功能如内置分页、超级链接到其他网页、自动套用格式等，应用该控件可以更加美观的格式显示数据，在实现同等功能的前提下，使用 GridView 控件可以简化编程。

### 1. GridView 控件常用属性、方法及事件

GridView 控件常用属性、方法及事件如表 7-2 所示。

表 7-2　GridView 控件常用属性、方法及事件

| 属 性 名 称 | 说　明 |
| --- | --- |
| Columns | 获得一个表示该网格中列的对象的集合 |
| DataSource | 获取或设置为填充列表提供数据的数据源 |
| AutoGenerateColumns | 获取或设置一个值，该值指示是否为数据源中的每个字段自动创建绑定字段，true 表示为数据源中的每个字段自动创建绑定字段；否则为 false。默认值为 true |
| AllowPaging | 获取或设置一个值，该值指示是否启用分页功能，如果启用分页功能，则为 true；否则为 false。默认值为 false |
| PageSize | 获取或设置 GridView 控件在每页上所显示的记录的数目 |

续表

| 属 性 名 称 | 说　明 |
|---|---|
| PageCount | 获取在 GridView 控件中显示数据源记录所需的页数 |
| PageIndex | 获取或设置当前显示页的索引 |
| PagerSettings | 获取对 PagerSettings 对象的引用,使用该对象可以设置 GridView 控件中的页导航按钮的属性,从而实现自定义导航。<br>页导航支持几种不同的显示模式。若要指定页导航的显示模式,可设置 Mode 属性,具体如下: <br><br>表格见下方 |

| 模　式 | 说　明 |
|---|---|
| NextPrevious | 上一页按钮和下一页按钮 |
| NextPreviousFirstLast | 上一页按钮、下一页按钮、第一页按钮和最后一页按钮 |
| Numeric | 可直接访问页面的带编号的链接按钮 |
| NumericFirstLast | 带编号的链接按钮、第一个链接按钮和最后一个链接按钮 |

在 Mode 属性设置为 NextPrevious、NextPreviousFirstLast 或 NumericFirstLast 值时,可以通过设置如下所示的属性来自定义非数字按钮的文字

| 模　式 | 说　明 |
|---|---|
| FirstPageText | 第一页按钮的文字 |
| PreviousPageText | 上一页按钮的文字 |
| NextPageText | 下一页按钮的文字 |
| LastPageText | 最后一页按钮的文字 |

| 方 法 名 称 | 说　明 |
|---|---|
| DataBind() | 将 GridView 控件及其所有子控件绑定到指定数据源 |

| 事 件 名 称 | 说　明 |
|---|---|
| PageIndexChanging | 在单击某一页导航按钮时,但在 GridView 控件处理分页操作之前发生 |
| RowCancelingEdit | 单击编辑模式中某一行的"取消"按钮以后,在该行退出编辑模式之前发生 |
| RowDeleting | 对数据源执行 Delete 命令前激发 |
| RowEditing | 发生在单击某一行的"编辑"按钮以后,GridView 控件进入编辑模式之前 |
| RowUpdating | 发生在单击某一行的"更新"按钮以后,GridView 控件对该行进行更新之前 |

## 2. GridView 控件列字段类型

GridView 控件列字段类型如表 7-3 所示。

表 7-3　GridView 控件列字段类型

| 列 名 称 | 说 明 |
|---|---|
| BoundField | 默认的数据绑定列类型,主要用于显示普通文本,DataField 属性设置绑定至数据表中哪个字段,HeadText 属性设置列标题 |
| CheckField | 使用复选框控件显示布尔类型数据,通常用于绑定数据表中布尔类型的字段,DataField 属性设置绑定至数据表中哪个字段,HeadText 属性设置列标题,Text 属性设置复选框选项文字 |
| CommandField | 为 GridView 控件提供创建命令按钮列的功能,在外观上可以用普通按钮、超级链接或图片等形式表示出来 |
| ImageField | 用于显示存放 Image 图像的 URL 字段数据,显示成图片效果,DataImageUrlField 属性设置绑定至数据表中图片路径所在的数据列 |

| HyperLinkField | 用超级链接的形式显示字段值,常用属性如下 |
|---|---|

用超级链接的形式显示字段值,常用属性如下

| 名 称 | 说 明 |
|---|---|
| DataTextField | 用于设置绑定数据列名称,其数据显示为链接文字 |
| DataTextFieldFormatString | 对显示的文字进行统一的格式化处理 |
| DataNavigateUrlField | 用于设置绑定的数据列名称,其数据将作为超链接的 URL 地址 |
| DataNavigateUrlString | 对 URL 地址数据进行统一格式化 |
| Target | 用于设置链接窗口打开的方式,其值为_blank、_parent、_search、_self、_top,框架名称 |

| ButtonField | 显示按钮列 |
|---|---|

| TemplateField | 自定义数据的显示方式,在 GridView 控件的 TemplateField 字段中可以定义 5 种不同类型的模板,如下所示 |
|---|---|

自定义数据的显示方式,在 GridView 控件的 TemplateField 字段中可以定义 5 种不同类型的模板,如下所示

| 模 板 名 称 | 说 明 |
|---|---|
| ItemTemplate | 项模板:处于普通项中要显示的内容,如果指定了 AlternatingItemTemplate 中的内容,则这里的设置是奇数项的显示效果。可以进行数据绑定 |
| AlternatingItemTemplate | 交替模板,即偶数项中显示的内容,可以进行数据绑定 |
| EditItemTemplate | 编辑项模板:给出编辑状态时要显示的内容,可以进行数据绑定 |
| HeaderTemplate | 头模板,即表头部分要显示的内容,不可以进行数据绑定 |
| FooterTemplate | 脚模板,即脚注部分要显示的内容,不可以进行数据绑定 |

## 7.2 任务实施

### 7.2.1 任务 1：实现通知信息的添加

【任务描述】

创建"添加通知"页，实现向 notice 表中添加通知信息，添加成功后显示"添加"成功对话框，效果如图 7-1 所示。

图 7-1 添加通知页

【任务实现】

**1. 创建数据表 notice**

在名为 book 的数据库内创建数据表 notice，字段及类型设置如表 7-4 所示。

表 7-4 notice 表

| 字　　段 | 字段类型 | 是否为空 | 主键或外键 | 字段说明 |
|---|---|---|---|---|
| noticeID | varchar(10) | Not Null | PK | 通知 ID,自增 |
| noticeTitle | varchar(20) | Not Null | | 通知标题 |
| noticeContent | varchar(MAX) | Not Null | | 通知内容 |
| pubDate | datetime | Not Null | | 发布时间 |
| typeID | varchar(4) | Not Null | | 通知类别 |

**2. 创建"添加通知"页及实现页面设计**

在 C:\ bookSite\ site_notice 文件夹下创建名为 noticeAdd. aspx 的网页。在 noticeAdd. aspx 文件内添加如代码 7-2 所示内容。

**代码 7-2：**

```
<%--页眉用户控件注册--%>
<%@Register Src="~/res_userControl/headerControl.ascx" TagName="headerControl"
TagPrefix="uc1" %>
<html xmlns="http://www.w3.org/1999/xhtml">
<head runat="server">
    <title>添加通知</title>
    <!--引用样式表-->
    <link rel="stylesheet" type="text/css" href="../res_styleSheet/public.
    css"/>
    <link rel="stylesheet" type="text/css" href="../res_styleSheet/
    singleStyle.css"/>
</head>
<body class="bodyClass">
    <form id="form1" runat="server">
    <div class="container">
        <!--应用页眉用户控件-->
        <uc1:headerControl ID="headerControl1" runat="server" />
        <div id="part">
            <ul>
                <li>通知标题:
                    <asp:TextBox ID="txtTitle" runát="server" Width="600px">
                    </asp:TextBox>
                    <asp:RequiredFieldValidator ID="valrTitle" runat="server"
                    ErrorMessage="不能为空!" ControlToValidate="txtTitle">
                    </asp:RequiredFieldValidator>
                </li>
                <li>通知内容:
                    <asp:TextBox ID="txtContent" runat="server" TextMode=
                    "MultiLine" Width="600px" Height="200px"></asp:TextBox>
                    <asp:RequiredFieldValidator ID="valrContent" runat=
                    "server" ErrorMessage="不能为空!" ControlToValidate=
                    "txtContent"></asp:RequiredFieldValidator>
                </li>
                <li>通知类别:
                    <asp:DropDownList ID="ddlType" runat="server" Width=
                    "200px"></asp:DropDownList>
                </li>
                <li style="padding-left: 300px;padding-top: 10px">
                    <asp:Button ID="btnSubmit" runat="server" Text="添加"
                    Width="70px" onclick="btnSubmit_Click"/>
                    <asp:Button ID="btnReset" runat="server" Text="重置"
                    Width="70px" onclick="btnReset_Click"/>
```

```
                </li>
            </ul>
        </div>
    </div>
    </form>
</body>
</html>
```

**3. 实现"添加通知"页功能**

1）创建加载 DropDownList 控件数据项的类方法

在 C:\bookSite\App_Code 文件夹下，创建名为 OperateClass 的类文件，在 OperateClass 类内添加名为 SetDDL 静态方法，用于加载 DropDownList 控件数据项，SetDDL 方法的实现如代码 7-3 所示。

代码 7-3：

```
///<summary>
///DropDownList 控件实现数据项加载
///</summary>
///<param name="sql">SELECT 类型 SQL 语句</param>
///<param name="ddlType">DropDownList 对象</param>
///<returns>数据加载成功返回 True,否则返回 False</returns>
public static bool SetDDL(string sql,DropDownList ddlType)
{
    bool flag=false;
    //调用 DBClass 类 ExecuteQuery 方法执行查询 SQL 语句
    DataTable dt=DBClass.ExecuteQuery(sql);
    //获取 dt 对象行总数
    if(dt.Rows.Count>0)
    {
        //为 ddlType 对象设置数据源 dt
        ddlType.DataSource=dt;
        //设置为各数据项提供文本内容的数据源字段
        ddlType.DataTextField="typeName";
        //设置为各数据项提供值的数据源字段
        ddlType.DataValueField="typeID";
        //绑定数据源
        ddlType.DataBind();
        //设置 ddlType 对象默认显示项索引值
        ddlType.SelectedIndex=0;
        flag=true;
    }
    return flag;
}
```

2）实现添加通知

在 noticeAdd. aspx. cs 文件内添加如代码 7-4 所示内容。

**代码 7-4：**

```
protected void Page_Load(object sender,EventArgs e)
{
    if(!IsPostBack)
    {
        //设置通知类别查询 SQL 语句
        string sql="SELECT typeID,typeName";
        sql+=" FROM noticeType ORDER BY typeID";
        //调用 OperateClass 类 SetDDL 方法,为下拉列表加载数据
        bool flag=OperateClass.SetDDL(sql,ddlType);
        if("false".Equals(flag))
        {
            Response.Write("<script>alert('通知类别加载有误!')</script>");
            return;
        }
        //调用 SetInit 方法,设置控件初始值
        SetInit();
    }
}
//btnSubmit_Click 事件: 提交发布通知
protected void btnSubmit_Click(object sender,EventArgs e)
{
    //获取通知标题
    string noticeTitle=txtTitle.Text;
    //获取通知内容
    string noticeContent=txtContent.Text;
    //获取通知类别
    string typeID=ddlType.SelectedItem.Value.ToString();
    //获取当前时间
    string pubDate=DateTime.Now.ToShortDateString();
    //设置添加通知信息 SQL 语句
    string sql="INSERT INTO notice";
    sql+="(noticeTitle,noticeContent,typeID,pubDate) ";
    sql+=" VALUES('"+noticeTitle+"','"+noticeContent+"',";
    sql+="'"+typeID+"','"+pubDate+"')";
    try
    {
        //调用 DBClass 类 ExecuteNonQuery 方法执行添加 SQL 语句
        int result=DBClass.ExecuteNonQuery(sql);
        if(result>0)
        {
            Response.Write("<script>alert('添加成功!')</script>");
        }
```

```
        else
        {
            Response.Write("<script>alert('添加失败!')</script>");
        }
    }
    catch(Exception ex)
    {
        //显示捕捉到的异常信息
        Response.Write("<script>alert('"+ex.Message+"')</script>");
    }
}
//btnReset_Click 事件:设置控件初始值
protected void btnReset_Click(object sender,EventArgs e)
{
    //调用 SetInit 方法,设置控件初始值
    SetInit();
}
//SetInit 方法:设置控件初始值
private void SetInit()
{
    txtTitle.Text="";
    txtContent.Text="";
}
```

## 7.2.2 任务2：实现通知信息的管理

### 【任务描述】

创建"管理通知"页,实现分页查看通知信息。单击"修改"链接时,网页重定向至"修改通知"页,实现对指定通知信息的修改,单击"删除"链接时,实现对指定通知信息的删除,效果如图 7-2 所示。

### 【任务实现】

#### 1. 创建"管理通知"页及实现页面设计

在 C:\bookSite\site_notice 文件夹下创建名为 noticeManage.aspx 的网页。

1) GridView 控件应用自动套用格式

选中 GridView 控件,如图 7-3 所示,在右侧的智能标记箭头处单击,弹出"GridView任务"提示框,在其中选择"自动套用格式"链接项,打开如图 7-4 所示的"自动套用格式"对话框,在"选择架构"列表中选择"石板"架构,单击"确定"按钮,即可将"石板"格式应用于所选 GridView 控件。

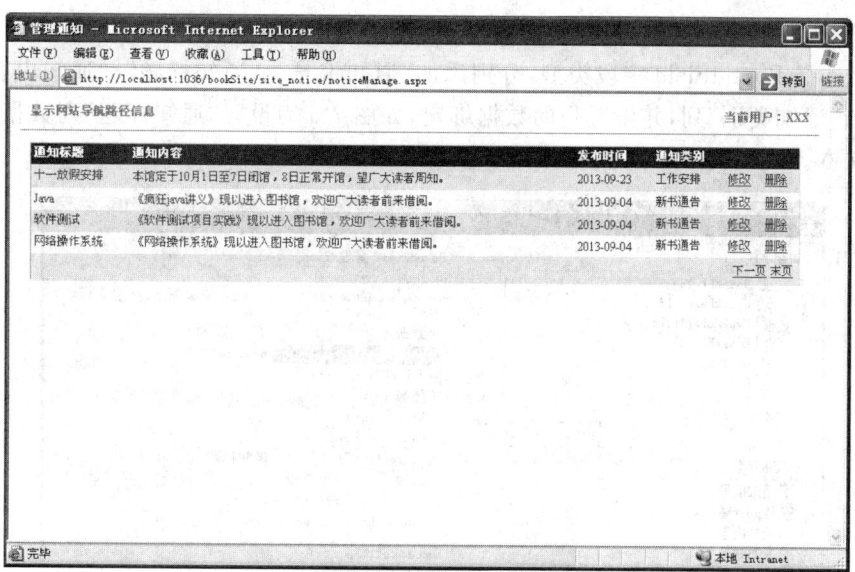

图 7-2  "管理通知"页

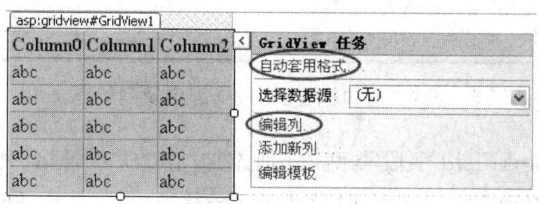

图 7-3  "GridView 任务"提示框

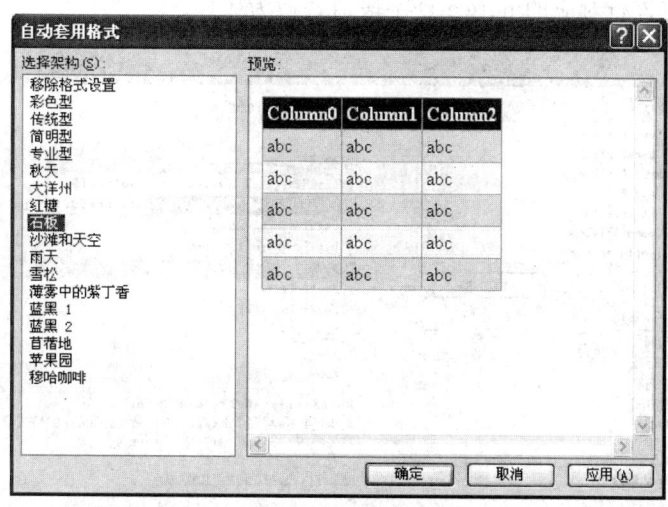

图 7-4  "自动套用格式"对话框

2）为 GridView 控件添加列，并实现列绑定

选中 GridView 控件，如图 7-3 所示，在右侧的智能标记箭头处单击，弹出"GridView

任务"提示框,在其中选择"编辑列"链接项,打开"字段"对话框。

(1)选择 BoundField 字段类型,分别添加"通知编号"、"通知标题"、"通知内容"、"发布时间"、"通知类别"列,并设置列的数据绑定,如图 7-5 为设置"通知标题"列数据绑定及列标题文本。

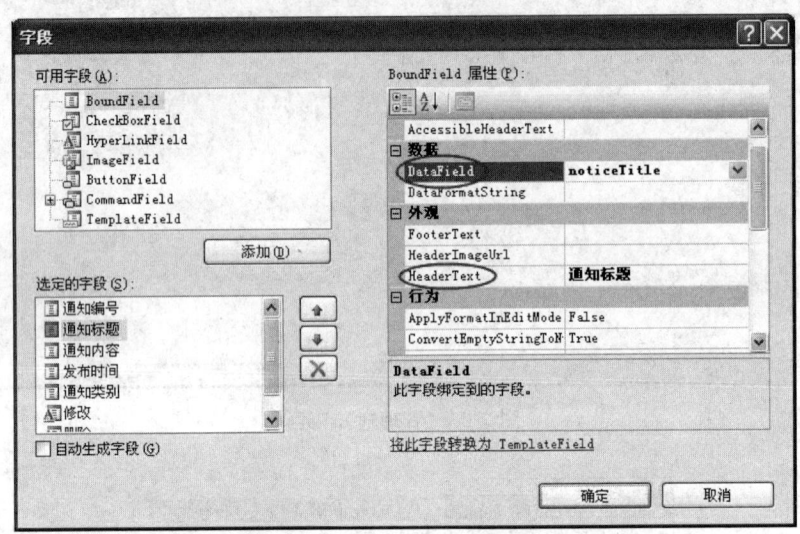

图 7-5  设置"通知标题"列数据绑定及列标题文本

(2)选择 HyperLinkField 字段类型,分别添加"修改"、"删除"列,并设置列的数据绑定,如图 7-6 为设置"修改"列链接数据及绑定、链接文本。其中 DataNavigateUrlString 属性值为 noticeEdit.aspx?noticeID={0},DataTextField 属性值为 noticeID,实现显示每行数据时,都会将该行对应的 noticeID 字段值替换为{0}。

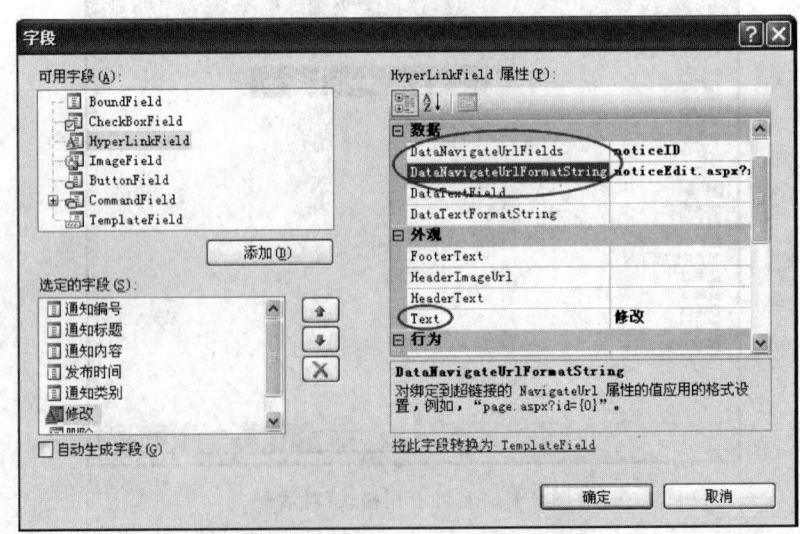

图 7-6  设置"修改"列链接及数据绑定、链接文本

3）GridView 控件内置分页

GridView 控件内置分页功能可通过设置 GridView 控件的相关属性实现，如图 7-7 所示。

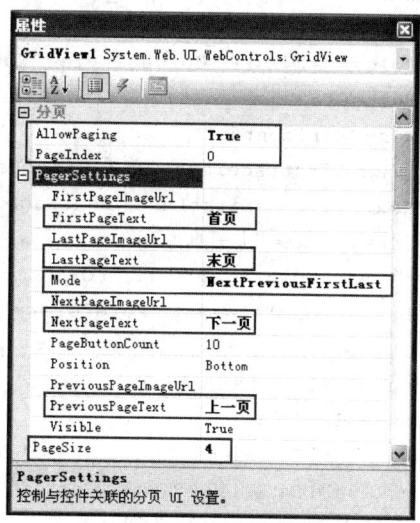

图 7-7　设置 GridView 控件分页

4）取消 GridView 控件自动加载列

设置 GridView 控件 AutoGenerateColumns 属性值为 False 即可实现取消 GridView 控件自动加载列功能。

5）"管理通知"页完整界面代码

noticeManage.aspx 文件完整内容如代码 7-5 所示。

**代码 7-5：**

```
<%--页眉用户控件注册--%>
<%@Register Src="~/res_userControl/headerControl.ascx" TagName="headerControl"
TagPrefix="uc1" %>
<html xmlns="http://www.w3.org/1999/xhtml">
<head runat="server">
    <title>管理通知</title>
    <!--引用样式表-->
    <link rel="stylesheet" type="text/css" href="../res_styleSheet/public.css"/>
    <link rel="stylesheet" type="text/css" href="../res_styleSheet/
    searchMStyle.css"/>
</head>
<body class="bodyClass">
    <form id="form1" runat="server">
    <div class="container">
        <!--应用页眉用户控件-->
        <uc1:headerControl ID="headerControl1" runat="server" />
```

```
        <div id="tabData">
            <asp:GridView ID="GridView1" runat="server" Width="800px"
                AutoGenerateColumns="False" AllowPaging="True" PageSize="4"
                onpageindexchanging="GridView1_PageIndexChanging" BackColor=
                "White"
                BorderColor="#E7E7FF" BorderStyle="None" BorderWidth="1px"
                CellPadding="3"
                GridLines="Horizontal">
            <PagerSettings FirstPageText="首页" LastPageText="末页"
                Mode="NextPreviousFirstLast" NextPageText="下一页"
                PreviousPageText="上一页" />
            <FooterStyle BackColor="#B5C7DE" ForeColor="#4A3C8C" />
            <RowStyle BackColor="#E7E7FF" ForeColor="#4A3C8C" />
            <Columns>
                <asp:BoundField DataField="noticeID" HeaderText="通知编号"
                Visible="False" />
                <asp:BoundField DataField="noticeTitle" HeaderText="通知标题" />
                <asp:BoundField DataField="noticeContent" HeaderText="通知内容" />
                <asp:BoundField DataField="pubDate" HeaderText="发布时间" />
                <asp:BoundField DataField="typeName" HeaderText="通知类别" />
                <asp:HyperLinkField DataNavigateUrlFields="noticeID" Text="修改"
                    DataNavigateUrlFormatString="noticeEdit.aspx?noticeID={0}" />
                <asp:HyperLinkField DataNavigateUrlFields="noticeID" Text="删除"
                    DataNavigateUrlFormatString="noticeDel.aspx?noticeID={0}"/>
            </Columns>
            <PagerStyle BackColor="#E7E7FF" ForeColor="#4A3C8C" HorizontalAlign=
            "Right" />
            <SelectedRowStyle BackColor="#738A9C" Font-Bold="True" ForeColor=
            "#F7F7F7" />
            <HeaderStyle BackColor="#4A3C8C" Font-Bold="True" ForeColor=
            "#F7F7F7" />
            <AlternatingRowStyle BackColor="#F7F7F7" />
            </asp:GridView>
        </div>
    </div>
    </form>
</body>
</html>
```

## 2. 实现"管理通知"页功能

在 noticeManage.aspx.cs 文件内添加如代码 7-6 所示内容。

**代码 7-6：**

```
protected void Page_Load(object sender,EventArgs e)
```

```
    {
        if(!IsPostBack)
        {
            //调用 GetData 方法,显示通知信息
            GetData();
        }
    }
//GridView1_PageIndexChanging 事件:分页查看通知信息
protected void GridView1_PageIndexChanging(object sender,GridViewPageEventArgs e)
{
    GridView1.PageIndex=e.NewPageIndex;
    GetData();
}
//GetData 方法:获取数据源,并绑定至 GridView1 控件
private void GetData()
{
    DataTable dt=null;
    //设置查询 SQL 语句
    string sql="SELECT noticeID,noticeTitle,noticeContent,";
    sql+="convert(varchar(10),pubDate,120) as pubDate,";
    sql+="notice.typeID,typeName";
    sql+="FROM notice,noticeType";
    sql+="WHERE notice.typeID=noticeType.typeID";
    sql+="ORDER BY pubDate DESC";
    try
    {
        //调用 DBClass 类 ExecuteQuery 方法执行查询 SQL 语句
        dt=DBClass.ExecuteQuery(sql);
        //为 GridView1 控件设置数据源 dt 并绑定
        GridView1.DataSource=dt;
        GridView1.DataBind();
    }
    catch(Exception ex)
    {
        //显示捕捉到的异常信息
        Response.Write("<script>alert('"+ex.Message+"')</script>");
    }
}
```

## 7.2.3　任务 3：应用 GridView 控件模板列实现分页查看通知信息

### 【任务描述】

应用模板列实现分页查看通知信息,效果如图 7-2 所示。GridView 控件应用模板列

可以自定义模板列所含控件及设置控件的相关设置,如控件列宽度设置。

**【任务实现】**

**1. 创建"管理通知"页及实现页面设计**

在 C:\bookSite\site_notice 文件夹下创建名为 noticeManage2.aspx 的网页。该网页所含 GridView 控件的自动套用格式及分页设置可参见 7.2.2 节任务 2。在 noticeManage2.aspx 文件内添加如代码 7-7 所示内容。

**代码 7-7:**

```
<%--页眉用户控件注册--%>
<%@Register Src="~/res_userControl/headerControl.ascx" TagName="headerControl"
TagPrefix="uc1" %>
<html xmlns="http://www.w3.org/1999/xhtml">
<head runat="server">
    <title>管理通知</title>
    <!--引用样式表-->
    <link rel="stylesheet" type="text/css" href="../res_styleSheet/public.
    css"/>
    <link rel="stylesheet" type="text/css" href="../res_styleSheet/
    searchMStyle.css"/>
</head>
<body class="bodyClass">
    <form id="form1" runat="server">
    <div class="container">
        <!--应用页眉用户控件-->
        <uc1:headerControl ID="headerControl1" runat="server" />
        <div id="tabData">
        <asp:GridView ID="GridView1" runat="server" AutoGenerateColumns="False"
            BackColor="White" BorderColor="#E7E7FF" BorderStyle="None"
            BorderWidth="1px"
            CellPadding="3" GridLines="Horizontal" AllowPaging="True"
            onpageindexchanging="GridView1_PageIndexChanging" PageSize="4">
            <PagerSettings FirstPageText="首页" LastPageText="末页"
                Mode="NextPreviousFirstLast" NextPageText="下一页"
                PreviousPageText="上一页" />
            <FooterStyle BackColor="#B5C7DE" ForeColor="#4A3C8C" />
            <RowStyle BackColor="#E7E7FF" ForeColor="#4A3C8C" />
            <Columns>
                <asp:BoundField DataField="noticeID" HeaderText=
                "noticeID" Visible="False" />
                <asp:TemplateField HeaderText="通知标题">
                    <ItemTemplate>
```

```
                <asp:Label ID="lblTitle" runat="server" Text='<%#
                Eval("noticeTitle") %>' Width="100px"></asp:Label>
            </ItemTemplate>
        </asp:TemplateField>
        <asp:TemplateField HeaderText="通知内容">
            <ItemTemplate>
                <asp:Label ID="lblContent" runat="server" Text=
                '<%#Eval("noticeContent") %>' Width="400px"></asp:
                Label>
            </ItemTemplate>
        </asp:TemplateField>
        <asp:TemplateField HeaderText="发布时间">
            <ItemTemplate>
                <asp:Label ID="lblPubDate" runat="server" Text=
                '<%#Eval("pubDate") %>' Width="100px"></asp:Label>
            </ItemTemplate>
        </asp:TemplateField>
        <asp:TemplateField HeaderText="通知类型">
            <ItemTemplate>
                <asp:Label ID="lblType" runat="server" Text='<%#
                Eval("typeName") %>' Width="100px"></asp:Label>
            </ItemTemplate>
        </asp:TemplateField>
        <asp:HyperLinkField DataNavigateUrlFields="noticeID"
        Text="修改"
            DataNavigateUrlFormatString="noticeEdit.aspx?noticeID=
            {0}"/>
        <asp:HyperLinkField DataNavigateUrlFields="noticeID"
        Text="删除"
            DataNavigateUrlFormatString="noticeDel.aspx?noticeID=
            {0}"/>
    </Columns>
    <PagerStyle BackColor="#E7E7FF" ForeColor="#4A3C8C"
    HorizontalAlign="Right" />
    <SelectedRowStyle BackColor="#738A9C" Font-Bold="True"
    ForeColor="#F7F7F7" />
    <HeaderStyle BackColor="#4A3C8C" Font-Bold="True" ForeColor=
    "#F7F7F7" />
    <AlternatingRowStyle BackColor="#F7F7F7" />
    </asp:GridView>
    </div>
    </div>
    </form>
</body>
</html>
```

**2. 实现"管理通知"页功能**

在 noticeManage2.aspx.cs 文件内添加如代码 7-6 所示内容即可。

### 7.2.4 任务 4：实现通知信息的修改

**【任务描述】**

创建"修改通知"页，如图 7-2 管理通知页所示，单击某条通知记录的"修改"链接时，网页重定向至"修改通知"页，并呈现修改通知的相关信息，修改成功后显示"修改"成功对话框，效果如图 7-8 所示。

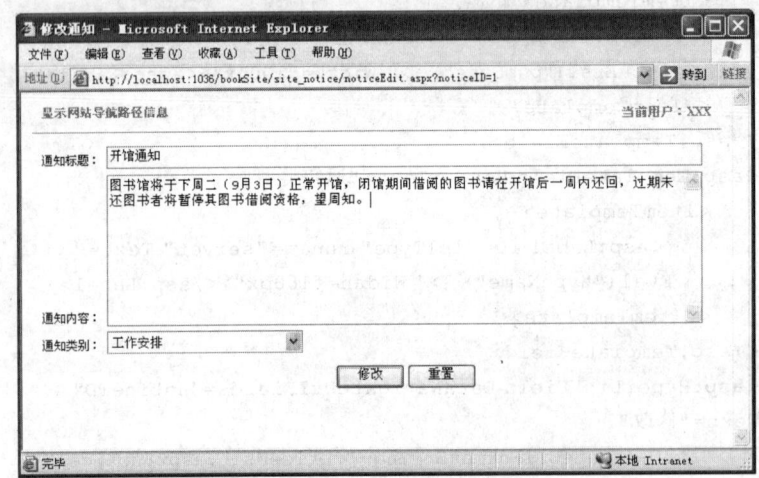

图 7-8 修改通知页

**【任务实现】**

**1. 创建"修改通知"页及实现页面设计**

在 C:\bookSite\site_notice 文件夹下创建名为 noticeEdit.aspx 的网页，该网页界面代码可参考代码 7-2 所示内容，只需在原有代码基础上将网页标题更改为"修改通知"，按钮文本更改为"修改"即可。

**2. 实现"修改通知"页功能**

在 noticeEdit.aspx.cs 文件内添加如代码 7-8 所示内容。

代码 7-8：

```
//定义变量 noticeID,用于接收网页传递参数 noticeID 的值
private string noticeID="";
protected void Page_Load(object sender,EventArgs e)
```

```
    {
        //接收网页传递参数 noticeID 的值
        noticeID=Request.QueryString["noticeID"];
        if(!IsPostBack)
        {
            //设置通知类别查询 SQL 语句
            string sql="SELECT typeID,typeName";
            sql+=" FROM noticeType ORDER BY typeID";
            //调用 OperateClass 类 SetDDL 方法,为下拉列表加载数据
            bool flag=OperateClass.SetDDL(sql,ddlType);
            if("false".Equals(flag))
            {
                Response.Write("<script>alert('通知类别加载有误!')</script>");
                return;
            }
            //调用 GetData 方法,根据 noticeID 值,获取相关记录各数据项信息,并显示至各控件
            GetData(noticeID);
        }
    }
//btnSubmit_Click 事件: 提交修改通知
protected void btnSubmit_Click(object sender,EventArgs e)
{
    //获取通知标题
    string noticeTitle=txtTitle.Text;
    //获取通知内容
    string noticeContent=txtContent.Text;
    //获取通知类别
    string typeID=ddlType.SelectedItem.Value.ToString();
    //获取当前时间
    string pubDate=DateTime.Now.ToShortDateString();
    //设置修改通知信息 SQL 语句
    string sql="UPDATE notice SET noticeTitle='"+noticeTitle+"',";
    sql+="noticeContent='"+noticeContent+"',typeID='"+typeID+"',";
    sql+="pubDate='"+pubDate+"' WHERE noticeID="+noticeID;
    try
    {
        //调用 DBClass 类 ExecuteNonQuery 方法执行添加 SQL 语句
        int result=DBClass.ExecuteNonQuery(sql);
        if(result>0)
        {
            Response.Write("<script>alert('修改成功!')</script>");
        }
        else
        {
```

```
                    Response.Write("<script>alert('修改失败!')</script>");
                }
            }
        catch(Exception ex)
        {
            //显示捕捉到的异常信息
            Response.Write("<script>alert('"+ex.Message+"')</script>");
        }
        //浏览器转到 noticeManage.aspx 页
        Response.Write("<script>location.assign('noticeManage.aspx')</script>");
    }
    //btnReset_Click 事件: 设置控件初始值
    protected void btnReset_Click(object sender,EventArgs e)
    {
        //调用 GetData 方法,根据 noticeID 值,获取相关记录各数据项信息,并显示至各控件
        GetData(noticeID);
    }
    //GetData: 根据 noticeIDKey 值,获取相关记录各数据项信息,并显示至各控件
    private void GetData(string noticeIDKey)
    {
        //根据 noticeIDKey 值,查询通知信息的 SQL 语句
        string sql="SELECT noticeID,noticeTitle,noticeContent,";
        sql+="typeID FROM notice";
        sql+=" WHERE noticeID='"+noticeIDKey+"' ORDER BY noticeID";
        try
        {
            //调用 DBClass 类 ExecuteQuery 方法执行查询 SQL 语句
            DataTable dt=DBClass.ExecuteQuery(sql);
            if(dt.Rows.Count>0)
            {
                //设置记录各数据项值至各控件显示
                txtTitle.Text=dt.Rows[0]["noticeTitle"].ToString();
                txtContent.Text=dt.Rows[0]["noticeContent"].ToString();
                ddlType.SelectedValue=dt.Rows[0]["typeID"].ToString();
            }
        }
        catch(Exception ex)
        {
            //显示捕捉到的异常信息
            Response.Write("<script>alert('"+ex.Message+"')</script>");
        }
    }
```

### 7.2.5 任务 5：实现通知信息的删除

**【任务描述】**

创建"删除通知"页，如图 7-2 管理通知页所示，单击某条通知记录的"删除"链接时，删除指定通知，删除成功后显示"删除"成功对话框，然后网页重定向至"管理通知"页。

**【任务实现】**

**1. 创建"删除通知"页**

在 C:\bookSite\site_notice 文件夹下创建名为 noticeDel. aspx 的网页，实现删除功能的网页无须网页界面代码。

**2. 实现"删除通知"页功能**

在 noticeDel. aspx. cs 文件内添加如代码 7-9 所示内容。

代码 7-9：

```
protected void Page_Load(object sender,EventArgs e)
{
    //定义变量 noticeID,用于接收网页传递参数 noticeID 的值
    string noticeID=Request.QueryString["noticeID"];
    //根据 noticeID 值,设置删除通知信息 SQL 语句
    string sql="DELETE FROM notice WHERE noticeID='"+noticeID+"'";
    try
    {
        //调用 DBClass 类 ExecuteNonQuery 方法执行删除 SQL 语句
        int result=DBClass.ExecuteNonQuery(sql);
        if(result>0)
        {
            Response.Write("<script>alert('删除成功!')</script>");
        }
        else
        {
            Response.Write("<script>alert('删除失败!')</script>");
        }
        //网页重定向至 noticeManage.aspx 页
        Response.Redirect("noticeManage.aspx");
    }
    catch(Exception ex)
    {
        //显示捕捉到的异常信息
        Response.Write("<script>alert('"+ex.Message+"')</script>");
```

```
    }
}
```

## 7.3 课后任务

### 1. 应用 GridView 控件实现图书类别的管理

如图 7-9 所示,创建"管理图书类别"页,实现管理图书类别。单击"修改"链接时,修改指定图书类别,修改成功后显示"修改"成功对话框,然后网页重定向至"管理图书类别"页。单击"删除"链接时,删除指定图书类别,删除成功后显示"删除"成功对话框,然后网页重定向至"管理图书类别"页(参见 5.4 节实训一)。

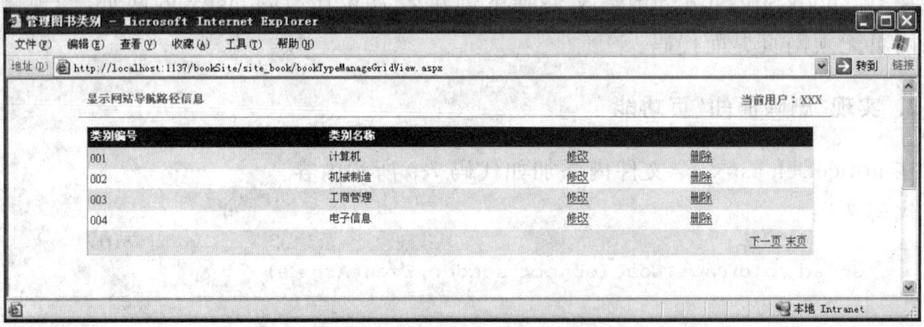

图 7-9　"管理图书类别"页

### 2. 拓展题

应用 GridView 控件的模板列及 SqlDataAdapter 类的 Update 方法实现信息的集中修改操作。图 7-10 为通知管理页,单击"修改"链接后,如图 7-11 所示,可以在当前页面进行通知相关信息的修改。单击"更正"按钮,完成本条记录的修改,依照这种操作可完成多条记录的修改。最后,单击"提交"按钮,将修改后的数据提交至数据库的数据表中。

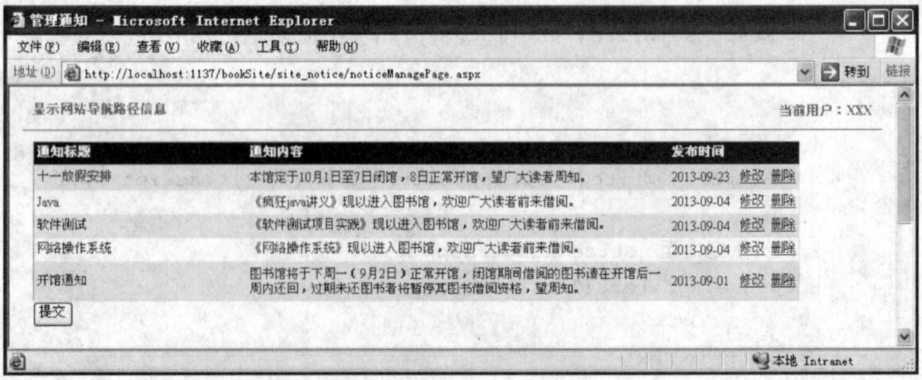

图 7-10　通知管理页初始

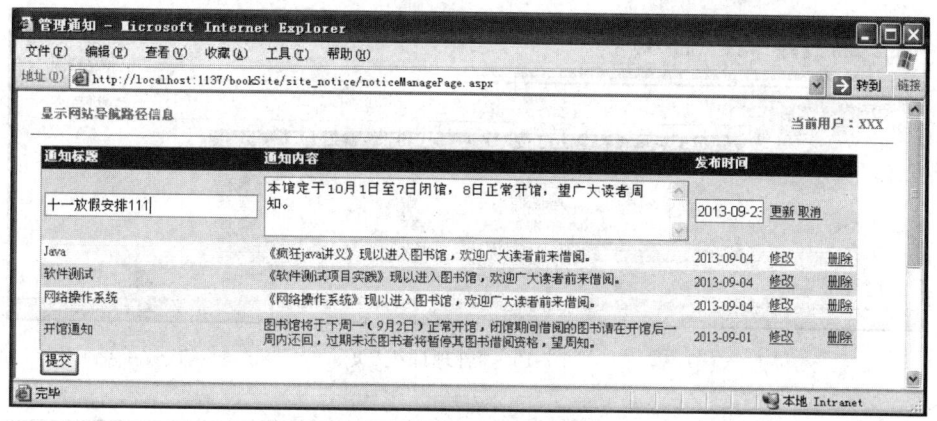

图 7-11　修改通知信息

# 7.4　实践

## 实训一：学生成绩管理系统——实现课程信息的增删改查

### 1. 实践目的

（1）掌握应用 GridView 控件分页显示数据。

（2）掌握网页间数据的传递。

### 2. 实践要求

（1）创建如图 7-12 所示"添加课程"页，实现课程信息添加。

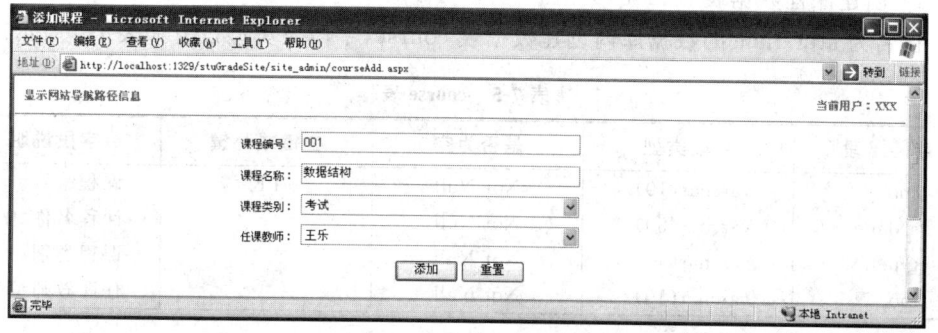

图 7-12　添加课程页

（2）创建如图 7-13 所示"管理课程"页，实现管理课程信息。单击"修改信息"链接时，打开"修改课程"页，链接对应记录的信息将显示在"修改课程"页，如图 7-14 所示。

（3）创建如图 7-14 所示"修改课程"页，实现对指定课程信息的修改。

（4）创建"删除课程"页，实现对指定课程信息的删除，删除成功后显示"删除"成功对话框，然后网页重定向至"管理课程"页。

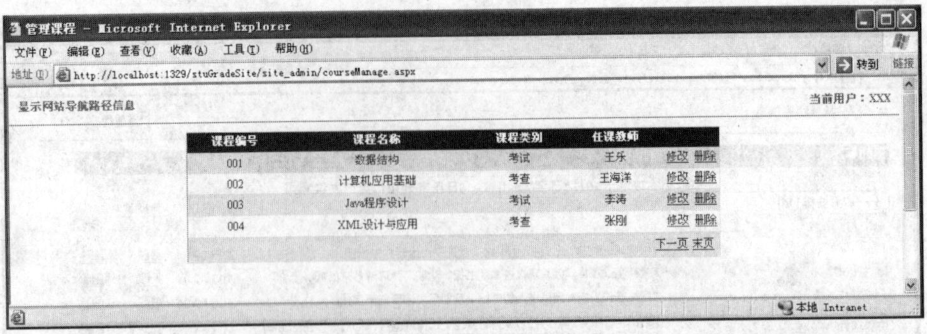

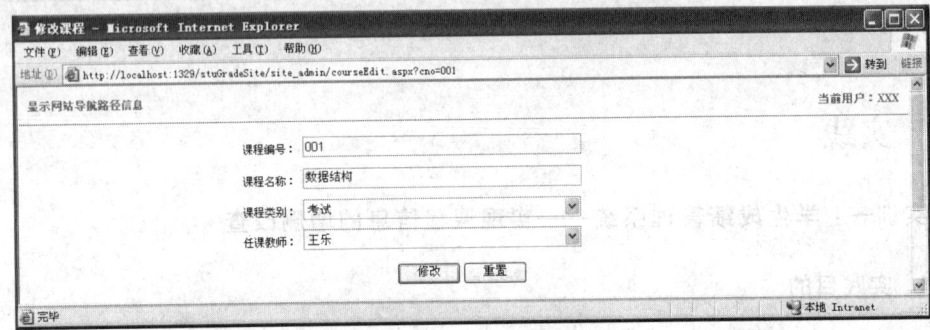

图 7-13 "管理课程"页

图 7-14 "修改课程"页

**注意**：在添加及修改"课程编号"时，需要进行"课程编号"重名检测。

### 3. 步骤指导

1）创建课程数据表 course

在名为 stuGrade 的数据库内创建数据表 course，字段及类型设置如表 7-5 所示。

表 7-5    course 表

| 字　　段 | 字段类型 | 是否为空 | 主键或外键 | 字段说明 |
| --- | --- | --- | --- | --- |
| cno | varchar(10) | Not Null | PK | 课程编号 |
| cName | varchar(50) | Not Null | | 课程名称 |
| typeID | varchar(4) | Not Null | | 课程类别 |
| tno | varchar(10) | Not Null | | 任课教师编号 |

2）参考任务

实现过程可参见 7.2.1 节任务 1 至 7.2.5 节任务 5。

# 第8章 图书借阅管理系统
## ——图书管理借阅子系统

**学习目标：**

(1) 掌握图片在 Web 应用程序中的存储方式。

(2) 存储过程的创建与应用。

(3) 实现文件的上传及下载。

(4) 应用 DataList 控件分页显示数据。

## 8.1 知识梳理

### 8.1.1 网站图片信息处理

#### 1. 图片存储形式

一般 Web 应用程序存储图片有两种方法：

(1) 在数据表图片字段内存储图片在网站中的相对路径信息。

(2) 在数据表图片字段内存储图片本身。

两种方法各有优缺点，一般来说某一图片需要在网页中呈现多次，可以考虑第一种方法，如留言板子系统中留言类型图片，每一条留言都有类型图片，只能从 3 个图片中选择，这就没有必要每条留言都存储留言类型图片本身，只存储图片的相对路径信息，要更好一些；相反，如果每条记录都需要自己的图片信息，而且不重复，可以选择第二种方法更好一些，如存储图书信息时，需要将每本图书的缩略图一并存储，就可以采用这种方法。

#### 2. SQL Server 2005 中关于图片的存储

如果是存储图片在网站中的相对路径信息，可以使用 varchar($n$) 数据类型。该数据类型为可变长度，非 Unicode 字符数据。$n$ 的取值范围为 1~8000。

如果是存储图片本身，有以下几种数据类型可供选择。

(1) binary：文件大小固定，最大长度可达 8000 字节。

(2) varbinary($n$)：文件大小可变，最大长度可达 8000 字节（$n$ 指明最大文件长度）。

(3) varbinary(max)：文件大小可变，不限最大长度。

(4) image：文件大小可变，最大可存储 2GB 的文件。

如果存储的图片文件大小超过 8000 字节，可选择 varbinary(max) 或 image 作为字段的数据类型，建议在 SQL Server 2005 中选择 varbinary(max) 数据类型存储文件。

### 8.1.2 执行存储过程

本书在第 5 章曾经介绍，通过 SqlConnection、SqlCommand 类执行 SQL 语句，本节将继续深入介绍通过 SqlConnection、SqlCommand 等类如何执行存储过程。

**1. 使用存储过程的优势**

1）可进行事务处理

有时为完成某一功能，需要同时对多个数据表进行更改，多个数据表操作完成后，这一功能才算真正实现。如图书借阅过程，就需要对"图书"数据表内的借出数量进行修改，同时还需要向"借阅"数据表内加入借阅记录信息，这两个操作缺一不可，缺少哪一步都会造成结果数据的不正确。为了防止这种情况的发生，可以对这两个操作加入事务管理，要么都执行，要么都不执行，从而保证结果的数据的正确性。另外，在存储过程中加入事务处理，可以简化程序代码，提高执行效率。

2）执行效率高

存储过程在创建时即在服务器上进行编译，所以执行起来比单个 SQL 语句快，且能减少网络通信的负担。

**2. 执行无参存储过程**

假设存储过程名为 procedure1，如代码 8-1 所示即可实现无参存储过程的执行，注意理解字体加粗部分代码。

**代码 8-1：**

```
//数据库连接串
string connStr="Data Source=mypc;Initial Catalog=book;User ID=sa;Password=1;";
//创建连接对象 conn
SqlConnection conn=new SqlConnection(connStr);
//打开连接
conn.Open();
try
{
    //创建命令对象 cmd
    SqlCommand cmd=new SqlCommand();
    //设置对象 cmd 所使用的连接对象
    cmd.Connection=conn;
    //设置对象 cmd 执行类型为存储过程
    cmd.CommandType=CommandType.StoredProcedure;
    //设置要执行的存储过程的名称
    cmd.CommandText="procedure1";
    //执行命令对象
    cmd.ExecuteNonQuery();
```

```
        }
    catch(Exception ex)
    {
        //显示捕捉到的异常信息
        Response.Write("<script>alert('"+ex.Message+"')</script>");
    }
    finally
    {
        if(conn.State==ConnectionState.Open)
        {
            //关闭数据库连接
            conn.Close();
        }
    }
```

### 3. 执行有参存储过程

假设存储过程名为 procedure2,该存储过程有 5 个参数,参数名分别为 par1、par2、par3、par4、par5,分别对应数据库字段类型为 varchar(10)、DateTime、Int、BigInt、Decimal。为存储过程的 5 个参数准备参数值,如代码 8-2 所示。

**代码 8-2:**

```
//以下定义 par1 至 par5 变量,作为存储过程参数值
//定义字符串变量 par1 并赋值
string par1="字符串类型数据";
//定义日期类型变量 par2,将字符串转换类型后赋值给 par2
DateTime par2=Convert.ToDateTime("2013-01-01");
//定义整型变量 par3 并赋值
int par3=1;
//定义长整型变量 par4 并赋值
long par4=1;
//定义 decimal 类型变量 par5 并赋值,m 表示 1.0 为 decimal 类型常量
decimal par5=1.0m;
```

执行带有参数的存储过程 procedure2,实现过程如代码 8-3 所示,注意理解字体加粗部分代码。

**代码 8-3:**

```
//数据库连接串
string connStr="Data Source=mypc;Initial Catalog=book;User ID=sa;Password=1;";
//创建连接对象 conn
SqlConnection conn=new SqlConnection(connStr);
//打开连接
conn.Open();
try
```

```
    {
        //创建命令对象 cmd
        SqlCommand cmd=new SqlCommand();
        //设置对象 cmd 所使用的连接对象
        cmd.Connection=conn;
        //设置对象 cmd 执行类型为存储过程
        cmd.CommandType=CommandType.StoredProcedure;
        //设置要执行的存储过程的名称
        cmd.CommandText="procedure2";
        //①设置参数 par1
        //为对象 cmd 添加 par1 参数、设置参数类型,设置此参数为输入参数
        cmd.Parameters.Add("par1",SqlDbType.VarChar,10).Direction=
        ParameterDirection.Input;
        //为 par1 参数赋值
        cmd.Parameters["par1"].Value=par1;
        //②设置参数 par2
        //为对象 cmd 添加 par2 参数、设置参数类型,设置此参数为输入参数
        cmd.Parameters.Add("par2",SqlDbType.DateTime).Direction=
        ParameterDirection.Input;
        //为 par2 参数赋值
        cmd.Parameters["par2"].Value=par2;
        //③设置参数 par3
        //为对象 cmd 添加 par3 参数、设置参数类型,设置此参数为输入参数
        cmd.Parameters.Add("par3",SqlDbType.Int).Direction=
        ParameterDirection.Input;
        //为 par3 参数赋值
        cmd.Parameters["par3"].Value=par3;
        //④设置参数 par4
        //为对象 cmd 添加 par4 参数、设置参数类型,设置此参数为输入参数
        cmd.Parameters.Add("par4",SqlDbType.BigInt).Direction=
        ParameterDirection.Input;
        //为 par4 参数赋值
        cmd.Parameters["par4"].Value=par4;
        //⑤设置参数 par5
        //为对象 cmd 添加 par5 参数、设置参数类型,设置此参数为输入参数
        cmd.Parameters.Add("par5",SqlDbType.Decimal).Direction=
        ParameterDirection.Input;
        //为 par5 参数赋值
        cmd.Parameters["par5"].Value=par5;
        //执行命令对象
        cmd.ExecuteNonQuery();
    }
catch(Exception ex)
    {
        //显示捕捉到的异常信息
        Response.Write("<script>alert('"+ex.Message+"')</script>");
```

```
    }
    finally
    {
        if(conn.State==ConnectionState.Open)
        {
            //关闭数据库连接
            conn.Close();
        }
    }
```

## 8.1.3　FileUpload 控件

FileUpload 控件显示为一个文本框控件和一个浏览按钮，用户可以选择客户端上的文件并将它上载到 Web 服务器。用户可以通过在文本框控件中输入本地计算机上文件的完整路径来指定要上载的文件，也可以通过单击"浏览"按钮，然后在"选择文件"对话框选择要上传的文件。FileUpload 控件在工具箱中的图标为 FileUpload。

### 1. FileUpload 控件常用属性及方法

FileUpload 控件常用属性及方法如表 8-1 所示。

表 8-1　FileUpload 控件常用属性及方法

| 属性名称 | 说　　明 |
| --- | --- |
| FileBytes | 从使用 FileUpload 控件指定的文件中获取一个字节数组，该数组包含指定文件的内容 |
| FileName | 获取客户端上使用 FileUpload 控件上载的文件名称 |
| FileContent | 获取 Stream 对象，它指向要使用 FileUpload 控件上载的文件 |
| HasFile | 获取一个值，该值指示 FileUpload 控件是否包含文件，如果 FileUpload 包含文件，则为 true；否则为 false |
| PostedFile | 获取使用 FileUpload 控件上载文件的基础 HttpPostedFile 对象。使用该属性还可访问上载文件的其他属性，如 ContentLength 属性来获取文件的长度，可以使用 ContentType 属性来获取文件的 MIME 内容类型 |
| 方法名称 | 说　　明 |
| SaveAs | 将上载文件的内容保存到 Web 服务器上的指定路径 |

### 2. 示例

（1）上传文件至 Web 服务器指定路径，如代码 8-4 所示。

代码 8-4：

```
//定义布尔变量 allowUpload，根据其值决定是否上传文件
bool allowUpload=false;
```

```
//定义字符串数组,存储允许上传文件的扩展名类别
string[] extensionType={ ".jpg",".bmp",".gif" };
//判断是否有文件上传
if(FileUpload1.HasFile)
{
    //判断上传文件是否超过指定字节数
    if(FileUpload1.PostedFile.ContentLength>1024000)
    {
        allowUpload=false;
        //若上传文件超过指定字节数,显示提示信息
        lblInfo.Text="上传文件超过 1M!";
        return;
    }
    //利用 Path.GetExtension 获取上传文件扩展名
    string fileExtension=System.IO.Path.GetExtension(FileUpload1.FileName)
    .ToLower();
    //判断上传文件扩展名是否符合规定类型
    foreach(string extension in extensionType)
    {
        //若扩展名符合规定类型,设置变量 allowUpload 值为 true,表示允许上传文件
        if(fileExtension==extension)
        {
            allowUpload=true;
            break;
        }
    }
    //判断是否允许上传文件
    if(allowUpload)
    {
        //设置上传文件路径,Server.MapPath("~")表示网站"根目录"
        string webPath=Server.MapPath("~/UploadFiles/");
        //以上传文件名保存上传文件至指定路径
        FileUpload1.SaveAs(webPath+FileUpload1.FileName);
        //获取上传文件的 HttpPostedFile 对象
        HttpPostedFile file=FileUpload1.PostedFile;
        //根据 file 对象获取上传文件详细信息,存储至字符串变量 fileInfo
        string fileInfo="文件上传成功!";
        //获取文件的长度
        fileInfo+="<br>文件大小为: "+file.ContentLength+"字节";
        //获取文件的 MIME 内容类型
        fileInfo+="<br>文件类型为: "+file.ContentType;
        //获取客户端文件的完整路径
        fileInfo+="<br>文件路径为: "+file.FileName;
```

```
        //显示提示信息
        lblInfo.Text=fileInfo;
    }
    else
    {
        //若不允许上传文件,显示提示信息
        lblInfo.Text="文件类型不对,请上传文件后缀为.jpg、.bmp或.gif等类型的图片
        文件";
    }
}
else
{
    //若没有上传文件,显示提示信息
    lblInfo.Text="文件不存在,请指定路径!";
}
```

**注意**:默认情况下,上传文件的大小限制是 4096KB,即 4MB。可以通过设置 httpRuntime 元素的 maxRequestLength 属性来上传更大的文件。

（2）上传文件至数据表 testFiles 的 picture 字段,testFiles 数据表结构如表 8-2 所示,实现过程如代码 8-5 所示。

表 8-2  testFiles 表

| 字 段 | 字 段 类 型 | 是 否 为 空 | 主键或外键 | 字 段 说 明 |
|---|---|---|---|---|
| ID | varchar(10) | Not Null | PK | 存储文件的编号 |
| picture | varbinary(MAX) | Not Null | | 存储文件 |

**代码 8-5**:

```
//设置上传文件编号
string ID="01";
//获取上传文件字节数
byte[] pic=FileUpload1.FileBytes;
//数据库连接串
string connStr="Data Source=mypc;Initial Catalog=book;User ID=sa;Password=1;";
//创建连接对象 conn
SqlConnection conn=new SqlConnection(connStr);
//打开连接
conn.Open();
try
{
    //设置添加文件 SQL 语句,@picture 参数表示上传文件
    string sql="INSERT INTO testFiles(ID,picture)";
    sql+="VALUES('"+ID+"',@picture)";
```

```
    //创建命令对象 cmd
    SqlCommand cmd=new SqlCommand(sql,conn);
    //为命令对象添加参数对象,可通过以下①②③步骤实现
    //①创建参数对象 pPic,参数名为@picture,类型为 SqlDbType.Binary
    SqlParameter pPic=new SqlParameter("@picture",SqlDbType.Binary);
    //②判断字节数组 pic 是否有数据,为参数对象 pPic 赋值
    if(pic.Length==0)
    {
        //若 pic 没有数据,则设置参数对象 pPic 值为 DBNull.Value
        pPic.Value=DBNull.Value;
    }
    else
    {
        //若 pic 有数据,则设置参数对象 pPic 值为 pic
        pPic.Value=pic;
    }
    //③将参数对象 pPic 添加至命令对象 cmd
    cmd.Parameters.Add(pPic);
    //执行命令并返回影响的行数
    int result=cmd.ExecuteNonQuery();
    if(result>0)
    {
        Response.Write("<script>alert('文件保存成功!')</script>");
    }
    else
    {
        Response.Write("<script>alert('文件保存失败!')</script>");
    }
}
catch(Exception ex)
{
    //显示捕捉到的异常信息
    Response.Write("<script>alert('"+ex.Message+"')</script>");
}
finally
{
    if(conn.State==ConnectionState.Open)
    {
        //关闭数据库连接
        conn.Close();
    }
}
```

## 8.1.4 DataList 控件

DataList 控件又称数据列表控件,工具箱中的图标为 ▤ DataList。

DataList 控件是一个相对复杂一点的数据绑定控件,它需要使用者自己定义数据的展现格式,也就是需要在 HTML 层控制数据的展示格式。

### 1. DataList 控件常用属性

DataList 控件常用属性如表 8-3 所示。

表 8-3　DataList 控件常用属性

| 名　称 | 说　明 | | |
|---|---|---|---|
| DataSource | 设定控件所要使用的数据源 | | |
| RepeatColumns | 获取或设置要在 DataList 控件中显示的列数 | | |
| RepeatDirection | 获取或设置 DataList 控件是垂直显示还是水平显示,默认值为 Vertical<br>控件属性值为 RepeatDirection 类型枚举值,具体如下: | | |
| | **值** | **说　明** | |
| | Horizontal | 列表项以行的形式水平显示,从左到右、自上而下地加载,直到呈现出所有的项 | |
| | Vertical | 列表项以列的形式垂直显示,自上而下、从左到右地加载,直到呈现出所有的项 | |
| RepeatLayout | 获取或设置控件是在表中显示还是在流布局中显示,默认值为 Table<br>控件属性值为 RepeatLayout 类型枚举值,具体如下: | | |
| | **值** | **说　明** | |
| | Table | 在表中显示项 | |
| | Flow | 不以表结构显示项 | |
| GridLines | 当 RepeatLayout 属性设置为 RepeatLayout.Table 时,获取或设置 DataList 控件的网格线样式,默认值为 None 控件属性值为 GridLines 类型枚举值,具体如下: | | |
| | **值** | **说　明** | |
| | None | 无网格线 | |
| | Horizontal | 显示水平网格线 | |
| | Vertical | 显示垂直网格线 | |
| | Both | 同时显示水平和垂直网格线 | |

### 2. DataList 控件模板

DataList 控件允许用户定义 7 种模板,模板具体功能如表 8-4 所示。

表 8-4　DataList 控件模板

| 名　　称 | 说　　明 |
| --- | --- |
| HeaderTemplate | DataList 控件的标题部分的模板 |
| ItemTemplate | DataList 控件中项的模板 |
| AlternatingItemTemplate | DataList 中交替项的模板 |
| EditItemTemplate | DataList 控件中为进行编辑而选定的项的模板 |
| SelectedItemTemplate | DataList 控件中选定项的模板 |
| SeparatorTemplate | DataList 控件中各项间分隔符的模板 |
| FooterTemplate | DataList 控件的脚注部分的模板 |

# 8.2　任务实施

## 8.2.1　任务 1:实现图书信息的添加

### 【任务描述】

创建"添加图书"页,实现向 book 表中添加图书信息,添加成功后显示"添加"成功对话框,效果如图 8-1 所示。

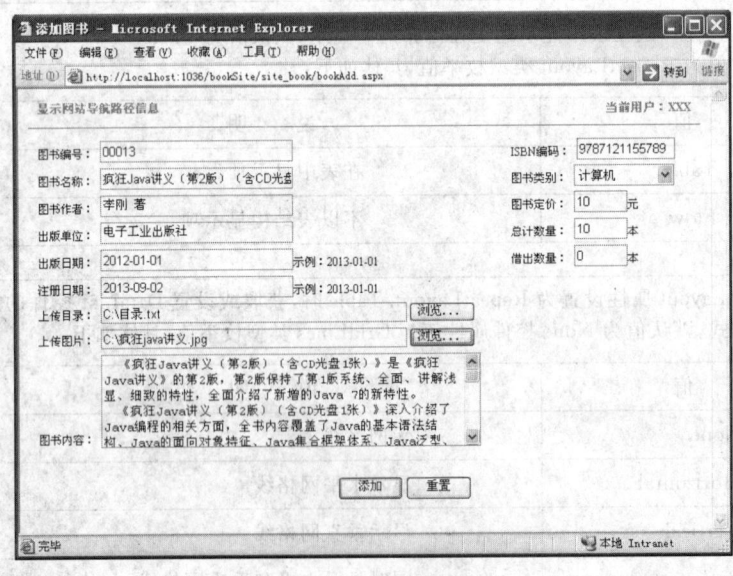

图 8-1　添加图书页

**【任务实现】**

**1. 创建数据表 book**

在名为 book 的数据库内创建数据表 book,字段及类型设置如表 8-5 所示。

表 8-5 book 数据表

| 字 段 | 字 段 类 型 | 是 否 为 空 | 主键或外键 | 字 段 说 明 |
|---|---|---|---|---|
| bookID | varchar(10) | Not Null | PK | 图书编号 |
| bookName | varchar(200) | Not | | 图书名称 |
| isbn | varchar(20) | Not | | ISBN 编码 |
| typeID | varchar(4) | Not | | 图书类别 |
| author | varchar(20) | Not | | 图书作者 |
| publish | varchar(50) | Not | | 出版单位 |
| price | decimal(18,2) | Not | | 图书定价 |
| total | int | Not | | 总计数量 |
| lendNum | int | Not | | 借出数量 |
| pubDate | datetime | Not | | 出版日期 |
| regDate | datetime | Not | | 注册日期 |
| summary | text | | | 图书内容 |
| directory | varbinary(MAX) | | | 图书目录 |
| picture | varbinary(MAX) | | | 图书图片 |

**2. 创建"添加图书"页及实现页面设计**

1) 创建"添加图书"页样式表

在 res_ styleSheet 文件夹中添加一个名为 multiStyle. css 的样式表文件。在 multiStyle. css 文件内添加如代码 8-6 所示内容。

代码 8-6:

```
#part1
{
    float:left;              /*设置元素浮动方向:向左*/
    margin:0px;              /*设置上、右、下、左外边距均为0px*/
    padding:10px 10px;       /*设置上、下内边距:10px,左、右内边距:10px*/
    width:485px;             /*设置元素的宽度:480px*/
    height:340px;            /*设置元素的高度:340px*/
}
#part1 ul
{
    margin:0px;
    padding:0px;             /*设置上、右、下、左内边距均为0px*/
}
```

```
#part1 li
{
    margin:0px;
    padding:2px 0px;
    list-style-type:none;        /*设置列表项：none,无标记*/
}
#part2
{
    float:left;
    margin:0px;
    padding:10px 10px;
    width:290px;
    height:340px;
}
#part2 ul
{
    margin:0px;
    padding:0px;
}
#part2 li
{
    margin:0px;
    padding:2px 0px;
    list-style-type:none;
}
#footer
{
    clear:both;                  /*"both"在元素左右两侧均不允许浮动元素*/
    margin:0px;
    padding:0px;
    width:801px;
    height:30px;
    text-align:center;           /*设置元素文本的水平对齐方式：居中*/
}
```

2）实现"添加图书"页页面设计

在 C:\bookSite\site_book 文件夹下创建名为 bookAdd. aspx 的网页。在 bookAdd. aspx 文件内添加如代码 8-7 所示内容。

**代码 8-7：**

```
<%--页眉用户控件注册--%>
<%@Register Src="~/res_userControl/headerControl.ascx" TagName="headerControl"
TagPrefix="uc1" %>
<html xmlns="http://www.w3.org/1999/xhtml">
```

```
<head runat="server">
    <title>添加图书</title>
    <!--引用样式表-->
    <link rel="stylesheet" type="text/css" href="../res_styleSheet/public.
    css" />
    <link rel="stylesheet" type="text/css" href="../res_styleSheet/
    multiStyle.css" />
</head>
<body class="bodyClass">
    <form id="form1" runat="server">
    <div class="container">
        <!--应用页眉用户控件-->
        <uc1:headerControl ID="headerControl1" runat="server" />
        <div id="part1">
            <ul>
                <li>图书编号：
                    <asp:TextBox ID="txtBookID" runat="server" Width="200px">
                    </asp:TextBox>
                    <asp:RequiredFieldValidator ID="valrBookID" runat=
                    "server" ErrorMessage=" 图书编号不能为空！" ControlToValidate=
                    "txtBookID"></asp:RequiredFieldValidator>
                </li>
                <li>图书名称：
                    <asp:TextBox ID="txtBookName" runat="server" Width="200px">
                    </asp:TextBox>
                    <asp:RequiredFieldValidator ID="valrBookName" runat=
                    "server" ErrorMessage=" 图书名称不能为空！" ControlToValidate=
                    "txtBookName"></asp:RequiredFieldValidator>
                </li>
                <li>图书作者：
                    <asp:TextBox ID="txtAuthor" runat="server" Width="200px">
                    </asp:TextBox>
                    <asp:RequiredFieldValidator ID="valrAuthor" runat=
                    "server" ErrorMessage=" 图书作者不能为空！" ControlToValidate=
                    "txtAuthor"></asp:RequiredFieldValidator>
                </li>
                <li>出版单位：
                    <asp:TextBox ID="txtPublish" runat="server" Width="200px">
                    </asp:TextBox>
                    <asp:RequiredFieldValidator ID="valrPublish" runat=
                    "server" ErrorMessage=" 出版单位不能为空！" ControlToValidate=
                    "txtPublish"></asp:RequiredFieldValidator>
                </li>
                <li>出版日期：
```

```
            <asp:TextBox ID="txtPubDate" runat="server" Width="200px">
            </asp:TextBox>示例：2013-01-01
            <asp:RequiredFieldValidator ID="valrPubDate" runat=
            "server" ErrorMessage="日期不能为空！" ControlToValidate=
            "txtPubDate"></asp:RequiredFieldValidator>
        </li>
        <li>注册日期：
            <asp:TextBox ID="txtRegDate" runat="server" Width="200px">
            </asp:TextBox>示例：2013-01-01
            <asp:RequiredFieldValidator ID="valrRegDate" runat=
            "server" ErrorMessage="日期不能为空！" ControlToValidate=
            "txtRegDate"></asp:RequiredFieldValidator>
        </li>
        <li>上传目录：
            <asp:FileUpload ID="FileUploadDir" runat="server" Width=
            "400px" />
        </li>
        <li>上传图片：
            <asp:FileUpload ID="FileUploadPic" runat="server" Width=
            "400px" />
        </li>
        <li>图书内容：
            <asp:TextBox ID="txtSummary" runat="server" Height="90px"
            TextMode="MultiLine" Width="400px"></asp:TextBox>
        </li>
    </ul>
</div>
<div id="part2">
    <ul>
        <li>ISBN 编码：
            <asp:TextBox ID="txtISBN" runat="server" Width="97px">
            </asp:TextBox>
            <asp:RequiredFieldValidator ID="valrISBN" runat="server"
            ErrorMessage="ISBN 码不能为空！" ControlToValidate=
            "txtISBN"></asp:RequiredFieldValidator>
        </li>
        <li>图书类别：
            <asp:DropDownList ID="ddlType" runat="server" Width=
            "105px"></asp:DropDownList>
        </li>
        <li>图书定价：
            <asp:TextBox ID="txtPrice" runat="server" Width="50px">
            </asp:TextBox>元
            <asp:RequiredFieldValidator ID="valrPrice" runat="server"
```

```
        ErrorMessage="图书价格不能为空!" ControlToValidate=
        "txtPrice"></asp:RequiredFieldValidator>
    </li>
    <li>总计数量:
        <asp:TextBox ID="txtTotal" runat="server" Width="50px">
        </asp:TextBox>本
        <asp:RequiredFieldValidator ID="valrTotal" runat="server"
        ErrorMessage="总计数量不能为空!" ControlToValidate=
        "txtTotal"></asp:RequiredFieldValidator>
    </li>
    <li>借出数量:
        <asp:TextBox ID="txtLendNum" runat="server" Width="50px">
        </asp:TextBox>本
        <asp:RequiredFieldValidator ID="valrLendNum" runat=
        "server" ErrorMessage="借出数量不能为空!" ControlToValidate=
        "txtLendNum"></asp:RequiredFieldValidator>
    </li>
    <li><br /></li>
    </ul>
    </div>
    <div id="footer">
        <asp:Button ID="btnSubmit" runat="server" Text="添加" Width=
        "70px" onclick="btnSubmit_Click" />
        <asp:Button ID="btnReset" runat="server" Text="重置" Width=
        "70px" onclick="btnReset_Click" />
    </div>
    </div>
    </form>
</body>
</html>
```

### 3. 实现"添加图书"页功能

1) 实现图书编号重名检测

为了便于代码重用,将检测图书编号重名的代码创建为类静态方法。

打开 C:\bookSite\App_Code 文件夹下名为 OperateClass 的类文件,在 OperateClass 类内添加名为 CheckBookID 静态方法,用于检测图书编号重名,CheckBookID 方法的实现如代码 8-8 所示。

**代码 8-8:**

```
///<summary>
///判断指定的图书编号是否存在
///</summary>
///<param name="bookID">图书编号</param>
```

```
///<returns>若图书编号存在返回 True,否则返回 False</returns>
public static bool CheckBookID(string bookID)
{
    bool flag=false;
    //根据 bookID 值,设置查询图书信息的 SQL 语句
    string sql="SELECT bookID,bookName FROM book";
    sql+="WHERE bookID='"+bookID+"'ORDER BY bookID";
    //调用 DBClass 类 ExecuteQuery 方法执行查询 SQL 语句
    DataTable dt=DBClass.ExecuteQuery(sql);
    //获取 dt 对象行总数
    if(dt.Rows.Count>0)
    {
        flag=true;
    }
    return flag;
}
```

2）实现添加图书

在 bookAdd.aspx.cs 文件内添加如代码 8-9 所示内容。

**代码 8-9:**

```
protected void Page_Load(object sender,EventArgs e)
{
    if(!IsPostBack)
    {
        //设置图书类别查询 SQL 语句
        string sql="SELECT typeID,typeName";
        sql+=" FROM bookType ORDER BY typeID";
        //调用 OperateClass 类 SetDDL 方法,为下拉列表加载数据
        bool flag=OperateClass.SetDDL(sql,ddlType);
        if(!flag)
        {
            Response.Write("<script>alert('图书类别加载有误!')</script>");
            return;
        }
        //调用 SetInit 方法,设置控件初始值
        SetInit();
    }
}
//btnSubmit_Click 事件: 提交新书信息
protected void btnSubmit_Click(object sender,EventArgs e)
{
    //获取图书编号
    string bookID=txtBookID.Text.Trim();
    //调用 OperateClass 类 CheckBookID 方法,判断图书编号是否存在
```

```
bool flag=OperateClass.CheckBookID(bookID);
if(flag)
{
    Response.Write("<script>alert('图书编号已经被占用!')</script>");
    return;
}
//获取图书名称
string bookName=txtBookName.Text.Trim();
//获取图书作者
string author=txtAuthor.Text.Trim();
//获取出版单位
string publish=txtPublish.Text.Trim();
//获取出版日期
string pubDate=txtPubDate.Text.Trim();
//获取注册日期
string regDate=txtRegDate.Text.Trim();
try
{
    DateTime dtPubDate=Convert.ToDateTime(pubDate);
    DateTime dtRegDate=Convert.ToDateTime(regDate);
    //设置"注册日期"应在"出版日期"之后
    if(DateTime.Compare(dtRegDate,dtPubDate)<0)
    {
        Response.Write("<script>alert('注册日期应大于出版日期!')</script>");
        return;
    }
}
catch(Exception ex)
{
    //显示捕捉到的异常信息
    Response.Write("<script>alert('"+ex.Message+"')</script>");
    return;
}
//获取图书目录
byte[] directory=FileUploadDir.FileBytes;
//获取图书图片
byte[] picture=FileUploadPic.FileBytes;
//获取图书内容
string summary=txtSummary.Text.Trim();
//获取图书 ISBN 编码
string isbn=txtISBN.Text.Trim();
//获取图书类别
string typeID=ddlType.SelectedItem.Value.ToString();
decimal price=0;
```

```
int total=10;
int lendNum=0;
try
{
    //获取图书定价,总计数量,借出数量,并转换为数值型
    price=Convert.ToDecimal(txtPrice.Text.Trim());
    total=Convert.ToInt32(txtTotal.Text.Trim());
    lendNum=Convert.ToInt32(txtLendNum.Text.Trim());
}
catch(Exception ex)
{
    //显示捕捉到的异常信息
    Response.Write("<script>alert('"+ex.Message+"')</script>");
    return;
}
//设置添加图书信息 SQL 语句
//设置上传目录参数
string parDir="@directory";
//设置上传图片参数
string parPic="@picture";
string sql="INSERT INTO book";
sql+="(bookID,bookName,isbn,author,publish,typeID,price,";
sql+="total,lendNum,pubDate,regDate,summary,directory,picture)";
sql+=" VALUES('"+bookID+"','"+bookName+"',";
sql+="'"+isbn+"','"+author+"','"+publish+"',";
sql+="'"+typeID+"',"+price+","+total+" ,";
sql+=lendNum+",'"+pubDate+"','"+regDate+"',";
sql+="'"+summary+"',"+parDir+","+parPic+")";
try
{
    //调用 DBClass 类 ExecuteNonQuery 方法执行添加 SQL 语句(命令参数)
    int result=DBClass.ExecuteNonQuery(sql,parDir,parPic,directory,picture);
    if(result>0)
    {
        Response.Write("<script>alert('添加成功!')</script>");
    }
    else
    {
        Response.Write("<script>alert('添加失败!')</script>");
    }
}
catch(Exception ex)
{
    //显示捕捉到的异常信息
```

```
        Response.Write("<script>alert('"+ex.Message+"')</script>");
    }
}
//btnReset_Click 事件:设置控件初始值
protected void btnReset_Click(object sender,EventArgs e)
{
    //调用 SetInit 方法,设置控件初始值
    SetInit();
}
//SetInit 方法:设置控件初始值
private void SetInit()
{
    txtBookID.Text="";
    txtBookName.Text="";
    txtAuthor.Text="";
    txtPublish.Text="";
    txtPubDate.Text="";
    //获取当前系统日期,并按指定格式显示
    txtRegDate.Text=string.Format("{0:yyyy-MM-dd}",DateTime.Now);
    txtSummary.Text="";
    txtISBN.Text="";
    ddlType.SelectedIndex=0;
    txtPrice.Text="";
    txtTotal.Text="10";
    txtLendNum.Text="0";
}
```

## 8.2.2　任务 2:实现图书信息的管理

### 【任务描述】

创建"管理图书"页,实现分页查看图书信息。单击"修改"链接时,网页重定向至"修改图书"页,实现对指定图书信息的修改,单击"删除"链接时,实现对指定图书信息的删除,另外,还可以通过选择下拉列表的选项,实现对指定图书信息的查找并显示,效果如图 8-2 所示。

查询条件说明:

当查询条件为图书编号时,根据 TextBox 文本框内输入内容精确查询。

当查询条件为图书 ISBN 时,根据 TextBox 文本框内输入内容精确查询。

当查询条件为图书名称时,根据 TextBox 文本框内输入内容模糊查询。

当查询条件为图书作者时,根据 TextBox 文本框内输入内容模糊查询。

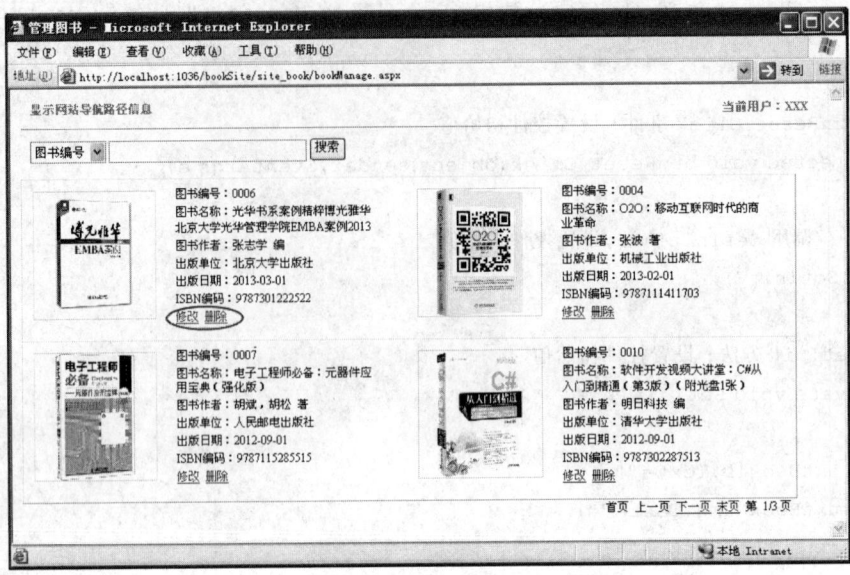

图 8-2  "管理图书"页

## 【任务实现】

### 1. 创建"管理图书"页及实现页面设计

1）创建"管理图书"页样式表

在 res_styleSheet 文件夹中添加一个名为 searchMStyle.css 的样式表文件。在 searchMStyle.css 文件内添加如代码 8-10 所示内容。

**代码 8-10:**

```
#search
{
    margin: 0px;                    /*设置上、右、下、左外边距均为 0px*/
    padding: 10px 10px 0px 10px;    /*设置上内边距:10px,右内边距:10px,下内边距:
                                      0px,左内边距:10px*/
    width: 809px;                   /*设置元素的宽度:809px*/
    height: 30px;                   /*设置元素的高度:30px*/
}
#tabData
{
    margin: 0px;
    padding: 10px;                  /*设置上、右、下、左内边距均为 10px*/
    width: 789px;
    height: auto;                   /*设置高度自动调节 auto*/
}
#data
```

```
{
    margin: 0;
    padding: 0;
    width: 390px;
    height: 160px;
}
#dataL
{
    float: left;                    /*设置元素浮动方向: 向左*/
    margin: 0px;
    padding: 10px;
    width: 130px;
    height: 130px;
}
#dataR
{
    float: left;
    margin: 0px;
    padding: 5px 10px;              /*设置上、下内边距: 5px,左、右内边距: 10px*/
    width: 210px;
    height: 130px;
}
#dataR ul
{
    margin: 0px;
    padding: 0px;
}
#dataR li
{
    margin: 0px;
    padding: 1px 0px;
    list-style-type: none;          /*设置列表项: none,无标记*/
}
#footer
{
    clear: both;                    /*"both"在元素左右两侧均不允许浮动元素*/
    margin: 0px;
    padding: 0px 10px;
    width: 789px;
    height: 20px;
    text-align: right;              /*设置元素文本的水平对齐方式: 居右*/
}
```

2）实现"管理图书"页页面设计

在 C：\ bookSite \ site_book 文件夹下创建名为 bookManage. aspx 的网页。在 bookManage. aspx 文件内添加如代码 8-11 所示内容。

**代码 8-11：**

```
<%--页眉用户控件注册--%>
<%@Register Src="~/res_userControl/headerControl.ascx" TagName="headerControl"
TagPrefix="uc1" %>
<%--分页用户控件注册--%>
<%@Register Src="~/res_userControl/dataListPageControl.ascx" TagName=
"pageControl" TagPrefix="uc2" %>
<html xmlns="http://www.w3.org/1999/xhtml">
<head runat="server">
    <title>管理图书</title>
    <!--引用样式表-->
    <link rel="stylesheet" type="text/css" href="../res_styleSheet/public.
    css"/>
    <link rel="stylesheet" type="text/css" href="../res_styleSheet/
    searchMStyle.css"/>
</head>
<body class="bodyClass">
    <form id="form1" runat="server">
    <div class="container">
        <!--应用页眉用户控件-->
        <uc1:headerControl ID="headerControl1" runat="server" />
        <div id="search">
            <asp:DropDownList ID="ddlSearchKey" runat="server" Width="80px">
            </asp:DropDownList>
            <asp:TextBox ID="txtSearch" runat="server" Width="200px"></asp:
            TextBox>
            <asp:Button ID="btnSearch" runat="server" Text="搜索"/>
        </div>
        <div id="tabData">
        <asp:datalist ID="datalist1" runat="server" RepeatColumns="2"
        GridLines="Horizontal" RepeatDirection="Horizontal">
            <ItemTemplate>
                <div id="data">
                    <div id="dataL">
                        <img alt="无显示图片" src="showPic.aspx?bookID=
                        <%#Eval("bookID") %>" width="130px" height="130px"/>
                    </div>
                    <div id="dataR">
                        <ul>
                            <li>图书编号:<asp:Label ID="lblBookID" runat=
```

```
"server" Text='<%#Eval("bookID") %>'></asp:
Label></li>
<li>图书名称:<asp:Label ID="lblBookName" runat=
"server" Text='<%#Eval("bookName")%>'></asp:
Label></li>
<li>图书作者:<asp:Label ID="lblAuthor" runat=
"server" Text='<%#Eval("author") %>'></asp:
Label></li>
<li>出版单位:<asp:Label ID="lblPublish" runat=
"server" Text='<%#Eval("publish") %>'></asp:
Label></li>
<li>出版日期:<asp:Label ID="lblPubDate" runat=
"server" Text='<%#Eval("pubDate") %>'></asp:
Label></li>
<li>ISBN 编码:<asp:Label ID="lblISBN" runat=
"server" Text='<%#Eval("isbn") %>'></asp:
Label></li>
<li>
    <a href="bookEdit.aspx?bookID=<%#Eval
    ("bookID") %>">修改</a>
    <a href="bookDel.aspx?bookID=<%#Eval
    ("bookID") %>">删除</a>
</li>
                </ul>
            </div>
        </div>
    </ItemTemplate>
</asp:datalist>
    </div>
    <div id="footer">
        <!--应用分页用户控件-->
        <uc2:pageControl ID="pageControl" runat="server"/>
    </div>
    </div>
    </form>
</body>
</html>
```

说明：该网页中使用了分页用户控件 dataListPageControl. ascx,该用户控件的实现过程可参见 6.2.4 节任务 4,将其中的 Repeater 控件,替换为 DataList 控件即可。

**2. 实现"管理图书"页功能**

在 bookManage. aspx. cs 文件内添加如代码 8-12 所示内容。

代码 8-12:

```
protected void Page_Load(object sender,EventArgs e)
{
    if(!IsPostBack)
    {
        //调用 SetDDL 方法,加载下拉列表项
        SetDDL();
    }
    //设置每页显示记录数
    pageControl.IPageSize=4;
    //设置数据源
    pageControl.DT=GetData();
    //设置显示数据控件
    pageControl.IDataList=datalist1;
}
//SetDDL 方法:设置"查询类别"下拉列表框各数据项及显示项
private void SetDDL()
{
    ddlSearchKey.Items.Add("图书编号");
    ddlSearchKey.Items.Add("图书 ISBN");
    ddlSearchKey.Items.Add("图书名称");
    ddlSearchKey.Items.Add("图书作者");
    ddlSearchKey.SelectedIndex=0;
}
//GetData 方法:按照查询条件设置,将查询结果以 DataTable 对象类型返回
private DataTable GetData()
{
    DataTable dt=null;
    //设置查询 SQL 语句
    string sql="SELECT book.bookID,bookName,isbn,author,publish,";
    sql+="book.typeID,convert(varchar(10),pubDate,120) as pubDate";
    sql+="FROM book,bookType";
    sql+="WHERE book.typeID=bookType.typeID";
    //设置查询 SQL 语句 WHERE 条件
    if(txtSearch.Text.Trim().Length !=0)
    {
        switch(ddlSearchKey.SelectedIndex)
        {
            //设置查询条件,若选择"图书编号"按照文本框内容精确查询
            case 0: sql+="AND bookID='"+txtSearch.Text+"'";break;
            //设置查询条件,若选择"图书 ISBN"按照文本框内容精确查询
            case 1: sql+="AND isbn='"+txtSearch.Text+"'";break;
            //设置查询条件,若选择"图书名称"按照文本框内容模糊查询
            case 2: sql+="AND bookName LIKE'%"+txtSearch.Text+"%'";break;
            //设置查询条件,若选择"图书作者"按照文本框内容模糊查询
```

```
        case 3: sql+="AND author LIKE'%"+txtSearch.Text+"%'";break;
    }
}
//降序排列
sql+="ORDER BY pubDate DESC";
try
{
    //调用 DBClass 类 ExecuteQuery 方法执行查询 SQL 语句
    dt=DBClass.ExecuteQuery(sql);
}
catch(Exception ex)
{
    //显示捕捉到的异常信息
    Response.Write("<script>alert('"+ex.Message+"')</script>");
    return dt;
}
return dt;
}
```

## 8.2.3　任务 3：实现图书信息的修改

### 【任务描述】

创建"修改图书"页，如图 8-2 管理图书页所示，单击某条图书记录的"修改"链接时，网页重定向至"修改图书"页，并呈现修改图书的相关信息，修改成功后显示"修改"成功对话框，效果如图 8-3 所示。

图 8-3　"修改图书"页

**【任务实现】**

**1. 创建"修改图书"页及实现页面设计**

在 C:\bookSite\site_book 文件夹下创建名为 bookEdit.aspx 的网页,在 bookEdit.aspx 文件内添加如代码 8-13 所示内容,注意理解字体加粗部分代码。

**代码 8-13:**

```
<%--页眉用户控件注册--%>
<%@Register Src="~/res_userControl/headerControl.ascx" TagName="headerControl"
TagPrefix="uc1" %>
<html xmlns="http://www.w3.org/1999/xhtml">
<head runat="server">
    <title>修改图书</title>
    <!--引用样式表-->
    <link rel="stylesheet" type="text/css" href="../res_styleSheet/public.
    css" />
    < link rel =" stylesheet"  type =" text/css"  href ="../res _ styleSheet/
    multiStyle.css" />
</head>
<body class="bodyClass">
    < form id="form1" runat="server">
    <div class="container">
        <!--应用页眉用户控件-->
        <uc1:headerControl ID="headerControl1" runat="server" />
        <div id="part1">
            <ul>
                <li>图书编号:
                <asp:TextBox ID="txtBookID" runat="server" Width="200px">
                </asp:TextBox>
                <asp:RequiredFieldValidator ID="valrBookID" runat="server"
                ErrorMessage="图书编号不能为空!" ControlToValidate=
                "txtBookID"></asp:RequiredFieldValidator>
                </li>
                <li>图书名称:
                <asp:TextBox ID="txtBookName" runat="server" Width="200px">
                </asp:TextBox>
                <asp:RequiredFieldValidator ID="valrBookName" runat="server"
                ErrorMessage="图书名称不能为空!" ControlToValidate=
                "txtBookName"></asp:RequiredFieldValidator>
                </li>
                <li>图书作者:
                <asp:TextBox ID="txtAuthor" runat="server" Width="200px">
                </asp:TextBox>
```

```
        <asp:RequiredFieldValidator ID="valrAuthor" runat="server"
        ErrorMessage="图书作者不能为空!" ControlToValidate=
        "txtAuthor"></asp:RequiredFieldValidator>
    </li>
    <li>出版单位:
        <asp:TextBox ID="txtPublish" runat="server" Width="200px">
        </asp:TextBox>
        <asp:RequiredFieldValidator ID="valrPublish" runat="server"
        ErrorMessage="出版单位不能为空!" ControlToValidate=
        "txtPublish"></asp:RequiredFieldValidator>
    </li>
    <li>出版日期:
        <asp:TextBox ID="txtPubDate" runat="server" Width="200px">
        </asp:TextBox>示例: 2013-01-01
        <asp:RequiredFieldValidator ID="valrPubDate" runat="server"
        ErrorMessage="日期不能为空!" ControlToValidate=
        "txtPubDate"></asp:RequiredFieldValidator>
    </li>
    <li>注册日期:
        <asp:TextBox ID="txtRegDate" runat="server" Width="200px">
        </asp:TextBox>示例: 2013-01-01
        <asp:RequiredFieldValidator ID="valrRegDate" runat="server"
        ErrorMessage="日期不能为空!" ControlToValidate=
        "txtRegDate"></asp:RequiredFieldValidator>
    </li>
    <li>上传目录:
        <asp:FileUpload ID="FileUploadDir" runat="server" Width=
        "400px" />
    </li>
    <li>上传图片:
        <asp:FileUpload ID="FileUploadPic" runat="server" Width=
        "400px" />
    </li>
    <li>图书内容:
        <asp:TextBox ID="txtSummary" runat="server" Height="90px"
        TextMode="MultiLine" Width="400px"></asp:TextBox>
    </li>
    </ul>
</div>
<div id="part2">
    <ul>
        <li>ISBN 编码:
            <asp:TextBox ID="txtISBN" runat="server" Width="97px">
            </asp:TextBox>
```

```
                <asp:RequiredFieldValidator ID="valrISBN" runat="server"
                ErrorMessage="ISBN 码不能为空！" ControlToValidate=
                "txtISBN"></asp:RequiredFieldValidator>
            </li>
            <li>图书类别：
                <asp:DropDownList ID="ddlType" runat="server" Width="105px">
                </asp:DropDownList>
            </li>
            <li>图书定价：
                <asp:TextBox ID="txtPrice" runat="server" Width="50px">
                </asp:TextBox>元
                <asp:RequiredFieldValidator ID="valrPrice" runat="server"
                ErrorMessage="图书价格不能为空！" ControlToValidate=
                "txtPrice"></asp:RequiredFieldValidator>
            </li>
            <li>总计数量：
                <asp:TextBox ID="txtTotal" runat="server" Width="50px">
                </asp:TextBox>本
                <asp:RequiredFieldValidator ID="valrTotal" runat="server"
                ErrorMessage="总计数量不能为空！" ControlToValidate=
                "txtTotal"></asp:RequiredFieldValidator>
            </li>
            <li>借出数量：
                <asp:TextBox ID="txtLendNum" runat="server" Width="50px">
                </asp:TextBox>本
                <asp:RequiredFieldValidator ID="valrLendNum" runat="server"
                ErrorMessage="借出数量不能为空！" ControlToValidate=
                "txtLendNum"></asp:RequiredFieldValidator>
            </li>
            <li><br /></li>
            <li>
                <asp:Image ID="imgBook" runat="server" width="160px"
                height="160px"/>
                <asp:HyperLink ID="hyperDir" runat="server">目录下载
                </asp:HyperLink>
            </li>
        </ul>
    </div>
    <div id="footer">
        <asp:Button ID="btnSubmit" runat="server" Text="修改" Width=
        "70px" onclick="btnSubmit_Click" />
        <asp:Button ID="btnReset" runat="server" Text="重置" Width=
        "70px" onclick="btnReset_Click" />
    </div>
```

```
        </div>
        </form>
</body>
</html>
```

**2. 实现"修改图书"页功能**

1）实现"修改图书"页图片显示

在 C:\bookSite\site_book 文件夹下创建名为 showPic. aspx 的网页,该网页用于实现对 book 数据表中 picture 字段内存储的图片进行显示,该网页无须网页界面代码,在 showPic. aspx. cs 文件内添加如代码 8-14 所示内容。

**代码 8-14:**

```
protected void Page_Load(object sender,EventArgs e)
{
    //定义变量 bookID,用于接收网页传递参数 bookID 的值
    string bookID=Request.QueryString["bookID"];
    //根据 bookID 值,设置查询图书图片信息 SQL 语句
    string sql="SELECT picture FROM book WHERE bookID='"+bookID+"'";
    try
    {
        //调用 DBClass 类 ExecuteQuery 方法执行查询 SQL 语句
        DataTable dt=DBClass.ExecuteQuery(sql);
        //创建数据表行对象 dr
        DataRow dr=dt.Rows[0];
        //判断行对象 dr 是否为空
        if(dr.IsNull("picture"))
        {
        //若行对象 dr 为空,输出提示信息
        Response.Write("<script language=javascript>alert('图片不存在!')
        </script>");
        }
        else
        {
            //若行对象 dr 不为空
            //获取 bookID 对应的图片数据,并以字节数组形式存放于字节数组 pic
            byte[] pic=(byte[])dt.Rows[0]["picture"];
            //启用二进制输出流,并向当前流中写入字节序列 pic
            Response.OutputStream.Write(pic,0,pic.Length);
            //关闭输出流
            Response.End();
        }
    }
    catch(Exception ex)
```

```
    {
        //显示捕捉到的异常信息
        Response.Write("<script>alert('"+ex.Message+"')</script>");
    }
}
```

2）实现"修改图书"页目录下载

在 C：\bookSite\site_book 文件夹下创建名为 dirDown.aspx 的网页，该网页用于实现对 book 数据表中 directory 字段内存储的目录文件进行下载，该网页无须网页界面代码，在 dirDown.aspx.cs 文件内添加如代码 8-15 所示内容。

代码 8-15：

```
protected void Page_Load(object sender,EventArgs e)
{
    //定义变量 bookID,用于接收网页传递参数 bookID 的值
    string bookID=Request.QueryString["bookID"];
    //根据 bookID 值,设置查询图书目录信息 SQL 语句
    string sql="SELECT directory FROM book WHERE bookID='"+bookID+"'";
    try
    {
        //调用 DBClass 类 ExecuteQuery 方法执行查询 SQL 语句
        DataTable dt=DBClass.ExecuteQuery(sql);
        //创建数据表行对象 dr
        DataRow dr=dt.Rows[0];
        //判断行对象 dr 是否为空
        if(dr.IsNull("directory"))
        {
            //若行对象 dr 为空,输出提示信息,并返回前一页面
            Response.Write("<script language=javascript>alert('目录不存在!');
            history.go(-1);</script>");
        }
        else
        {
            //若行对象 dr 不为空
            //获取 bookID 对应的目录数据,并以字节数组形式存放于字节数组 dir
            byte[] dir=(byte[])dt.Rows[0]["directory"];
            //设置下载文件名称
            string filename="目录.txt";
            //添加响应头
            Response.AddHeader("Content-Disposition","attachment;filename="
            +Server.UrlEncode(filename));
            //设置浏览器回送数据的类型
            Response.ContentType="application/octet-stream";
            //启用二进制输出流,并向当前流中写入字节序列 dir
```

```
            Response.OutputStream.Write(dir,0,dir.Length);
            //关闭输出流
            Response.End();
        }
    }
    catch(Exception ex)
    {
        //显示捕捉到的异常信息
        Response.Write("<script>alert('"+ex.Message+"')</script>");
    }
}
```

3）实现"修改图书"页的修改图书信息功能

在 bookEdit.aspx.cs 文件内添加如代码 8-16 所示内容。

**代码 8-16：**

```
//定义变量 bookID,用于接收网页传递参数 bookID 的值
private string bookID="";
protected void Page_Load(object sender,EventArgs e)
{
    //接收网页传递参数 bookID 的值
    bookID=Request.QueryString["bookID"];
    if(!IsPostBack)
    {
        //设置图书类别查询 SQL 语句
        string sql="SELECT typeID,typeName";
        sql+=" FROM bookType ORDER BY typeID";
        //调用 OperateClass 类 SetDDL 方法,为下拉列表加载数据
        bool flag=OperateClass.SetDDL(sql,ddlType);
        if(!flag)
        {
            Response.Write("<script>alert('图书类别加载有误!')</script>");
            return;
        }
        //调用 GetData 方法,根据 bookID 值,获取相关记录各数据项信息,并显示至各控件
        GetData(bookID);
    }
}
//btnSubmit_Click 事件: 提交修改图书信息
protected void btnSubmit_Click(object sender,EventArgs e)
{
    //获取图书编号
    string bookIDNew=txtBookID.Text.Trim();
    //判断图书编号是否有变动
    if(!bookID.Equals(bookIDNew))
```

```
    {
        //调用 OperateClass 类 CheckBookID 方法,判断图书新编号是否存在
        bool flag=OperateClass.CheckBookID(bookIDNew);
        if(flag)
        {
            Response.Write("<script>alert('图书编号已经被占用!')</script>");
            return;
        }
    }
    //获取图书名称
    string bookName=txtBookName.Text.Trim();
    //获取图书作者
    string author=txtAuthor.Text.Trim();
    //获取出版单位
    string publish=txtPublish.Text.Trim();
    //获取出版日期
    string pubDate=txtPubDate.Text.Trim();
    //获取注册日期
    string regDate=txtRegDate.Text.Trim();
    try
    {
        DateTime dtPubDate=Convert.ToDateTime(pubDate);
        DateTime dtRegDate=Convert.ToDateTime(regDate);
        //设置"注册日期"应在"出版日期"之后
        if(DateTime.Compare(dtRegDate,dtPubDate)<0)
        {
            Response.Write("<script>alert('注册日期应大于出版日期!')</script>");
            return;
        }
    }
    catch(Exception ex)
    {
        //显示捕捉到的异常信息
        Response.Write("<script>alert('"+ex.Message+"')</script>");
        return;
    }
    //定义字节数组对象 directory、picture,分别用于存放图书的新目录及新图片数据
    byte[] directory,picture;
    //判断是否有上传目录
    if(FileUploadDir.HasFile)
    {
        //若有目录上传,获取图书目录
        directory=FileUploadDir.FileBytes;
    }
```

```
    else
    {
        //若没有目录上传,设置 directory 为原图书目录数据 Session["dir"]
        directory=(byte[])Session["dir"];
    }
//判断是否有上传图片
if(FileUploadPic.HasFile)
{
    //若有图片上传,获取图书图片
    picture=FileUploadPic.FileBytes;
}
else
{
    //若没有图片上传,设置 picture 为原图书图片数据 Session["pic"]
    picture=(byte[])Session["pic"];
}
//获取图书内容
string summary=txtSummary.Text.Trim();
//获取图书 ISBN 编码
string isbn=txtISBN.Text.Trim();
//获取图书类别
string typeID=ddlType.SelectedItem.Value.ToString();
decimal price=0;
int total=10;
int lendNum=0;
try
{
    //获取图书定价,总计数量,借出数量,并转换为数值型
    price=Convert.ToDecimal(txtPrice.Text.Trim());
    total=Convert.ToInt32(txtTotal.Text.Trim());
    lendNum=Convert.ToInt32(txtLendNum.Text.Trim());
}
catch(Exception ex)
{
    //显示捕捉到的异常信息
    Response.Write("<script>alert('"+ex.Message+"')</script>");
    return;
}
//设置修改图书信息 SQL 语句
//设置上传目录参数
string parDir="@directory";
//设置上传图片参数
string parPic="@picture";
string sql="UPDATE book SET";
```

```
//判断图书编号是否有变动
if(!bookID.Equals(bookIDNew))
{
    sql+=" bookID='"+bookIDNew+"',";
}
sql+=" bookName='"+bookName+"',";
sql+=" isbn='"+isbn+"',author='"+author+"',";
sql+=" publish='"+publish+"',typeID='"+typeID+"',";
sql+=" price="+price+",total="+total+",";
sql+=" lendNum="+lendNum+",pubDate='"+pubDate+"',";
sql+=" regDate='"+regDate+"',summary='"+summary+"',";
sql+=" directory="+parDir+",picture="+parPic+"";
sql+=" WHERE bookID='"+bookID+"'";
try
{
    //调用 DBClass 类 ExecuteNonQuery 方法执行图书修改 SQL 语句(命令参数)
    int result=DBClass.ExecuteNonQuery(sql,parDir,parPic,directory,picture);
    if(result>0)
    {
    Response.Write("<script>alert('修改成功!')</script>");
    if(!bookID.Equals(bookIDNew))
    {
        //调用 GetData 方法,根据 bookIDNew 值,获取相关记录各数据项信息,并显
        //示至各控件
        GetData(bookIDNew);
    }
    else
    {
        //调用 GetData 方法,根据 bookID 值,获取相关记录各数据项信息,并显示
        //至各控件
        GetData(bookID);
    }
    }
    else
    {
    Response.Write("<script>alert('修改失败!')</script>");
    }
}
catch(Exception ex)
{
    //显示捕捉到的异常信息
    Response.Write("<script>alert('"+ex.Message+"')</script>");
}
}
```

```
//btnReset_Click 事件：设置控件初始值
protected void btnReset_Click(object sender,EventArgs e)
{
    //调用 GetData 方法,根据 bookID 值,获取相关记录各数据项信息,并显示至各控件
    GetData(bookID);
}
//GetData: 根据 bookIDKey 值,获取相关记录各数据项信息,并显示至各控件
private void GetData(string bookIDKey)
{
    //根据 bookIDKey 值,查询图书信息的 SQL 语句
    string sql="SELECT bookID,bookName,isbn,typeID,author,publish,";
    sql+="price,total,lendNum,convert(varchar(10),pubDate,120) as pubDate,";
    sql+="convert(varchar(10),regDate,120) as regDate,summary,directory,picture";
    sql+=" FROM book WHERE bookID='"+bookIDKey+"' ORDER BY bookID";
    try
    {
        //调用 DBClass 类 ExecuteQuery 方法执行查询 SQL 语句
        DataTable dt=DBClass.ExecuteQuery(sql);
        //创建数据表行对象 dr
        DataRow dr=dt.Rows[0];
        if(dt.Rows.Count>0)
        {
            //设置记录各数据项值至各控件显示
            txtBookID.Text=dr["bookID"].ToString();
            txtBookName.Text=dr["bookName"].ToString();
            txtAuthor.Text=dr["author"].ToString();
            txtPublish.Text=dr["publish"].ToString();
            txtPubDate.Text=dr["pubDate"].ToString();
            txtRegDate.Text=dr["regDate"].ToString();
            txtSummary.Text=dr["summary"].ToString();
            txtISBN.Text=dr["isbn"].ToString();
            ddlType.SelectedValue=dr["typeID"].ToString();
            txtPrice.Text=dr["price"].ToString();
            txtTotal.Text=dr["total"].ToString();
            txtLendNum.Text=dr["lendNum"].ToString();
            //判断行对象 dr 的"directory"列是否为空,并将当前目录列数据保存至
            //Session["dir"]
            if(dr.IsNull("directory"))
            {
                Session["dir"]=new byte[0];
            }
            else
            {
                Session["dir"]=(byte[])dr["directory"];
```

```
        }
        //判断行对象 dr 的"picture"列是否为空,并将当前图片列数据保存至 Session["pic"]
        if(dr.IsNull("picture"))
        {
            Session["pic"]=new byte[0];
        }
        else
        {
            Session["pic"]=(byte[])dr["picture"];
        }
        //设置 HyperLink 控件链接 URL 信息
        hyperDir.NavigateUrl="dirDown.aspx?bookID="+bookIDKey;
        //设置 Image 控件显示图片 URL 信息
        imgBook.ImageUrl="showPic.aspx?bookID="+bookIDKey;
    }
}
catch(Exception ex)
{
    //显示捕捉到的异常信息
    Response.Write("<script>alert('"+ex.Message+"')</script>");
    return;
}
```

**说明**：关于 Session 用法将在第 9 章详细介绍。

## 8.2.4 任务 4：实现图书信息的删除

### 【任务描述】

创建"删除图书"页,如图 8-2 管理图书页所示,单击某条图书记录的"删除"链接时,删除指定图书,删除成功后显示"删除"成功对话框,然后网页重定向至"管理图书"页。

### 【任务实现】

**1. 创建"删除图书"页**

在 C:\bookSite\site_book 文件夹下创建名为 bookDel.aspx 的网页,实现删除功能的网页无须网页界面代码。

**2. 实现"删除图书"页功能**

在 bookDel.aspx.cs 文件内添加如代码 8-17 所示内容。

代码 8-17：

```
protected void Page_Load(object sender,EventArgs e)
{
    //定义变量 bookID,用于接收网页传递参数 bookID 的值
    string bookID=Request.QueryString["bookID"];
    //根据 bookID 值,设置删除图书信息 SQL 语句
    string sql="DELETE FROM book WHERE bookID='"+bookID+"'";
    try
    {
        //调用 DBClass 类 ExecuteNonQuery 方法执行删除 SQL 语句
        int result=DBClass.ExecuteNonQuery(sql);
        if(result>0)
        {
            Response.Write("<script>alert('删除成功!')</script>");
        }
        else
        {
            Response.Write("<script>alert('删除失败!')</script>");
        }
        //网页重定向至 bookManage.aspx 页
        Response.Redirect("bookManage.aspx");
    }
    catch(Exception ex)
    {
        //显示捕捉到的异常信息
        Response.Write("<script>alert('"+ex.Message+"')</script>");
    }
}
```

## 8.2.5　任务 5：实现图书的借阅

### 【任务描述】

创建"借阅图书"页,实现读者用户对指定图书的借阅,借阅成功后显示"借阅"成功对话框,效果如图 8-4 所示。

借阅操作说明如下：

读者编号输入　当结束读者编号输入时,将自动显示读者姓名。

图书编号输入　当结束图书编号输入时,将自动显示图书名称、出版单位、借出数量、可借数量。

借阅数量说明　默认借阅数量为 1。

借阅日期说明　该日期为系统当前日期。

图 8-4 "借阅图书"页

应还日期说明　为借阅日期 30 天后。

## 【任务实现】

### 1. 创建数据表 lendRecord

在名为 book 的数据库内创建数据表 lendRecord,字段及类型设置如表 8-6 所示。

表 8-6　lendRecord 数据表

| 字　段 | 字 段 类 型 | 是 否 为 空 | 主键或外键 | 字 段 说 明 |
|---|---|---|---|---|
| ID | bigint | Not Null | PK | 图书借阅编号,自增 |
| bookID | varchar(10) | Not Null | | 图书编号 |
| readerID | varchar(10) | Not Null | | 读者编号 |
| lendDate | datetime | Not Null | | 借阅日期 |
| returnDate | datetime | Not Null | | 应还日期 |
| actualDate | datetime | | | 实还日期 |
| returnFlag | bit | | | 归还标识 |
| fine | decimal(18，2) | | | 罚金 |

### 2. 创建"借阅图书"页及实现页面设计

在 C:\bookSite\site_book 文件夹下创建名为 bookLend.aspx 的网页,在 bookLend.aspx 文件内添加如代码 8-18 所示内容。

代码 8-18:

```
<%--页眉用户控件注册--%>
<%@Register Src="~/res_userControl/headerControl.ascx" TagName="headerControl"
TagPrefix="uc1" %>
```

```
<html xmlns="http://www.w3.org/1999/xhtml">
<head runat="server">
    <title>借阅图书</title>
    <!--引用样式表-->
    <link rel="stylesheet" type="text/css" href="../res_styleSheet/public.
    css" />
    <link rel="stylesheet" type="text/css" href="../res_styleSheet/
    singleStyle.css" />
</head>
<body class="bodyClass">
    <form id="form1" runat="server">
    <div class="container">
        <!--应用页眉用户控件-->
        <uc1:headerControl ID="headerControl1" runat="server" />
        <div id="part">
            <ul>
                <li>读者编号：
                    <asp:TextBox ID="txtReaderID" runat="server" AutoPostBack=
                    "True" Width="250px" OnTextChanged="txtReaderID_TextChanged">
                    </asp:TextBox>
                    <asp:RequiredFieldValidator ID="valrReadID" runat="server"
                    ErrorMessage="读者编号不能为空！" ControlToValidate=
                    "txtReaderID"></asp:RequiredFieldValidator>
                </li>
                <li>读者姓名：
                    <asp:Label ID="lblReaderName" runat="server" ForeColor=
                    "Blue" Width="250px" Height="20px"></asp:Label>
                </li>
                <li>图书编号：
                    <asp:TextBox ID="txtBookID" runat="server" AutoPostBack=
                    "True" OnTextChanged="txtBookID_TextChanged" Width=
                    "250px"></asp:TextBox>
                    <asp:RequiredFieldValidator ID="valrBookID" runat="server"
                    ErrorMessage="图书编号不能为空！" ControlToValidate=
                    "txtBookID"></asp:RequiredFieldValidator>
                </li>
                <li>图书名称：
                    <asp:Label ID="lblBookName" runat="server" ForeColor=
                    "Blue" Width="450px" Height="20px"></asp:Label>
                </li>
                <li>出版单位：
                    <asp:Label ID="lblPublish" runat="server" ForeColor=
                    "Blue" Width="450px" Height="20px"></asp:Label>
                </li>
```

```
            <li>借出数量:
                <asp:Label ID="lblLendNum" runat="server" ForeColor=
                "Blue" Width="50px" Height="20px"></asp:Label>本
            </li>
            <li>可借数量:
                <asp:Label ID="lblRemainNum" runat="server" ForeColor=
                "Blue" Width="50px" Height="20px"></asp:Label>本
            </li>
            <li>借阅数量:
                <asp:Label ID="lblMayLendNum" runat="server" ForeColor=
                "Blue" Width="50px" Height="20px"></asp:Label>本
            </li>
            <li>借阅日期:
                <asp:Label ID="lblLendDate" runat="server" Height="22px"
                Width="250px"></asp:Label>
            </li>
            <li>应还日期:
                <asp:TextBox ID="txtReturnDate" runat="server" Width=
                "250px"></asp:TextBox>示例: 2013-01-01
                <asp:RequiredFieldValidator ID="valrReturnDate" runat="server"
                ErrorMessage="应归日期不能为空!" ControlToValidate=
                "txtReturnDate"></asp:RequiredFieldValidator>
            </li>
            <li style="padding-left: 170px;padding-top: 10px">
                <asp:Button ID="btnSubmit" runat="server" Text="借阅"
                Width="70px" OnClick="btnSubmit_Click" />
                <asp:Button ID="btnReset" runat="server" Text="重置"
                Width="70px" OnClick="btnReset_Click" />
            </li>
        </ul>
    </div>
    </div>
    </form>
</body>
</html>
```

### 3. 实现"借阅图书"页功能

1)创建借阅图书存储过程

在 book 数据库中创建名为 bookLend 的存储过程,在存储过程内添加如代码 8-19 所示内容。

**代码 8-19:**

```
CREATE PROCEDURE bookLend
```

```
--存储过程参数
@bookID varchar(10),@readerID varchar(10),@lendDate datetime,
@returnDate datetime,@lendNum int
AS
--开启自动事务回滚,出现任何错误都自动回滚
set xact_abort on
--使用事务来执行
begin transaction
    INSERT INTO lendRecord(bookID,readerID,lendDate,returnDate,returnFlag)
    VALUES(@bookID,@readerID,@lendDate,@returnDate,'false')
    UPDATE book SET lendNum=@lendNum WHERE bookID=@bookID
--提交事务
Commit transaction
```

2) 创建执行借阅图书存储过程的类方法

打开 C:\bookSite\App_Code 文件夹下名为 DBClass.cs 的类文件,在 DBClass 类内添加名为 ExeProLend 静态方法,用于执行名为 bookLend 的存储过程,ExeProLend 方法的实现如代码 8-20 所示。

代码 8-20:

```
///<summary>
///执行图书借阅存储过程
///</summary>
///<param name="bookID">图书编号</param>
///<param name="readerID">读者编号</param>
///<param name="lendDate">借阅日期</param>
///<param name="returnDate">应还日期</param>
///<param name="lendNum">已借阅数量</param>
///<returns>返回执行存储过程所影响的行数</returns>
public static int ExeProLend(string bookID,string readerID,DateTime
lendDate,DateTime returnDate,int lendNum)
{
    //创建连接对象 conn
    SqlConnection conn=new SqlConnection(connStr);
    //打开连接
    conn.Open();
    try
    {
        //创建命令对象 cmd
        SqlCommand cmd=new SqlCommand();
        //设置对象 cmd 所使用的连接对象
        cmd.Connection=conn;
        //设置对象 cmd 执行类型为存储过程
        cmd.CommandType=CommandType.StoredProcedure;
```

```
            //设置要调用的存储过程的名称
            cmd.CommandText="bookLend";
            //①设置参数 bookID
            //为对象 cmd 添加 bookID 参数、设置参数类型,设置此参数为输入参数
            cmd.Parameters.Add("bookID",SqlDbType.VarChar,10).Direction=
            ParameterDirection.Input;
            //为 bookID 参数赋值
            cmd.Parameters["bookID"].Value=bookID;
            //②设置参数 readerID
            //为对象 cmd 添加 readerID 参数、设置参数类型,设置此参数为输入参数
            cmd.Parameters.Add("readerID",SqlDbType.VarChar,10).Direction=
            ParameterDirection.Input;
            //为 readerID 参数赋值
            cmd.Parameters["readerID"].Value=readerID;
            //③设置参数 lendDate
            //为对象 cmd 添加 lendDate 参数、设置参数类型,设置此参数为输入参数
            cmd.Parameters.Add("lendDate",SqlDbType.DateTime).Direction=
            ParameterDirection.Input;
            //为 lendDate 参数赋值
            cmd.Parameters["lendDate"].Value=lendDate;
            //④设置参数 returnDate
            //为对象 cmd 添加 returnDate 参数、设置参数类型,设置此参数为输入参数
            cmd.Parameters.Add("returnDate",SqlDbType.DateTime).Direction=
            ParameterDirection.Input;
            //为 returnDate 参数赋值
            cmd.Parameters["returnDate"].Value=returnDate;
            //⑤设置参数 lendNum
            //为对象 cmd 添加 lendNum 参数、设置参数类型,设置此参数为输入参数
            cmd.Parameters.Add("lendNum",SqlDbType.Int).Direction=
            ParameterDirection.Input;
            //为 lendNum 参数赋值
            cmd.Parameters["lendNum"].Value=lendNum;
            //执行命令并返回影响的行数
            return cmd.ExecuteNonQuery();
        }
        catch(Exception ex)
        {
            //抛出异常
            throw ex;
        }
        finally
        {
            if(conn.State==ConnectionState.Open)
            {
```

```
        //关闭数据库连接
        conn.Close();
        }
    }
}
```

3）实现图书借阅

在 bookLend.aspx.cs 文件内添加如代码 8-21 所示内容。

**代码 8-21：**

```
protected void Page_Load(object sender,EventArgs e)
{
    if(!IsPostBack)
    {
        //调用 SetInit 方法,设置界面各控件初始值
        SetInit();
    }
}
//txtReaderID_TextChanged 事件: 根据读者编号显示读者信息
protected void txtReaderID_TextChanged(object sender,EventArgs e)
{
    //调用 GetReaderName 方法,根据文本框内读者编号,显示读者姓名
    string readerName=GetReaderName(txtReaderID.Text.Trim());
    if(readerName.Length !=0)
    {
        lblReaderName.Text=readerName;
    }
    else
    {
        Response.Write("<script>alert('读者编号不存在!')</scipt>");
    }
}
//txtBookID_TextChanged 事件: 根据图书编号显示图书信息
protected void txtBookID_TextChanged(object sender,EventArgs e)
{
    //调用 GetBookInfo 方法,根据文本框内图书编号,显示图书信息至各控件
    DataRow dr=GetBookInfo(txtBookID.Text.Trim());
    if(dr !=null)
    {
        lblBookName.Text=dr["bookName"].ToString();
        lblPublish.Text=dr["publish"].ToString();
        lblLendNum.Text=dr["lendNum"].ToString();
        string total=dr["total"].ToString();
        string lendNum=dr["lendNum"].ToString();
        if(total.Length !=0 && lendNum.Length !=0)
```

```
        {
                //"可借数量"="总计数量"-"借出数量"
                int remainNum=Convert.ToInt32(total) -Convert.ToInt32(lendNum);
                lblRemainNum.Text=remainNum.ToString();
        }
    }
    else
    {
        Response.Write("<script>alert('图书编号不存在!')</scipt>");
    }
}
//btnSubmit_Click事件：提交图书借阅信息
protected void btnSubmit_Click(object sender,EventArgs e)
{
    try
    {
        //以下代码实现从界面各控件获取要添加进数据表的值
        string readerID=txtReaderID.Text.Trim();            //获取"读者编号"
        string bookID=txtBookID.Text.Trim();                //获取"图书编号"
        string needLendNum=lblMayLendNum.Text.Trim();       //获取"借阅数量"
        string lendNum=lblLendNum.Text;                     //获取"借出数量"
        string remainNum=lblRemainNum.Text;                 //获取"可借数量"
        string lendDate=lblLendDate.Text.Trim();            //获取"借阅日期"
        string returnDate=txtReturnDate.Text.Trim();        //获取"应还日期"
        //定义整型变量如下,分别存放"借出数量"、"可借数量"、"借阅数量"
        int iLendNum,ineedLendNum,iRemainNum;
        iLendNum=Convert.ToInt32(lendNum);
        iRemainNum=Convert.ToInt32(remainNum);
        ineedLendNum=Convert.ToInt32(needLendNum);
        //判断借阅数量应小于可借数量
        if(ineedLendNum<=iRemainNum)
        {
            //借出数量＝原借出数量+新借阅数量
            iLendNum=iLendNum+ineedLendNum;
            //将借阅日期 lendDate、应还日期 returnDate 转换为 DateTime 类型
            DateTime dtlendDate=Convert.ToDateTime(lendDate);
            DateTime dtreturnDate=Convert.ToDateTime(returnDate);
            //调用 DBClass 类 ExecuteProcedure 方法执行 bookLend 存储过程
            int result=DBClass.ExeProLend(bookID,readerID,dtlendDate,
                dtreturnDate,iLendNum);
            if(result !=0)
            {
                Response.Write("<script>alert('本书已经成功借阅!')</script>");
            }
```

```
                else
                {
                    Response.Write("<script>alert('借阅失败!')</script>");
                }
            }
            else
            {
                Response.Write("<script>alert('借阅数量不能大于可借数量')</script>");
            }
        }
        catch(Exception ex)
        {
            //显示捕捉到的异常信息
            Response.Write("<script>alert('"+ex.Message+"')</script>");
        }
}
//btnReset_Click 事件：设置控件初始值
protected void btnReset_Click(object sender,EventArgs e)
{
    //调用 SetInit 方法,设置控件初始值
    SetInit();
}
//SetInit 方法：设置控件初始值
private void SetInit()
{
    txtReaderID.Text="";
    txtBookID.Text="";
    lblReaderName.Text="";
    lblBookName.Text="";
    lblPublish.Text="";
    lblLendNum.Text="";
    lblRemainNum.Text="";
    lblMayLendNum.Text="1";
    //设置"借阅日期",通过获取当前系统日期,并按指定格式显示
    lblLendDate.Text=string.Format("{0:yyyy-MM-dd}",DateTime.Now);
    //设置"应还日期"为"借阅日期"开始 30 天后
    txtReturnDate.Text=string.Format("{0:yyyy-MM-dd}",DateTime.Now.AddDays(30));
}
//GetReaderName 方法：根据 readerID 值,查询读者信息表,返回读者姓名
private string GetReaderName(string readerID)
{
    //定义存放读者姓名的字符串变量 readerName
    string readerName="";
    //根据 readerID 值,设置查询读者信息 SQL 语句
```

```
string sql="SELECT readerID,readerName FROM Reader";
sql+="WHERE readerID='"+readerID+"'ORDER BY readerID";
try
{
    //调用 DBClass 类 ExecuteQuery 方法执行查询 SQL 语句
    DataTable dt=DBClass.ExecuteQuery(sql);
    if(dt.Rows.Count>0)
    {
        readerName=dt.Rows[0]["readerName"].ToString();
    }
    else
    {
        Response.Write("<script>alert('读者编号不存在!')</script>");
    }
}
catch(Exception ex)
{
    //显示捕捉到的异常信息
    Response.Write("<script>alert('"+ex.Message+"')</script>");
}
    //返回读者姓名
    return readerName;
}
//GetBookInfo 方法:根据 bookID 值,查询图书信息表,以 DataRow 类型返回相关图书信息
private DataRow GetBookInfo(string bookID)
{
    //定义存放图书信息的 DataRow 类型即行对象 bookInfo
    DataRow bookInfo=null;
    //根据 bookID 值,设置查询图书信息 SQL 语句
    string sql="SELECT bookID,bookName,publish,total,lendNum FROM book";
    sql+="WHERE bookID='"+bookID+"'ORDER BY bookID";
    try
    {
        //调用 DBClass 类 ExecuteQuery 方法执行查询 SQL 语句
        DataTable dt=DBClass.ExecuteQuery(sql);
        if(dt.Rows.Count>0)
        {
            bookInfo=dt.Rows[0];
        }
        else
        {
            Response.Write("<script>alert('图书编号不存在!')</script>");
        }
```

```
        }
        catch(Exception ex)
        {
            //显示捕捉到的异常信息
            Response.Write("<script>alert('"+ex.Message+"')</script>");
        }
        //返回图书信息
        return bookInfo;
    }
```

## 8.2.6 任务6：实现图书的归还

### 【任务描述】

创建"归还图书"页及"归还图书处理"页,在"归还图书"页单击某条借阅记录的"归还"链接时,网页重定向至"归还图书处理"页,归还成功后显示"归还"成功对话框,然后网页重定向至"归还图书"页。另外,在"归还图书"页还可以通过选择下拉列表的选项,实现对指定信息的查找并显示,效果如图 8-5 所示。

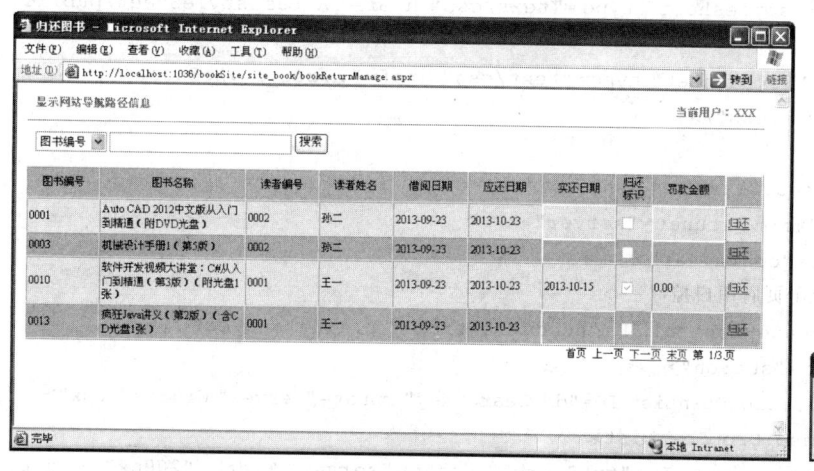

图 8-5 "归还图书"页

查询条件说明如下:
当查询条件为图书编号时,根据 TextBox 文本框内输入内容精确查询。
当查询条件为图书名称时,根据 TextBox 文本框内输入内容模糊查询。
当查询条件为读者编号时,根据 TextBox 文本框内输入内容精确查询。
当查询条件为读者姓名时,根据 TextBox 文本框内输入内容模糊查询。
当查询条件为是否归还时,根据 TextBox 文本框内输入的 true 或 false 精确查询。
true 表示归还图书,false 表示未归还图书。

## 【任务实现】

### 1. 创建"归还图书"页及实现页面设计

在 C:\bookSite\site_book 文件夹下创建名为 bookReturnManage.aspx 的网页,该网页用于实现借阅记录的分页显示,在 bookReturnManage.aspx 文件内添加如代码 8-22 所示内容。

代码 8-22:

```
<%--页眉用户控件注册--%>
<%@Register Src="~/res_userControl/headerControl.ascx" TagName="headerControl"
TagPrefix="uc1" %>
<%--分页用户控件注册--%>
<%@Register Src="~/res_userControl/repeaterPageControl.ascx" TagName=
"pageControl" TagPrefix="uc2" %>
<html xmlns="http://www.w3.org/1999/xhtml">
<head runat="server">
    <title>归还图书</title>
    <!--引用样式表-->
    <link rel="stylesheet" type="text/css" href="../res_styleSheet/public.
    css"/>
    <link rel="stylesheet" type="text/css" href="../res_styleSheet/
    searchMStyle.css"/>
</head>
<body class="bodyClass">
    <form id="form1" runat="server">
    <div class="container">
        <!--应用页眉用户控件-->
        <uc1:headerControl ID="headerControl1" runat="server" />
        <div id="search">
            <asp:DropDownList ID="ddlSearchKey" runat="server" Width="80px">
            </asp:DropDownList>
            <asp:TextBox ID="txtSearch" runat="server" Width="200px"></asp:
            TextBox>
            <asp:Button ID="btnSearch" runat="server" Text="搜索"/>
        </div>
        <div id="tabData">
        <asp:Repeater ID="Repeater1" runat="server">
            <HeaderTemplate>
                <table border="1" cellspacing="0" cellpadding="2px" style=
                "text-align:center;width:100%;word-break:break-all;
                word-wrap:break-all;">
                    <tr style="background-color:Silver">
                        <td>图书编号</td>
```

```
                <td>图书名称</td>
                <td>读者编号</td>
                <td>读者姓名</td>
                <td>借阅日期</td>
                <td>应还日期</td>
                <td>实还日期</td>
                <td>归还标识</td>
                <td>罚款金额</td>
                <td></td>
            </tr>
    </HeaderTemplate>
    <ItemTemplate>
        <tr style="background-color:Aqua";align="left">
            <td style="width:10%"><%#Eval("bookID")%></td>
            <td style="width:20%"><%#Eval("bookName")%></td>
            <td style="width:10%"><%#Eval("readerID")%></td>
            <td style="width:10%"><%#Eval("readerName")%></td>
            <td style="width:10%"><%#Eval("lendDate")%></td>
            <td style="width:10%"><%#Eval("returnDate")%></td>
            <td style="width:10%"><%#Eval("actualDate")%></td>
            <td style="width: 5%">
                <asp:CheckBox ID="chkReturnFlag" runat="server"
                Enabled="false" Checked='<%#Eval("returnFlag")%>'/>
            </td>
            <td style="width:10%"><%#Eval("fine")%></td>
            <td style="width: 5%">
                <a href="bookReturn.aspx?IDKey=<%#Eval("ID")%>
                &bookID=<%#Eval("bookID")%>&returnDate=<%#Eval
                ("returnDate")%>">归还</a>
            </td>
        </tr>
    </ItemTemplate>
    <AlternatingItemTemplate>
        <tr style="background-color:#FFAA00";align="left">
            <td style="width:10%"><%#Eval("bookID")%></td>
            <td style="width:20%"><%#Eval("bookName")%></td>
            <td style="width:10%"><%#Eval("readerID")%></td>
            <td style="width:10%"><%#Eval("readerName")%></td>
            <td style="width:10%"><%#Eval("lendDate")%></td>
            <td style="width:10%"><%#Eval("returnDate")%></td>
            <td style="width:10%"><%#Eval("actualDate")%></td>
            <td style="width: 5%">
                <asp:CheckBox ID="chkReturnFlag" runat="server"
                Enabled="false" Checked='<%#Eval("returnFlag")%>'/>
```

```
                                </td>
                                <td style="width:10%"><%#Eval("fine")%></td>
                                <td style="width: 5%">
                                    <a href="bookReturn.aspx?IDKey=<%#Eval("ID")%>
                                    &bookID=<%#Eval("bookID")%>&returnDate=<%#Eval
                                    ("returnDate")%>">归还</a>
                                </td>
                            </tr>
                        </AlternatingItemTemplate>
                        <FooterTemplate>
                            </table>
                        </FooterTemplate>
                    </asp:Repeater>
                </div>
                <div id="footer">
                    <!--应用分页用户控件-->
                    <uc2:pageControl ID="pageControl" runat="server"/>
                </div>
            </div>
        </form>
    </body>
</html>
```

### 2. 实现"归还图书"页功能

在 bookReturnManage.cs 文件内添加如代码 8-23 所示内容。

**代码 8-23：**

```
protected void Page_Load(object sender,EventArgs e)
{
    if(!IsPostBack)
    {
        //调用 SetDDL 方法，加载下拉列表项
        SetDDL();
    }
    //设置每页显示记录数
    pageControl.IPageSize=4;
    //设置数据源
    pageControl.DT=GetData();
    //设置显示数据控件
    pageControl.IRepeater=Repeater1;
}
//SetDDL 方法：设置"查询类别"下拉列表框各数据项及显示项
private void SetDDL()
```

```
    {
        ddlSearchKey.Items.Add("图书编号");
        ddlSearchKey.Items.Add("图书名称");
        ddlSearchKey.Items.Add("读者编号");
        ddlSearchKey.Items.Add("读者姓名");
        ddlSearchKey.Items.Add("是否归还");
        ddlSearchKey.SelectedIndex=0;
    }
//GetData 方法：按照查询条件设置，将查询结果以 DataTable 对象类型返回
private DataTable GetData()
{
    DataTable dt=null;
    //设置查询 SQL 语句
    string sql="SELECT ID,lendRecord.bookID,bookName";
    sql+=",lendRecord.readerID,readerName";
    sql+=",convert(varchar(10),lendDate,120) as lendDate";
    sql+=",convert(varchar(10),returnDate,120) as returnDate";
    sql+=",convert(varchar(10),actualDate,120) as actualDate,returnFlag,fine";
    sql+="FROM book,reader,lendRecord";
    sql+="WHERE book.bookID=lendRecord.bookID";
    sql+="AND reader.readerID=lendRecord.readerID";
    //设置查询 SQL 语句 WHERE 条件
    if(txtSearch.Text.Trim().Length !=0)
    {
        if(ddlSearchKey.SelectedIndex==0)
        {
            //设置查询条件,若选择"图书编号"按照文本框内容精确查询
            sql+="AND lendRecord.bookID='"+txtSearch.Text+"'";
            //借阅 ID 降序,图书编号升序排列
            sql+="ORDER BY ID DESC,bookID ASC";
        }
        else if(ddlSearchKey.SelectedIndex==1)
        {
            //设置查询条件,若选择"图书名称"按照文本框内容模糊查询
            sql+="AND bookName LIKE '%"+txtSearch.Text+"%'";
            //借阅 ID 降序,图书编号升序排列
            sql+="ORDER BY ID DESC,bookID ASC";
        }
        else if(ddlSearchKey.SelectedIndex==2)
        {
            //设置查询条件,若选择"读者编号"按照文本框内容精确查询
            sql+="AND lendRecord.readerID='"+txtSearch.Text+"'";
            //借阅 ID 降序,读者编号升序排列
            sql+="ORDER BY ID DESC,readerID ASC";
```

```
        }
        else if(ddlSearchKey.SelectedIndex==3)
        {
            //设置查询条件,若选择"读者姓名"按照文本框内容模糊查询
            sql+="AND readerName LIKE'%"+txtSearch.Text+"%'";
            //借阅 ID 降序,读者编号升序排列
            sql+="ORDER BY ID DESC,readerID ASC";
        }
        else if(ddlSearchKey.SelectedIndex==4)
        {
            //设置查询条件,若选择"是否归还"按照文本框内容精确查询
            sql+="AND returnFlag='"+txtSearch.Text+"'";
            //借阅 ID 降序,读者编号升序排列
            sql+="ORDER BY ID DESC,readerID ASC";
        }
    }
    else
    {
        sql+="ORDER BY ID DESC";
    }
    try
    {
        //调用 DBClass 类 ExecuteQuery 方法执行查询 SQL 语句
        dt=DBClass.ExecuteQuery(sql);
    }
    catch(Exception ex)
    {
        //显示捕捉到的异常信息
        Response.Write("<script>alert('"+ex.Message+"')</script>");
        return dt;
    }
    return dt;
}
```

**3. 创建"归还图书处理"页,实现对指定借阅记录的归还处理**

归还图书处理规则:

在"应还日期"前归还的图书为正常归还,若"实还日期"超过"应还日期",以天为单位,每超过一天,罚款 0.1 元。

1) 创建归还图书存储过程

在 book 数据库中创建名为 bookReturn 的存储过程,在存储过程内添加如代码 8-24 所示内容。

**代码 8-24：**

```
CREATE PROCEDURE bookReturn
    --存储过程参数
    @IDKey bigint,@actualDate datetime,@fine decimal,@bookID varchar(10)
AS
    --开启自动事务回滚,出现任何错误都自动回滚
    set xact_abort on
    --使用事务来执行
    begin transaction
    UPDATE lendRecord SET actualDate=@actualDate,returnFlag='true',
        fine=@fine WHERE ID=@IDKey
    UPDATE book SET lendNum=lendNum-1 WHERE bookID=@bookID
    --提交事务
    Commit transaction
```

2）创建执行归还图书存储过程的类方法

打开 C:\bookSite\App_Code 文件夹下名为 DBClass.cs 的类文件，在 DBClass 类内添加名为 ExeProReturn 静态方法，用于执行名为 bookReturn 的存储过程，ExeProReturn 方法的实现如代码 8-25 所示。

**代码 8-25：**

```
///<summary>
///执行图书归还存储过程
///</summary>
///<param name="IDKey">借阅编号</param>
///<param name="actualDate">实还日期</param>
///<param name="fine">罚款金额</param>
///<param name="bookID">图书编号</param>
///<returns>返回执行存储过程所影响的行数</returns>
public static int ExeProReturn(long IDKey,DateTime actualDate,decimal fine,
string bookID)
{
    //创建连接对象 conn
    SqlConnection conn=new SqlConnection(connStr);
    //打开连接
    conn.Open();
    try
    {
        //创建命令对象 cmd
        SqlCommand cmd=new SqlCommand();
        //设置对象 cmd 所使用的连接对象
        cmd.Connection=conn;
        //设置对象 cmd 执行类型为存储过程
        cmd.CommandType=CommandType.StoredProcedure;
```

```
        //设置要调用的存储过程的名称
        cmd.CommandText="bookReturn";
        //①设置参数 IDKey
        //为对象 cmd 添加 IDKey 参数、设置参数类型,设置此参数为输入参数
        cmd.Parameters.Add("IDKey",SqlDbType.BigInt).Direction=
        ParameterDirection.Input;
        //为 IDKey 参数赋值
        cmd.Parameters["IDKey"].Value=IDKey;
        //②设置参数 actualDate
        //为对象 cmd 添加 actualDate 参数、设置参数类型,设置此参数为输入参数
        cmd.Parameters.Add("actualDate",SqlDbType.DateTime).Direction=
        ParameterDirection.Input;
        //为 actualDate 参数赋值
        cmd.Parameters["actualDate"].Value=actualDate;
        //③设置参数 fine
        //为对象 cmd 添加 fine 参数、设置参数类型,设置此参数为输入参数
        cmd.Parameters.Add("fine",SqlDbType.Decimal).Direction=
        ParameterDirection.Input;
        //为 fine 参数赋值
        cmd.Parameters["fine"].Value=fine;
        //④设置参数 bookID
        //为对象 cmd 添加 bookID 参数、设置参数类型,设置此参数为输入参数
        cmd.Parameters.Add("bookID",SqlDbType.VarChar,10).Direction=
        ParameterDirection.Input;
        //为 bookID 参数赋值
        cmd.Parameters["bookID"].Value=bookID;
        //执行命令并返回影响的行数
        return cmd.ExecuteNonQuery();
    }
    catch(Exception ex)
    {
        //抛出异常
        throw ex;
    }
    finally
    {
        if(conn.State==ConnectionState.Open)
        {
            //关闭数据库连接
            conn.Close();
        }
    }
}
```

3）实现图书归还处理

在 C:\bookSite\site_book 文件夹下创建名为 bookReturn.aspx 的网页,该网页无须网页界面代码。在 bookReturn.aspx.cs 文件内添加如代码 8-26 所示内容。

**代码 8-26:**

```
protected void Page_Load(object sender,EventArgs e)
{
    try
    {
        //分别定义变量如下,用于接收网页传递参数
        int IDKey=Convert.ToInt32(Request.QueryString["IDKey"]);
        string bookID=Request.QueryString["bookID"];
        string returnDate=Request.QueryString["returnDate"];
        //罚款金额处理
        TimeSpan dayTimeSpan=DateTime.Now.Subtract(Convert.ToDateTime
        (returnDate));
        //获取实还日期与应还日期间隔天数
        int day=dayTimeSpan.Days;
        //定义存放罚款金额变量
        decimal fine=0.0M;
        if(day>=0)
        {
            //每超过 1 天,罚金 0.1 元
            fine=day * 0.1M;
        }
        //获取实还日期
        DateTime dtactualDate=Convert.ToDateTime(DateTime.Now.ToShortDateString());
        //调用 DBClass 类 ExecuteProcedure 方法执行 bookReturn 存储过程
        int result=DBClass.ExeProReturn(IDKey,dtactualDate,fine,bookID);
        if(result !=0)
        {
            Response.Write("<script>alert('归还成功!')</script>");
        }
        else
        {
            Response.Write("<script>alert('归还失败!')</scipt>");
        }
        //网页重定向至 bookReturnManage.aspx 页
        Response.Redirect("bookReturnManage.aspx");
    }
    catch(Exception ex)
    {
        //显示捕捉到的异常信息
        Response.Write("<script>alert('"+ex.Message+"')</script>");
```

```
    }
}
```

## 8.3 课后任务

### 1. 实现管理员用户对读者用户的添加

(1) 创建读者用户数据表 reader。

在名为 book 的数据库内创建数据表 reader，字段及类型设置如表 8-7 所示。

表 8-7 reader 表

| 字　段 | 字段类型 | 是否为空 | 主键或外键 | 字段说明 |
|---|---|---|---|---|
| readerID | varchar(10) | Not Null | PK | 读者编号 |
| readerPwd | varchar(20) | Not Null | | 读者密码 |
| readerName | varchar(20) | Not Null | | 读者姓名 |
| sex | varchar(4) | Not Null | | 读者性别 |
| phone | varchar(20) | | | 联系电话 |
| eMail | varchar(30) | | | 电子邮箱 |
| typeID | varchar(4) | | | 关注图书类别 |
| regDate | datetime | Not Null | | 注册日期 |
| picture | varbinary(MAX) | | | 照片 |

(2) 如图 8-6 所示，创建"添加读者用户"页并实现向数据表 reader 中添加记录。

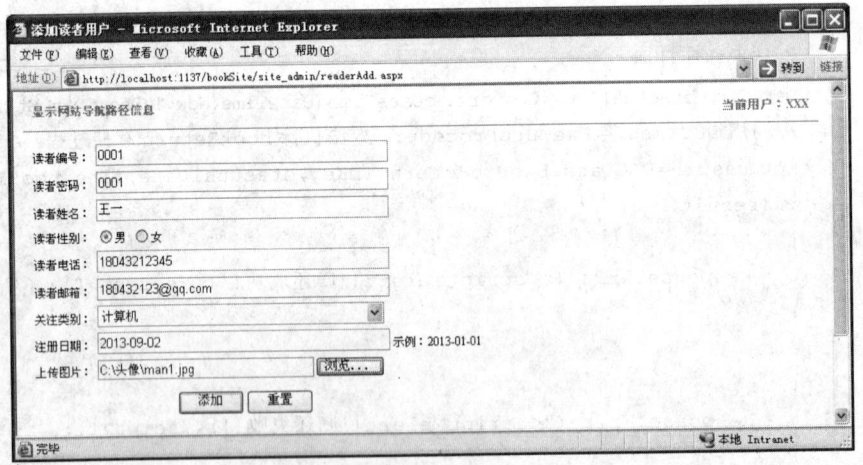

图 8-6　"添加读者用户"页

**注意**：添加读者用户时需要进行"读者编号"重名检测。

### 2. 实现管理员用户对读者用户的管理

如图 8-7 所示，实现分页显示读者用户信息，同时可以实现针对"读者编号"进行精确查找,对"读者姓名"进行模糊查找。

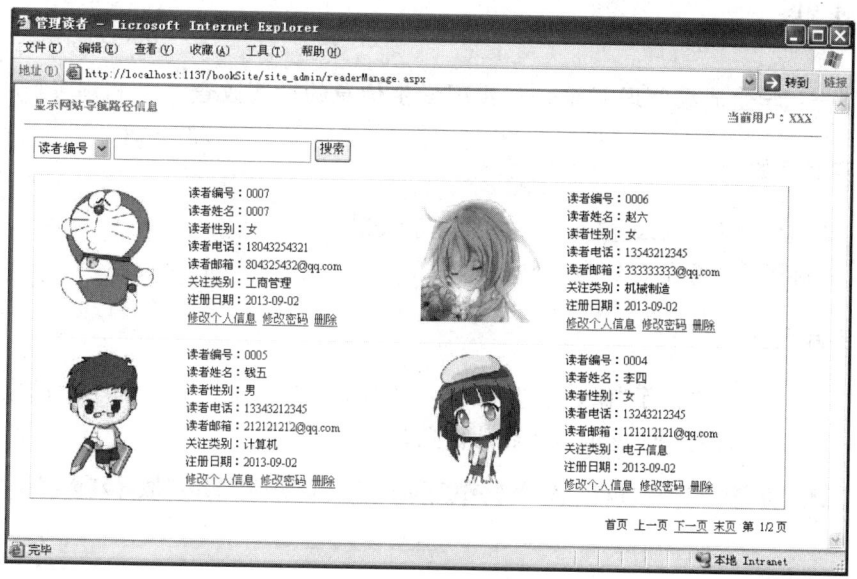

图 8-7 "管理读者"页

单击"修改个人信息"链接时,弹出"修改读者"页实现对指定读者用户信息的修改。

单击"修改密码"链接时,弹出"修改密码"页实现对指定读者用户密码的修改。

单击"删除"链接时,实现对指定读者用户的删除。

### 3. 实现读者用户主页显示信息

如图 8-8 所示,当读者用户登录成功时,主页显示系统通知及读者用户关注图书类别的新进图书。

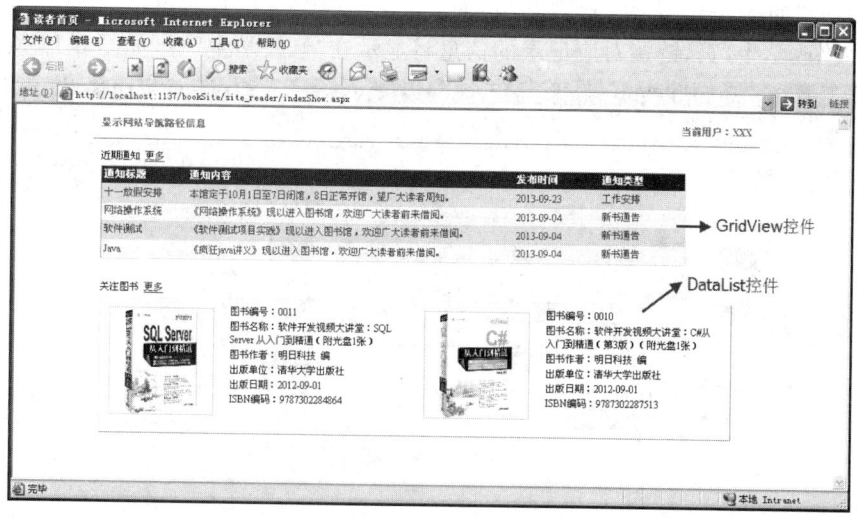

图 8-8 读者主页显示信息

## 8.4 实践

实训一：学生成绩管理系统——实现学生信息的增删改查

### 1. 实践目的

(1) 掌握应用 DataList 控件分页分栏显示数据。

(2) 掌握图片对象的存储与读取。

### 2. 实践要求

(1) 创建如图 8-9 所示"添加学生"页，实现学生信息添加。新添加学生的密码与学生编号一致，添加完成后即显示学生照片信息。

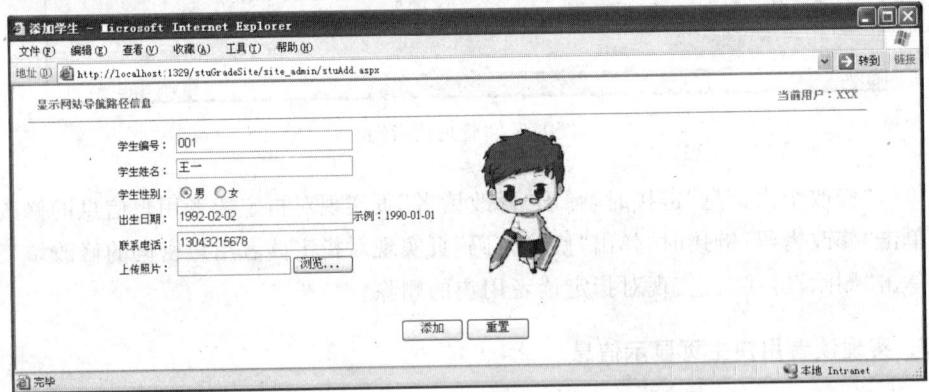

图 8-9　"添加学生"页

(2) 创建如图 8-10 所示"管理学生"页，实现管理学生信息。单击"修改信息"链接时，打开"修改学生"页，链接对应记录的信息将显示在"修改学生"页，如图 8-11 所示。单

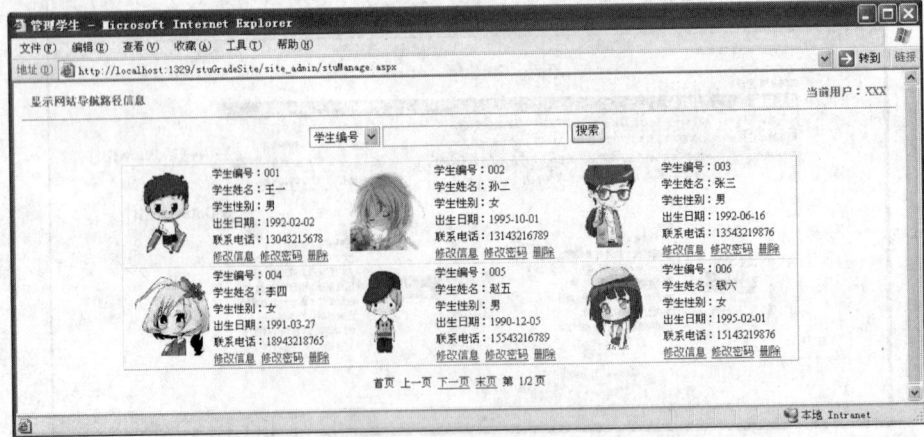

图 8-10　"管理学生"页

击"修改密码"链接时,打开"修改密码"页,链接对应记录的信息将显示在"修改密码"页,如图8-12所示。

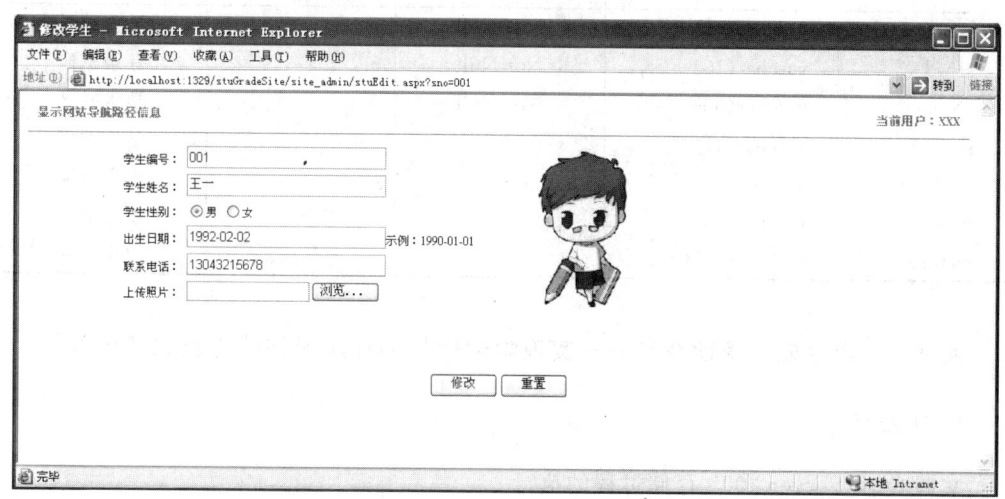

图8-11 "修改学生信息"页

(3)创建如图8-11所示"修改学生信息"页,实现对指定学生信息的修改。

(4)创建如图8-12所示"修改学生密码"页,实现对指定学生密码的修改。

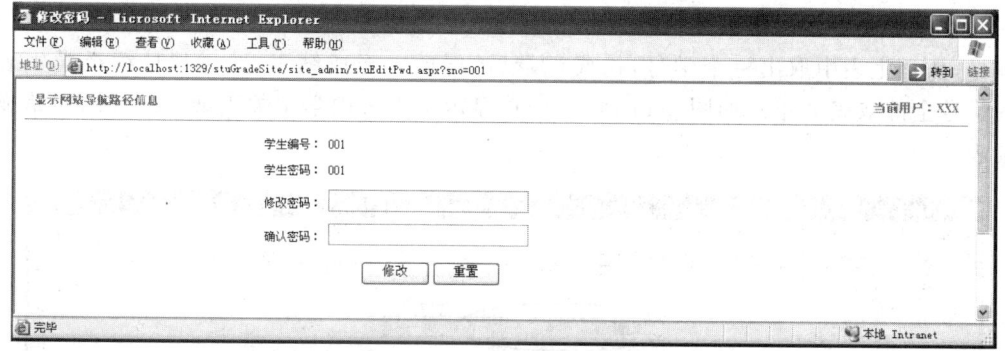

图8-12 "修改学生密码"页

(5)创建"删除学生"页,实现对指定学生信息的删除,删除成功后显示"删除"成功对话框,然后网页重定向至"管理学生"页。

**注意**:在添加及修改"学生编号"时,需要进行"学生编号"重名检测。

### 3. 步骤指导

1)创建学生数据表stu

在名为stuGrade的数据库内创建数据表stu,字段及类型设置如表8-8所示。

2)参考任务

实现过程可参见8.2.1节任务1至8.2.4节任务4。

表 8-8 stu 表

| 字　　段 | 字 段 类 型 | 是 否 为 空 | 主键或外键 | 字 段 说 明 |
|---|---|---|---|---|
| sno | varchar(10) | Not Null | PK | 学生编号 |
| sPwd | varchar(10) | Not Null | | 登录密码 |
| sName | varchar(50) | Not Null | | 学生姓名 |
| sex | varchar(4) | | | 学生性别 |
| birthday | datetime | | | 出生日期 |
| phone | varchar(50) | | | 联系电话 |
| picture | varbinary(MAX) | | | 学生照片 |

### 实训二：学生成绩管理系统——实现学生相关课程成绩初始化及成绩录入

**1. 实践目的**

掌握 SQL Server 2005 存储过程的执行。

**2. 实践要求**

（1）创建如图 8-13 所示"初始成绩"页，下拉列表控件内显示当前登录教师所讲授课程名称。单击"初始成绩"按钮时，按照当前选择的课程编号为学生表中每个学生生成一条关于此课程的记录并将此记录添加至学生成绩表 stuGradeTab（即根据当前课程编号，从学生表中取出一个学号，构成记录后，再插入至成绩表，此过程持续至学生表内学号全部取完为止），如图 8-14 所示，分页显示学生表内学生关于某一课程的初始成绩表。

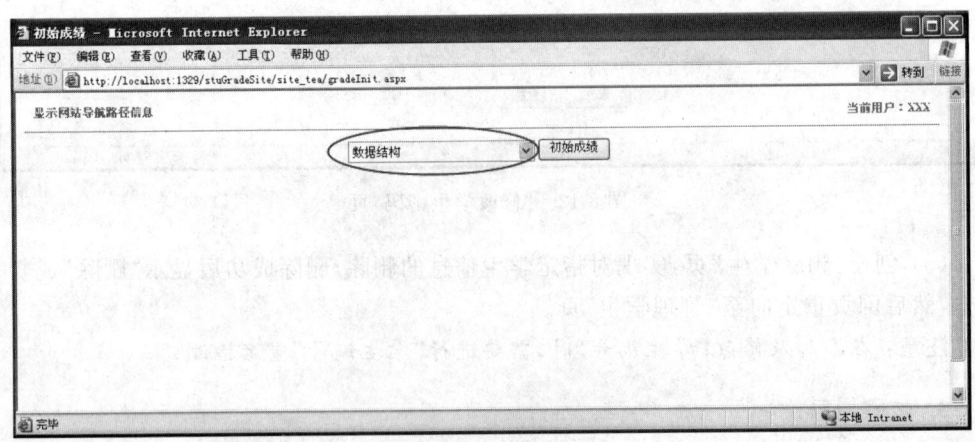

图 8-13 初始成绩页

**注意**：生成学生关于某一课程的成绩记录过程，可用存储过程实现。

（2）单击图 8-14 所示某一成绩记录的"录入成绩"链接时，网页重定向至"录入成绩"页，如图 8-15 所示。

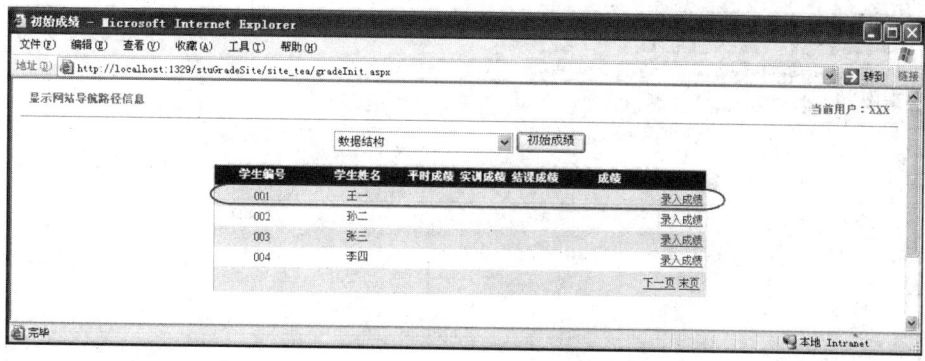

图 8-14　初始学生成绩

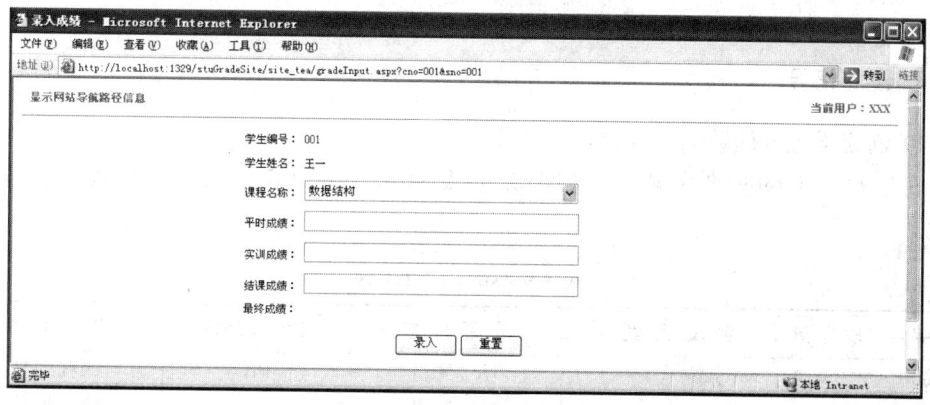

图 8-15　录入成绩初始页面

（3）按照图 8-16 分别录入学生平时、实训、结课成绩，单击"录入"按钮，生成最终成绩，并返回至"初始成绩"页。

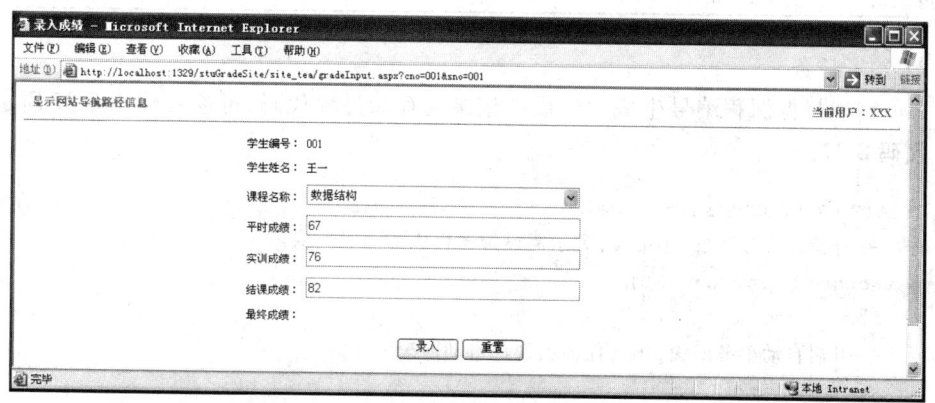

图 8-16　录入学生平时、实训、结课成绩

$$最终成绩＝平时成绩×20\%＋实训成绩×30\%＋结课成绩×50\%$$

（4）学生成绩录入完成后效果如图 8-17 所示。

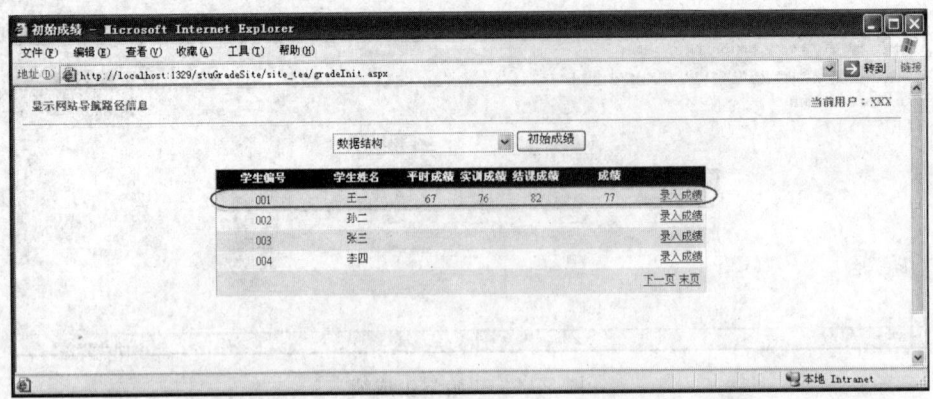

图 8-17　学生成绩录入完成效果

### 3. 步骤指导

1）创建学生成绩数据表 stuGradeTab

在名为 stuGrade 的数据库内创建数据表 stuGradeTab，字段及类型设置如表 8-9 所示。

表 8-9　stuGradeTab 表

| 字　　段 | 字 段 类 型 | 是 否 为 空 | 主键或外键 | 字 段 说 明 |
|---|---|---|---|---|
| cno | varchar(10) | Not Null | PK | 课程编号 |
| sno | varchar(10) | Not Null | PK | 学生编号 |
| peaceTime | decimal(18, 0) | | | 平时成绩 |
| practice | decimal(18, 0) | | | 实训成绩 |
| exam | decimal(18, 0) | | | 结课成绩 |
| final | decimal(18, 0) | | | 最终成绩 |

2）参考任务

（1）实现根据课程编号生成学生成绩记录的存储过程代码，可参考代码 8-27 所示。

**代码 8-27：**

```
CREATE PROCEDURE initGrade
    --存储过程参数@objcode,表示需设置课程成绩的课程编号
    @objcode varchar(10)
AS
    --开启自动事务回滚,出现任何错误都自动回滚
set xact_abort on
    --使用事务来执行
begin transaction
        --声明变量@cno 表示课程编号,@sno 表示学生编号
        declare @cno varchar(10),@sno varchar(10)
        --删除学生成绩表内课程编号为@objcode 的记录
```

```
delete stuGradeTab where cno=@objcode
--声明游标,指向由学生编号及课程编号组成且课程编号为@objcode 值的数据集
declare b_Cursor CURSOR FOR SELECT course.cno, stu.sno FROM course
CROSS JOIN stu where course.cno=@objcode
--打开游标
open b_Cursor
--获取游标中下一条记录,取出课程编号及学生编号分别存放至变量@cno,@sno
Fetch Next From b_Cursor into @cno,@sno
--通过 while 语句,依次获取游标中下一条记录,直至无可获取数据
while @@Fetch_STATUS=0
BEGIN
      --将获取的课程编号@cno,学生编号@sno 插入学生成绩表 stuGradeTab
      insert stuGradeTab(cno,sno)values(@cno,@sno)
      --获取游标中下一条记录
      Fetch Next From b_Cursor into @cno,@sno
END
--关闭游标
CLOSE b_Cursor
--释放游标
DEALLOCATE b_Cursor
Commit transaction
```

（2）执行存储过程。

实现过程可参见 8.2.5 节任务 5 至 8.2.6 节任务 6。

# 第 9 章 图书借阅管理系统——整合与发布

**学习目标:**

(1) 利用 TreeView、SiteMapDataSource 及 SiteMapPath 控件实现网站导航功能。

(2) 掌握站点地图的创建及访问。

(3) 掌握 Session 对象应用。

(4) 掌握内嵌框架及母版技术应用。

## 9.1 知识梳理

### 9.1.1 网站导航控件概述

**1. TreeView 控件**

TreeView 控件称为树状控件,工具箱中的图标为 ⅃¬ TreeView。

在开发中经常会遇到一些有树状层次关系的数据,如显示无限级分类和显示某个文件下所有文件及文件夹,对于这些带有树状层次关系的数据的显示用 TreeView 控件是一个很好的选择。TreeView 控件支持数据绑定,用于实现设置内容较多的网站导航的最佳选择。表 9-1 列出了 TreeView 控件的常用属性。

表 9-1 TreeView 控件的常用属性

| 名　　　称 | 说　　　明 |
| --- | --- |
| CheckedNodes | 选中复选框的节点 |
| DataSource | 绑定到 TreeView 控件的数据源 |
| DataSourceID | 绑定到 TreeView 控件的数据源控件的 ID |
| ExpandDepth | 获取或设置第一次显示 TreeView 控件时所展开的层次数,默认值为−1,表示显示所有节点 |
| ImageSet | 获取或设置用于 TreeView 控件的图像组<br>默认值为 TreeViewImageSet. Custom<br>ImageSet 属性值为 TreeViewImageSet 类型枚举值,常用值如下:<br><br>{{SUBTABLE}} |

其中 ImageSet 单元格内嵌的子表:

| 值 | 说　　　明 |
| --- | --- |
| Custom | 用户定义的图像集,这是 ImageSet 的默认值 |
| WindowsHelp | 预定义的 Microsoft Windows 帮助样式的图像集 |
| Simple | 预定义的简单空心形状的图像集 |
| BulletedList | 预定义的菱形项目符号图像集 |
| Arrows | 预定义的箭头图像集 |
| News | 预定义的新闻组样式的图像集 |

续表

| 名　　称 | 说　　明 |
|---|---|
| ShowLines | 获取或设置一个值,它指示是否显示连接子节点和父节点的线条。若要显示连接各节点的线条,则为 true;否则为 false。默认值为 false |
| PathSeparator | 节点之间值的路径分隔符 |
| ShowCheckBoxes | 是否在节点前显示复选框,默认值为 TreeNodeType.None 不显示 |
| Target | 获取或设置要在其中显示与节点相关联的网页内容的目标窗口或框架 |

### 2. SiteMapDataSource 控件

SiteMapDataSource 控件为提供数据源控件,Web 服务器控件和其他控件可使用该控件绑定到分层站点地图数据,工具箱中的图标为 SiteMapDataSource。

如果需要使用 SiteMapDataSource 控件,则用户必须在 Web.sitemap 文件中描述站点的结构。表 9-2 列出了 SiteMapDataSource 控件的常用属性。

表 9-2　SiteMapDataSource 控件的常用属性

| 名　　称 | 说　　明 |
|---|---|
| ShowStartingNode | 获取或设置一个值,该值指示是否检索并显示起始节点。如果显示起始节点,则为 true,否则为 false。默认值为 true |
| SiteMapProvider | 获取或设置数据源绑定到的站点地图提供程序的名称 |

### 3. SiteMapPath 控件

SiteMapPath 控件也称为痕迹导航或眉毛导航,工具箱中的图标为 SiteMapPath。

SiteMapPath 控件显示一组文本或图像超链接,用户通过它们可以轻松地在网站内导航,同时占用最小的页空间量,表 9-3 列出 SiteMapPath 控件的常用属性。

表 9-3　SiteMapPath 控件的常用属性

| 名　　称 | 说　　明 |
|---|---|
| CurrentNodeStyle | 获取用于当前节点显示文本的样式 |
| NodeStyle | 获取用于站点导航路径中所有节点的显示文本的样式 |
| PathSeparatorStyle | 路径分隔符字符串样式 |
| ParentLevelsDisplayed | 获取或设置控件显示的相对于当前显示节点的父节点级别数 |
| RenderCurrentNodeAsLink | 指示是否将表示当前显示页的站点导航节点呈现为超链接。如果将表示当前页的节点呈现为超链接,则为 true;否则为 false。默认值为 false |
| PathDirection | 获取或设置导航路径节点的呈现顺序,默认值为 RootToCurrent,指示节点以从最顶部的节点到当前节点、从左到右的分层顺序呈现。若为 CurrentToRoot 以从当前节点到最顶层节点的层次结构顺序,从左到右地呈现节点 |

续表

| 名　称 | 说　明 |
|---|---|
| PathSeparator | 获取或设置一个字符串，该字符串在呈现的导航路径中分隔 SiteMapPath 节点。默认值为>，这是一个从左指向右的字符 |
| ShowToolTips | 获取或设置一个值，该值指示 SiteMapPath 控件是否为超链接导航节点编写附加超链接属性。根据客户端支持，在将鼠标悬停在设置了附加属性的超链接上时，将显示相应的工具提示，如果应为超链接导航节点编写替换文字，则为 true；否则为 false。默认值为 true |
| SiteMapProvider | 获取或设置数据源绑定到的站点地图提供程序的名称 |

## 9.1.2　站点地图

### 1. 站点地图文件构成

站点地图文件是一个 XML 文件。主要由 sitemap 元素及 siteMapNode 元素构成，其中 siteMapNode 元素表示导航栏目，可以嵌套使用，如代码 9-1 所示。

**代码 9-1**：

```xml
<?xml version="1.0" encoding="utf-8" ?>
<siteMap xmlns="http://schemas.microsoft.com/AspNet/SiteMap-File-1.0">
    <siteMapNode title="主页" description="主页">
        <siteMapNode title="链接 1" description="链接 1" />
        <siteMapNode title="链接 2" description="链接 2">
            <siteMapNode title="链接 2.1" description="链接 2.1"/>
            <siteMapNode title="链接 2.2" description="链接 2.2"/>
        </siteMapNode>
    </siteMapNode>
</siteMap>
```

以上代码形成的导航结构如图 9-1 所示。

### 2. siteMapNode 元素常用属性

siteMapNode 元素常用属性如表 9-4 所示。

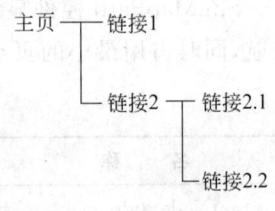

图 9-1　导航结构

表 9-4　siteMapNode 元素常用属性

| 名　称 | 说　明 |
|---|---|
| title | 定义通常用作链接文本的文本 |
| description | 同时用作文档和 SiteMapPath 控件中的工具提示 |
| url | 可以快捷方式～/开头，该快捷方式表示应用程序根目录<br>设置 siteMapNode 元素链接的网页路径及网页名称 |

### 3. Web. config 文件中配置 sitemap 元素

默认情况下,ASP. NET 网站导航使用一个名为 Web. sitemap 的 XML 文件,该文件描述网站的层次结构。ASP. NET3. 5 内置一个称为站点地图提供者的提供者类,名为 XmlSiteMapProivder,该提供者能够从 XML 文件中获取提供者信息。XmlSiteMapProivder 将查找位于应用程序根目录中的 Web. Sitemap 文件,然后提取该文件中的站点地图数据并创建相应的 SiteMap 对象。SiteMapDataSource 控件将使用 SiteMap 对象向导航控件提供导航信息。

如果不使用默认的 Web. sitemap 的 XML 文件,自定义站点地图文件,就需要在定义站点地图文件后在 Web. config 文件中<system. web/>标签下配置 sitemap 元素,如代码 9-2 所示。

**代码 9-2:**

```
<!--多站点地图支持-->
<siteMap>
    <providers>
        <add name="sampleSiteMap" type="System.Web.XmlSiteMapProvider"
            siteMapFile="~/webSample.sitemap"/>
    </providers>
</siteMap>
```

**说明:**

(1) 使用 add 元素将自定义站点地图提供程序添加 Web. config 文件中。

(2) name 属性值,自定义名称,用于设置 SiteMapDataSource 控件或 SiteMapPath 控件的 SiteMapProvider 属性。

(3) siteMapFile 属性值,用于设置自定义站点地图文件的路径及文件名。

## 9.1.3  Session 概述

### 1. Session 简介

Session 就是服务器给客户端的一个编号,当一台 Web 服务器运行时,可能有若干个用户正在浏览运行在这台服务器上的网站。当每个用户首次与这台 Web 服务器建立连接时,用户就与这个服务器建立了一个 Session,同时服务器会自动为其分配一个 SessionID,用以标识这个用户唯一身份。

可以使用 Session 对象存储特定用户会话所需的信息。这样,当用户在应用程序的 Web 页之间跳转时,存储在 Session 对象中的变量将不会丢失,而是在整个用户会话中一直存在下去直至会话结束。

### 2. Session 对象的属性及方法

Session 对象的常用属性及方法如表 9-5 所示。

表 9-5  Session 对象的常用属性及方法

| 属 性 名 称 | 说　明 |
|---|---|
| Count | 获取会话状态集合中 Session 对象的个数 |
| TimeOut | 获取并设置在会话状态提供程序终止会话之前各请求之间所允许的超时期限,单位为分钟 |
| SessionID | 获取用于标识会话的唯一 ID |
| 方 法 名 称 | 说　明 |
| Abandon | 不管会话超不超时,结束会话 |
| Clear | 清除会话状态中的所有值 |
| Remove | 删除会话状态集合中的项 |
| RemoveAll | 清除所有会话状态值 |

### 3. 示例

1) 将新项添加至会话状态
格式:

```
Session["键名"]=值
```

如

```
Session["userName"]="admin";
```

2) 按名称获取会话状态中的值
格式:

```
变量=(变量类型) Session["键名"]
```

如

```
string userName=Convert.ToString(Session["userName"]);
```

说明:按名称获取会话状态中的值一定要进行相应的类型转换。
3) 取消当前会话
如

```
Session.Abandon();
```

## 9.1.4  内嵌框架

iframe 元素会创建包含另外一个文档的内联框架(即行内框架)。

### 1. 语法

```
<iframe src="内嵌文件名"></iframe>
```

### 2. 常用属性

内嵌框架常用属性如表 9-6 所示。

表 9-6　iframe 常用属性及管理员主页内嵌框架属性设置

| 名　称 | 说　明 | 管理员主页内嵌框架属性设置 |
|---|---|---|
| name | 内嵌框架的名称 | name＝"right" |
| src | 设置或更改内嵌框架的初始网页 | 没有设置初始显示网页 |
| width | 以像素或百分比形式设置框架的宽度 | width＝"829px" |
| height | 以像素或百分比形式设置框架的高度 | height＝"450px" |
| scrolling | 设置滚动条显示 | scrolling＝"no"，不显示滚动条 |
| frameborder | 是否显示 iframe 周围的边框，1 有边框（默认值），0 关闭边框 | frameborder＝"0"，无边框 |

## 9.2　任务实施

### 9.2.1　任务 1：实现网站导航

### 【任务描述】

利用 TreeView 控件、SiteMapDataSource 控件及 SiteMapPath 控件实现管理员主页左侧导航栏及网页页面站点路径显示，效果如图 9-2 所示。

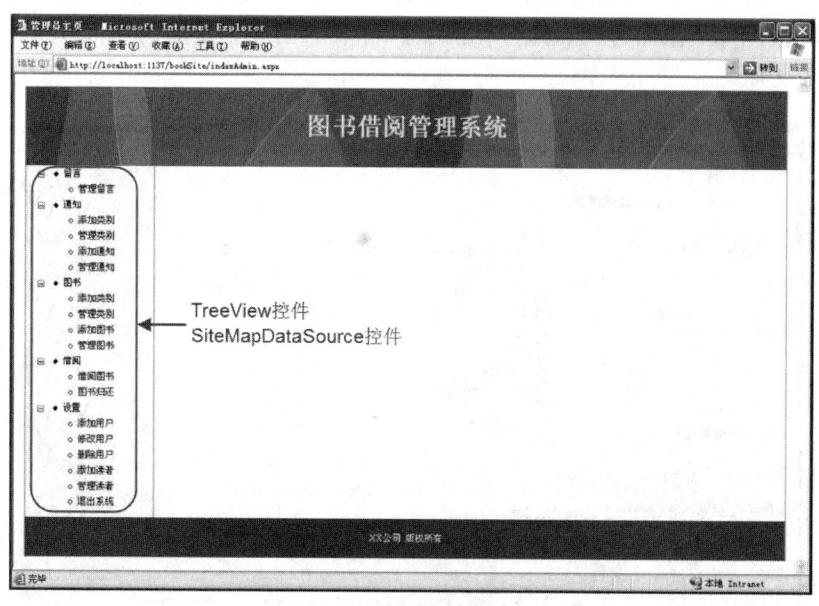

(a) 网站导航–管理员主页

图 9-2　显示效果

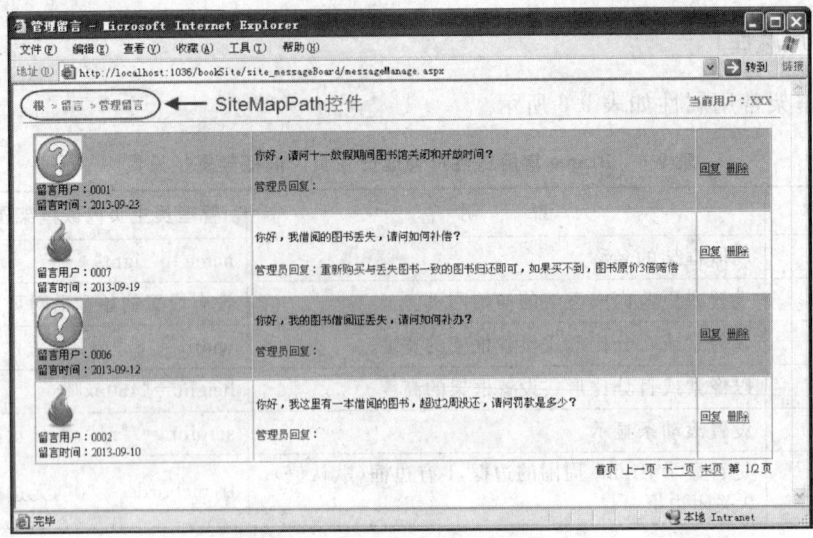

(b) 网站导航–管理留言页

图 9-2 （续）

## 【任务实现】

### 1. 创建站点地图文件

1）添加站点地图文件

右击 C:\bookSite\ 项目，在弹出的快捷菜单中选择"添加新项"命令，弹出如图 9-3 所示的"添加新项"对话框，在"模板"中选择"站点地图"，将"名称"选项设置为 webAdmin. sitemap，其余选项默认，单击"添加"按钮，即可在网站根目录下创建一个名为 webAdmin. sitemap 的站点地图文件。

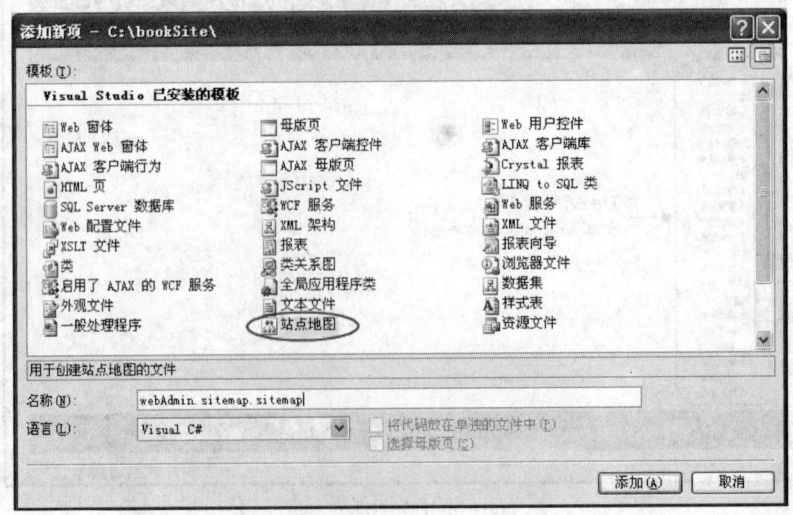

图 9-3 添加站点地图文件

2）实现站点地图文件功能

在 webAdmin. sitemap 文件内添加如代码 9-3 所示内容。

**代码 9-3：**

```xml
<?xml version="1.0" encoding="utf-8" ?>
<siteMap xmlns="http://schemas.microsoft.com/AspNet/SiteMap-File-1.0">
    <siteMapNode url="" title="根" description="">
        <!--留言管理部分 -->
        <siteMapNode url="" title="留言" description="">
            <siteMapNode url="~/site_messageBoard/messageManage.aspx"
            title="管理留言" description="管理留言" />
        </siteMapNode>
        <!--通知管理部分 -->
        <siteMapNode url="" title="通知" description="">
            <siteMapNode url="~/site_notice/noticeTypeAdd.aspx" title="添加
            类别" description="添加类别" />
            <siteMapNode url="~/site_notice/noticeTypeManage.aspx" title=
            "管理类别" description="管理类别" />
            <siteMapNode url="~/site_notice/noticeAdd.aspx" title="添加通知"
            description="添加通知" />
            <siteMapNode url="~/site_notice/noticeManage2.aspx" title="管理
            通知" description="管理通知" />
        </siteMapNode>
        <!--图书管理部分 -->
        <siteMapNode url="" title="图书" description="">
            <siteMapNode url="~/site_book/bookTypeAdd.aspx" title="添加类别"
            description="添加类别" />
            <siteMapNode url="~/site_book/bookTypeManage.aspx" title="管理类
            别" description="管理类别" />
            <siteMapNode url="~/site_book/bookAdd.aspx" title="添加图书"
            description="添加图书" />
            <siteMapNode url="~/site_book/bookManage.aspx" title="管理图书"
            description="管理图书" />
        </siteMapNode>
        <!--图书借阅管理部分 -->
        <siteMapNode url="" title="借阅" description="">
            <siteMapNode url="~/site_book/bookLend.aspx" title="借阅图书"
            description="借阅图书" />
            <siteMapNode url="~/site_book/bookReturnManage.aspx" title="图
            书归还" description="图书归还" />
        </siteMapNode>
        <!--系统管理部分 -->
        <siteMapNode url="" title="设置">
            <siteMapNode url="~/site_admin/adminAdd.aspx" title="添加用户"
```

```
                description="添加用户" />
            <siteMapNode url="~/site_admin/adminEdit.aspx" title="修改用户"
            description="修改用户" />
            <siteMapNode url="~/site_admin/adminDel.aspx" title="删除用户"
            description="删除用户" />
            <siteMapNode url="~/site_admin/ReaderAdd.aspx" title="添加读者"
            description="添加读者" />
            <siteMapNode url="~/site_admin/ReaderManage.aspx" title="管理读
            者" description="管理读者" />
            <siteMapNode url="~/logout.aspx" title="退出系统" description="退
            出系统" />
        </siteMapNode>
    </siteMapNode>
</siteMap>
```

### 2. 配置站点地图文件访问

打开 Web.config 文件,在<system.web/>标签内创建 sitemap 元素,实现对站点地图文件的访问,设置内容如代码 9-4 如示。

**代码 9-4:**

```
<!--多站点地图支持-->
    <siteMap>
        <providers>
            <add name="adminSiteMap" type="System.Web.XmlSiteMapProvider"
            siteMapFile="~/webAdmin.sitemap"/>
        </providers>
    </siteMap>
```

### 3. 设置管理员主页导航控件

在 C:\bookSite\项目下,打开管理员主页界面代码即 indexAdmin.aspx 文件。在 indexAdmin.aspx 文件中找到<div id="left">层,在其内添加 TreeView 控件及 SiteMapDataSource 控件并实现控件相关属性设置,如代码 9-5 所示,即可实现管理员主页 TreeView 控件的导航功能。

**代码 9-5:**

```
<!--TreeView、SiteMapDataSource控件用于实现导航-->
<asp:TreeView ID="TreeView1" runat="server" ImageSet="BulletedList" Width=
"130px" DataSourceID="SiteMapDataSource1" Target="right"></asp:TreeView>
<asp:SiteMapDataSource ID="SiteMapDataSource1" runat="server" ShowStartingNode=
"False" SiteMapProvider="adminSiteMap"/>
```

**说明**:TreeView 控件的 Target 属性值为 right,表示每次单击控件上某一链接项后,均在名为 right 的框架内打开新页面,关于内嵌框架实现可参见 9.2.2 节任务 2。

#### 4. 设置管理留言页站点路径显示

在 C：\ bookSite \ site _ messageBoard 文件夹下，打开管理留言页界面代码即 messageManage. aspx 文件。在 messageManage. aspx 文件中找到"**显示网站导航路径信息**"文本，将其替换为如代码 9-6 所示内容，即可实现网页页面站点路径显示功能。

**代码 9-6：**

```
<asp:SiteMapPath ID="SiteMapPath1" runat="server" SiteMapProvider=
"adminSiteMap"/>
```

**说明：**在 C:\bookSite\res_userControl 文件夹下，打开自定义用户控件 headerControl 界面代码即 headerControl. ascx 文件。在 headerControl. ascx 文件中找到"**显示网站导航路径信息**"文本，将其替换为如代码 9-6 所示内容。那么所有应用 headerControl 自定义用户控件且在 TreeView 控件内设有链接项的网页，都会自动实现站点路径的显示。

### 9.2.2 任务 2：实现网站整合及用户安全登录、退出

#### 【任务描述】

（1）应用内嵌框架实现网站的快速整合，即单击管理员主页左侧导航栏的任一链接，即可实现在管理员主页右侧内嵌框架内打开链接网页，效果如图 9-4 所示。

图 9-4 应用内嵌框架打开管理留言页

（2）应用 Session 对象防止用户非法登录，保证用户在没有登录的情况下（如在浏览器地址栏内直接输入访问网页网址），不能进入网站，并将网页重定向至登录页，效果如

图 9-5 所示。

(a) 直接输入网页地址访问网页

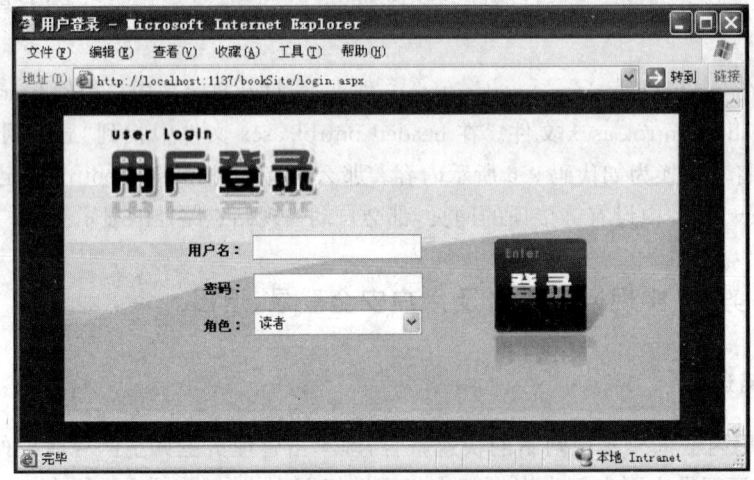

(b) 网页重定向至登录页

图 9-5 效果图

(3) 实现登录用户的安全退出。

**【任务实现】**

**1. 应用内嵌框架整合网站**

在 C:\bookSite\项目下,打开管理员主页界面代码即 indexAdmin.aspx 文件。在
indexAdmin.aspx 文件中找到<div id="content">层,在其内添加内嵌框架,如代码 9-7
所示,即可实现内嵌框架的功能。

**代码 9-7**:

```
<!--内嵌框架-->
<iframe name="right" id="right" frameborder="0" width="829px" height=
"450px" scrolling="no"></iframe>
```

**说明**:[name="right"]表示框架名称为 right。

**2. 防止用户非法登录、实现当前登录用户名的显示**

1) 存储当前登录用户名至 Session
在 C:\bookSite\项目下,打开用户登录页功能代码即 login.aspx.cs 文件。在 login.

aspx.cs 文件中找到"**//安全登录代码**"文本，在其下一行位置加入如代码 9-8 所示内容。实现将当前登录用户名存储至名为 userID 的 Session 对象中。

**代码 9-8：**

```
//将当前登录用户名存储至名为 userID 的 Session 对象中
Session["userID"]=txtUserName.Text.Trim();//txtUserName 为输入用户名的文本框控件
```

2）获取 Session 对象中用户名信息，实现当前登录用户的显示

在 C：\ bookSite \ site＿messageBoard 文件夹下，打开管理留言页功能代码即 messageManage.aspx.cs 文件。在 messageManage.aspx.cs 文件页面加载事件即 Page＿Load 中找到"**//防止用户非法登录及显示当前用户名**"文本，在其下一行位置加入如代码 9-9 所示内容。

代码 9-9 实现功能如下所示。

（1）代码行 01～08：实现从 Session["userID"]对象中获取当前登录用户名至 Label 控件显示。

（2）代码行 01～04、09～13：防止用户在没有登录的提前下访问网站内网页，且将网页重定向至登录页。参数/bookSite/login.aspx 表示网站根据目录 bookSite 下 login.aspx 网页。

**代码 9-9：**

```
01: //获取当前登录用户名
02: string userID=Convert.ToString(Session["userID"]);
03: //判断当前登录用户名即 userID 是否有值
04: if(userID.Length !=0)
05: {
06:     //若 Session["userID"]值不为空,将其显示在 lblUser 控件
07:     lblUser.Text=userID;
08: }
09: else
10: {
11:     //若 Session["userID"]值为空,重定向至登录页
12:     Response.Redirect("/bookSite/login.aspx");
13: }
```

**说明**：在 C：\bookSite\res＿userControl 文件夹下，打开自定义用户控件 headerControl 功能代码即 headerControl.aspx.cs 文件。在 headerControl.aspx.cs 文件的页面加载事件即 Page＿Load 中加入如代码 9-9 所示内容，那么所有应用 headerControl 自定义用户控件的网页，都会防止用户非法登录且实现当前登录用户名的显示。

**3．实现用户安全退出**

在 C：\bookSite\项目下，创建名为 logout.aspx 的网页，该网页无须网页界面代码。

在 logout. aspx. cs 文件页面加载事件即 Page_Load 中添加如代码 9-10 所示内容,即可实现用户的安全退出。

**代码 9-10:**

```
//删除名为 userID 的 Session 对象
Session.Remove("userID");
//设置不管会话超不超时,结束会话
Session.Abandon();
//定位至用户登录页 login.aspx
Response.Write("<script>top.window.location='login.aspx'</script>");
```

**说明:**使用内嵌框架的方式将各子系统嵌入是一种比较简单的方式,但这种方式的缺点是架构内的信息显示比较慢。

### 9.2.3 任务 3:应用母版技术创建网页

**【任务描述】**

通过使用 ASP. NET3. 5 母版技术创建网页,实现网站各页面拥有统一的布局及风格,效果如图 9-6、图 9-7 所示。

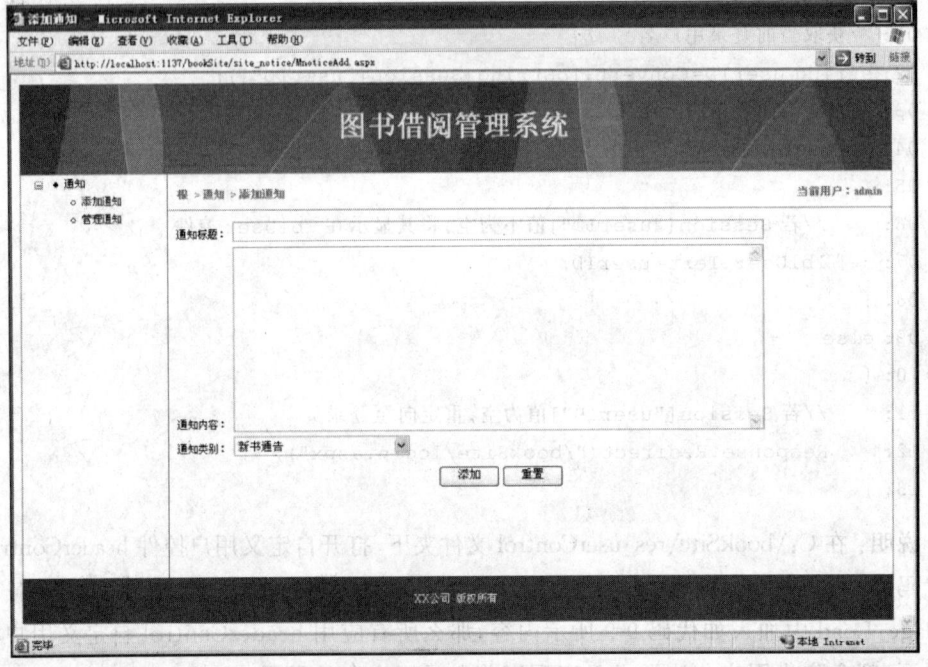

图 9-6 添加通知内容页

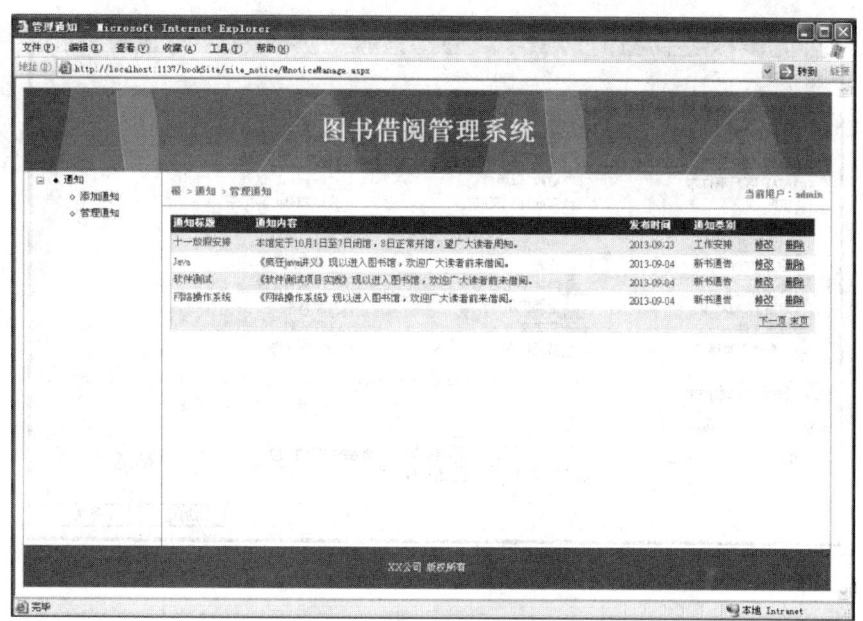

图 9-7　管理通知内容页

## 【任务实现】

### 1. 实现母版页页面设计及功能

1）创建母版

右击 C:\bookSite\res_master 文件夹,在弹出的快捷菜单中选择"添加新项"命令,弹出如图 9-8 所示的"添加新项"对话框,在"模板"中选择"母版页",将"名称"文本框设置为 MasterIndexAdmin. master,其余选项默认,单击"添加"按钮,即可在指定路径下添加一个名为 MasterIndexAdmin 的母版页。

2）母版页初始界面代码说明

添加母版页后,其初始界面代码如图 9-9 所示。

**说明:**

（1）母版页扩展名是 master,一个网站中允许定义多个母版页。

（2）如图 9-9 所示的标记 1 及标记 2 为 ContentPlaceHolder 控件,相当于一个占位标记,一般母版页中可以有多个 ContentPlaceHolder 控件,但每个 ContentPlaceHolder 控件的 ID 不能相同。

（3）根据母版页创建的网页通常称为内容页。图 9-9 中"标记 1"所示的 ContentPlaceHolder 控件通常用来对应内容页的标题部分,"标记 2"所示的 ContentPlaceHolder 控件通常用来对应内容页的正文部分。

（4）因为母版页中使用了<html><head><body><form>等标记,所以内容页中不允许使用这些标记。

（5）母版页不能直接运行,但通过母版页创建的内容页可直接运行。

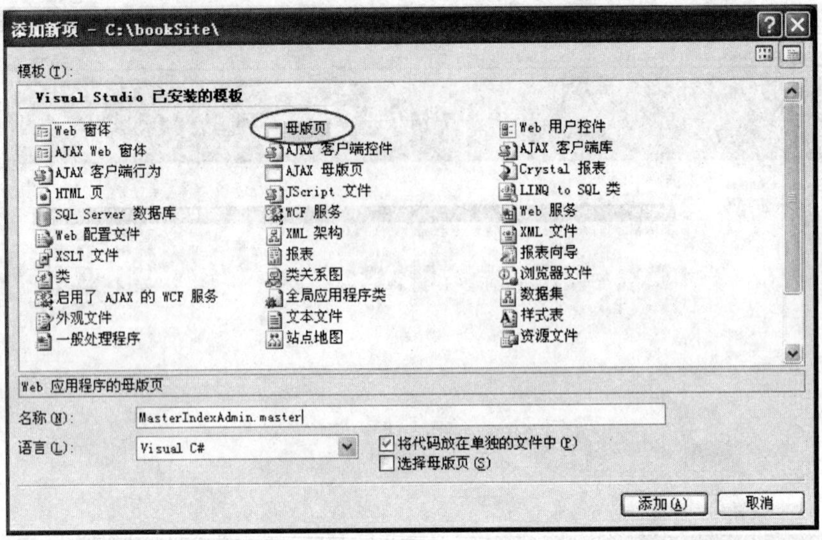

图 9-8　添加母版页

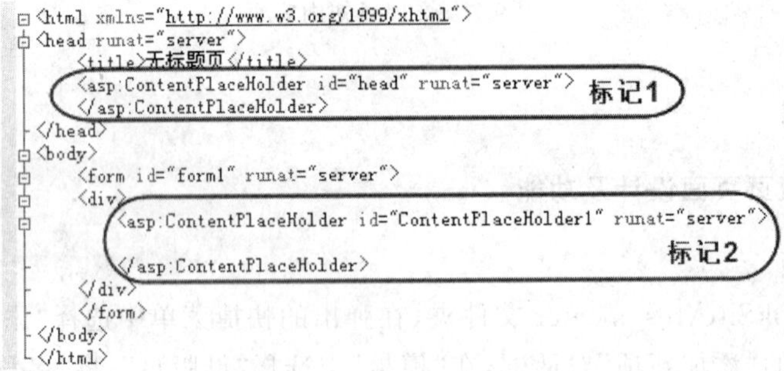

图 9-9　母版页初始界面代码

3）实现母版页页面设计

（1）创建站点地图文件。

在 C:\bookSite\项目下,创建一个名为 webAdminM. sitemap 的站点地图文件。在 webAdminM. sitemap 文件内添加如代码 9-11 所示内容。

**代码 9-11**：

```xml
<?xml version="1.0" encoding="utf-8" ?>
<siteMap xmlns="http://schemas.microsoft.com/AspNet/SiteMap-File-1.0">
    <siteMapNode url="" title="根" description="">
        <!--通知管理部分 -->
        <siteMapNode url="" title="通知" description="">
            <siteMapNode url="~/site_notice/MnoticeAdd.aspx" title="添加通知" description="添加通知" />
            <siteMapNode url="~/site_notice/MnoticeManage.aspx" title="管理通知" description="管理通知" />
```

```
        </siteMapNode>
    </siteMapNode>
</siteMap>
```

（2）配置站点地图文件访问。

打开 Web.config 文件，找到＜system.web/＞标签内 sitemap 元素，在原有 sitemap 元素内添加一新 add 标记，内容如代码 9-12 如示。

**代码 9-12：**

```
<add name="adminMSiteMap" type="System.Web.XmlSiteMapProvider" siteMapFile=
"~/webAdminM.sitemap"/>
```

（3）在 C:\bookSite\res_master 文件夹下，打开名为 MasterIndexAdmin.master 的母版页。在 MasterIndexAdmin.master 文件内添加如代码 9-13 所示内容，即可实现母版页页面设计。

**代码 9-13：**

```
<html xmlns="http://www.w3.org/1999/xhtml">
<head runat="server">
    <title>无标题页</title>
    <!--引用样式表-->
    <link rel="stylesheet" type="text/css" href="../res_styleSheet/public.
    css"/>
    <link rel="stylesheet" type="text/css" href="../res_styleSheet/
    indexStyle.css"/>
    <asp:ContentPlaceHolder id="head" runat="server">
    </asp:ContentPlaceHolder>
</head>
<body class="bodyClass">
    <form id="form1" runat="server">
    <div id="container">
        <div id="header">图书借阅管理系统</div>
        <div id="left">
            <!--TreeView、SiteMapDataSource 控件用于实现导航-->
            <asp:TreeView ID="TreeView1" runat="server" ImageSet="BulletedList"
            Width="130px" DataSourceID="SiteMapDataSource1"></asp:TreeView>
            <asp:SiteMapDataSource ID="SiteMapDataSource1" runat="server"
            ShowStartingNode="False" SiteMapProvider="adminMSiteMap"/>
        </div>
        <div id="content">
            <div class="header1">
                <!--放置 SiteMapPath 控件,用于显示网站导航路径信息-->
                <br/><asp:SiteMapPath ID="SiteMapPath1" runat="server"
                SiteMapProvider="adminMSiteMap"/>
            </div>
```

```
<div class="header2">
    <!--放置 Label 控件,用于显示当前登录用户名-->
    <br/>当前用户:<asp:Label ID="lblUser" runat="server" Text=
    "XXX"></asp:Label>
</div>
<asp:ContentPlaceHolder id="ContentPlaceHolder1" runat="server">
</asp:ContentPlaceHolder>
    </div>
    <div id="footerIndex">XX 公司 版权所有</div>
    </div>
    </form>
</body>
</html>
```

4) 实现母版页功能

在 MasterIndexAdmin.master.cs 文件页面加载事件即 Page_Load 中添加如代码 9-9 所示内容,即可实现所有应用母版页创建的内容页都防止用户非法登录且显示当前登录用户名。

**说明:**

(1) 无论母版页的界面代码即 MasterIndexAdmin.master 文件,还是功能代码即 MasterIndexAdmin.master.cs 文件,凡是涉及路径设置的最好采用从网站根目录起的绝对路径。

(2) 调试时,可将母版页功能代码注释,待所有内容页功能调试完成后,再将注释取消。

**2. 应用母版页创建网页**

(1) 创建"添加通知"内容页。

右击 C:\bookSite\site_notice 文件夹,在弹出的快捷菜单中选择"添加新项"命令,弹出如图 9-10 所示的"添加新项"对话框,在"模板"中选择"Web 窗体",将"名称"选项设置为 MnoticeAdd.aspx,选中"选择母版页"复选框,单击"添加"按钮,弹出如图 9-11 所示的"选择母版页"对话框,在"项目文件夹"中选择 res_master,然后单击右侧"文件夹内容"下的名为 MasterIndexAdmin.master 的母版页,再单击"确定"按钮,即可在指定路径下添加一个名为 MnoticeAdd.aspx 的"添加通知"内容页。

(2) 实现"添加通知"内容页页面设计。

在 C:\bookSite\site_notice 文件夹下,打开"添加通知"内容页界面代码即 MnoticeAdd.aspx 文件。在 MnoticeAdd.aspx 文件内添加如代码 9-14 所示内容。

**代码 9-14:**

```
<%@ Page Language="C#" MasterPageFile="~/res_master/MasterIndexAdmin.
master" AutoEventWireup="true" CodeFile="MnoticeAdd.aspx.cs" Inherits=
"site_notice_MnoticeAdd" Title="添加通知" %>
```

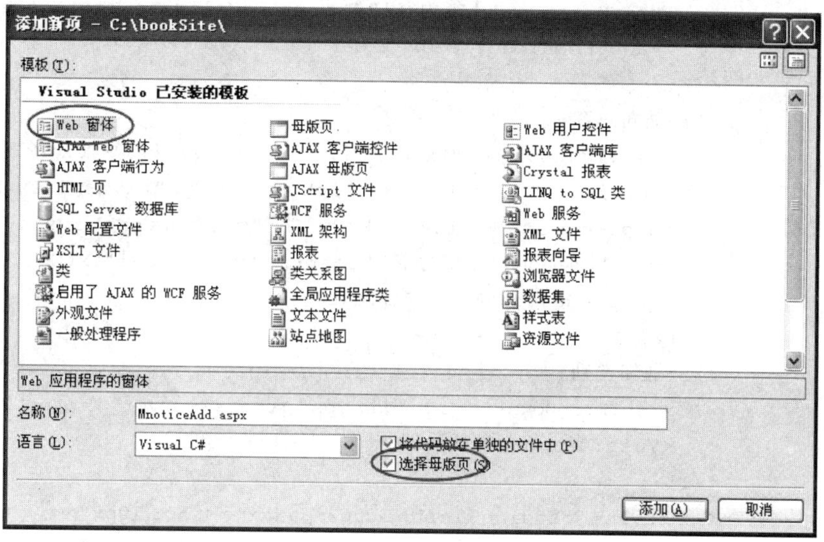

图 9-10 添加内容页

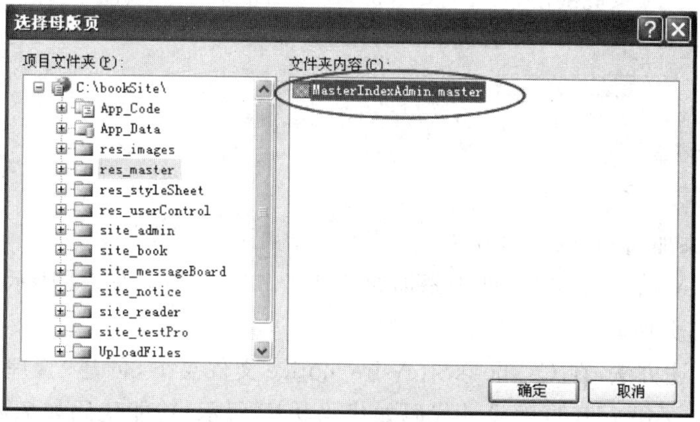

图 9-11 “选择母版页”对话框

```
<asp:Content ID="Content1" ContentPlaceHolderID="head" Runat="Server">
    <!--引用样式表-->
    <link rel="stylesheet" type="text/css" href="../res_styleSheet/
    singleStyle.css"/>
</asp:Content>
<asp:Content ID="Content2" ContentPlaceHolderID="ContentPlaceHolder1" Runat=
"Server">
    <div id="part">
        <ul>
            <li>通知标题：
                <asp:TextBox ID="txtTitle" runat="server" Width="600px">
                </asp:TextBox>
                <asp:RequiredFieldValidator ID="valrTitle" runat="server"
```

```
            ErrorMessage="不能为空!" ControlToValidate="txtTitle">
            </asp:RequiredFieldValidator>
        </li>
        <li>通知内容:
            <asp:TextBox ID="txtContent" runat="server" TextMode=
            "MultiLine" Width="600px" Height="200px"></asp:TextBox>
            <asp:RequiredFieldValidator ID="valrContent" runat="server"
            ErrorMessage="不能为空!" ControlToValidate="txtContent">
            </asp:RequiredFieldValidator>
        </li>
        <li>通知类别:
            <asp:DropDownList ID="ddlType" runat="server" Width="200px">
            </asp:DropDownList>
        </li>
        <li style="padding-left: 300px;padding-top: 10px">
            <asp:Button ID="btnSubmit" runat="server" Text="添加" Width=
            "70px" onclick="btnSubmit_Click"/>
            <asp:Button ID="btnReset" runat="server" Text="重置" Width=
            "70px" onclick="btnReset_Click"/>
        </li>
    </ul>
    </div>
</asp:Content>
```

（3）实现"添加通知"内容页功能。

在 MnoticeAdd. aspx. cs 文件内添加如 7.2.1 节任务 1 代码 7-4 所示内容,即可实现"添加通知"内容页功能。

（4）按照上述方法,在 C:\bookSite\site_notice 文件夹下,创建"管理通知"内容页即 MnoticeManage. aspx。其页面设计代码如代码 9-15 所示,功能代码如 7.2.2 节任务 2 代码 7-6 所示。

**代码 9-15:**

```
<%@ Page Language="C#" MasterPageFile="~/res_master/MasterIndexAdmin.
master" AutoEventWireup="true" CodeFile="MnoticeManage.aspx.cs" Inherits=
"site_notice_MnoticeManage" Title="管理通知" %>
<asp:Content ID="Content1" ContentPlaceHolderID="head" Runat="Server">
    <!--引用样式表-->
    <link rel="stylesheet" type="text/css" href="../res_styleSheet/
    searchMStyle.css"/>
</asp:Content>
<asp:Content ID="Content2" ContentPlaceHolderID="ContentPlaceHolder1" Runat=
"Server">
    <div id="tabData">
        <asp:GridView ID="GridView1" runat="server" Width="800px"
```

```
AutoGenerateColumns="False" AllowPaging="True" PageSize="4"
onpageindexchanging="GridView1_PageIndexChanging" BackColor="White"
BorderColor="#E7E7FF" BorderStyle="None" BorderWidth="1px"
CellPadding="3"
GridLines="Horizontal">
<PagerSettings FirstPageText="首页" LastPageText="末页"
    Mode="NextPreviousFirstLast" NextPageText="下一页"
    PreviousPageText="上一页" />
<FooterStyle BackColor="#B5C7DE" ForeColor="#4A3C8C" />
<RowStyle BackColor="#E7E7FF" ForeColor="#4A3C8C" />
<Columns>
    <asp:BoundField DataField="noticeID" HeaderText="通知编号"
    Visible="False" />
    <asp:BoundField DataField="noticeTitle" HeaderText="通知标题" />
    <asp:BoundField DataField="noticeContent" HeaderText="通知内容" />
    <asp:BoundField DataField="pubDate" HeaderText="发布时间" />
    <asp:BoundField DataField="typeName" HeaderText="通知类别" />
    <asp:HyperLinkField DataNavigateUrlFields="noticeID" Text="修改"
        DataNavigateUrlFormatString="noticeEdit.aspx?noticeID={0}" />
    <asp:HyperLinkField DataNavigateUrlFields="noticeID" Text="删除"
        DataNavigateUrlFormatString="noticeDel.aspx?noticeID={0}"/>
</Columns>
<PagerStyle BackColor="#E7E7FF" ForeColor="#4A3C8C"
HorizontalAlign="Right" />
<SelectedRowStyle BackColor="#738A9C" Font-Bold="True"
ForeColor="#F7F7F7" />
<HeaderStyle BackColor="#4A3C8C" Font-Bold="True" ForeColor=
"#F7F7F7" />
<AlternatingRowStyle BackColor="#F7F7F7" />
</asp:GridView>
</div>
</asp:Content>
```

## 9.2.4 任务4：网站的编译发布

### 【任务描述】

对现有的、创建好的网站进行编译发布。

### 【任务实现】

#### 1. 生成网站

右击项目 C:\bookSite\，在弹出的快捷菜单中选择"生成网站"命令，生成结果显示在 VS2008 IDE 状态栏左侧,若生成过程没有问题,显示"生成成功"。

### 2. 网站的编译发布

(1) 右击项目 C:\bookSite\,在弹出的快捷菜单中选择"发布网站"命令,弹出如图 9-12 所示的"发布网站"对话框。

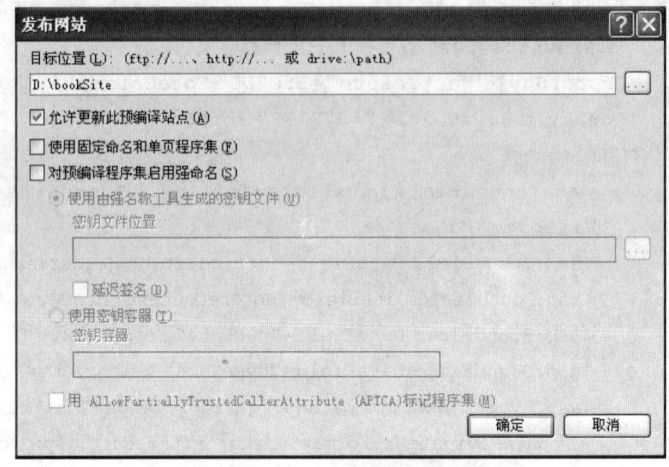

图 9-12 "发布网站"对话框

(2) 修改网站发布的目标位置,可以是本地磁盘上的位置,也可以是 FTP、HTTP 等远程位置。本处更改发布目标位置为 D:\bookSite,单击"确定"按钮,网站编译发布至 D 盘名为 bookSite 的文件夹下,若发布过程没有问题,在 VS2008 IDE 状态栏左侧,显示"发布成功"。

**注意**:发布网站前必须将附加的数据库文件进行分离。

(3) 打开 D:\bookSite 文件夹后可以发现所有的.cs 文件都没有了,发布完成,准备上传。

关于如图 9-12 所示"允许更新此预编译站点"选项说明

选中该复选框后,编译出来的文件包括.aspx 文件和.dll。不选中该复选框,编译出来的.aspx 中没有界面信息,只有静态文本,即不允许发布后修改页面。为了不让用户在第一次打开页面时感受到明显的延迟,可以使用完全预编译方式。如果想让此编译方式具有最大的安全性,应取消选中"允许更新此预编译站点"复选框。这样.cs 文件和.aspx 文件都会预编译。

## 9.3　课后任务

### 1. 实现读者用户网页整合及实现站点导航

(1) 应用内嵌框架实现读者用户网页整合。

(2) 创建站点地图,利用 TreeView 控件、SiteMapDataSource 控件及 SiteMapPath

控件实现读者主页左侧导航栏及各网页页面站点路径显示。

（3）防止非法读者用户登录，合法登录读者用户显示登录用户名。

效果如图 9-13、图 9-14 所示。

图 9-13　读者主页

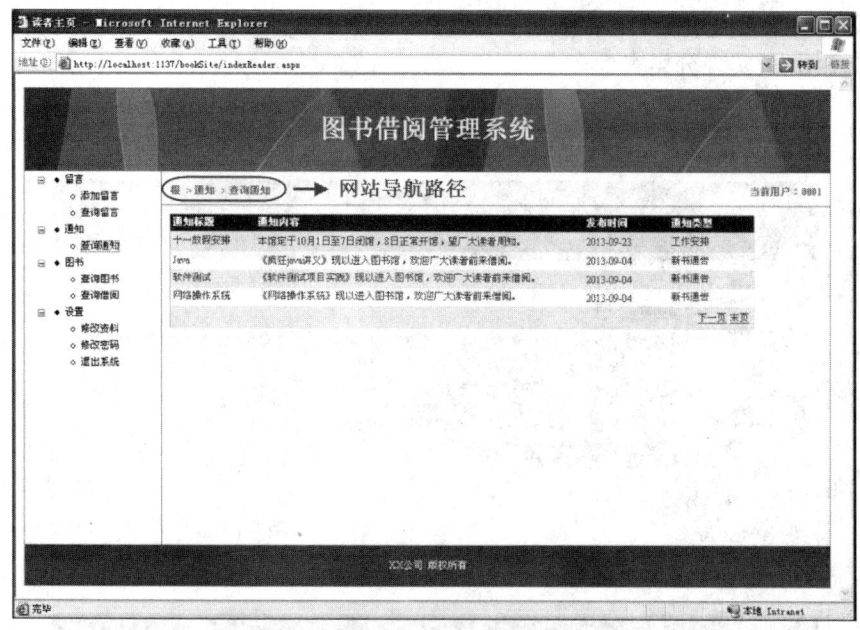

图 9-14　读者查询通知页

**2．实现读者用户剩余网页功能**

（1）参见图 9-15，实现读者查询图书功能，且可根据"图书编号"、"图书 ISBN"精确查询图书信息，也可根据"图书名称"、"图书作者"模糊查找图书信息。

图 9-15　读者查询图书页

（2）参见图 9-16，实现读者查询本人图书借阅功能，且可根据"全部借阅"、"已还图书"、"未还图书"实现分类查询。

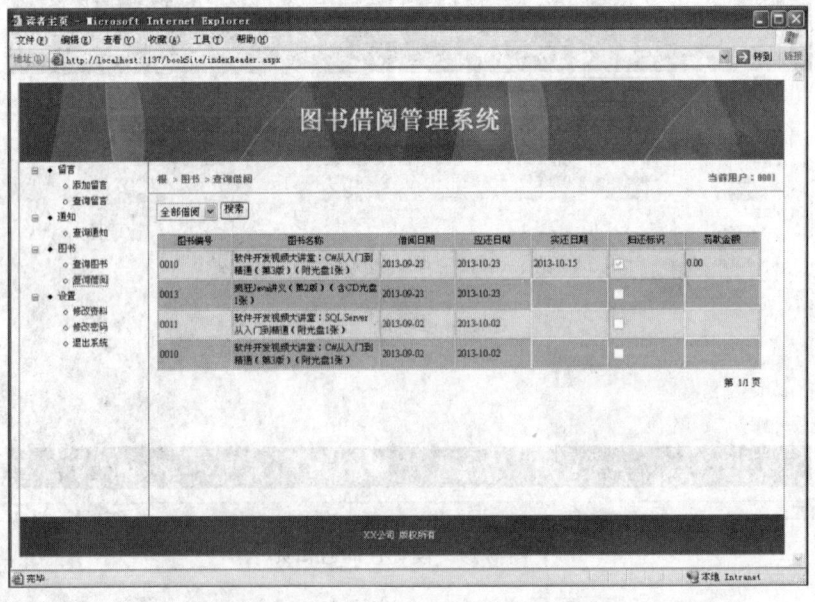

图 9-16　读者查询借阅页

（3）参见图 9-17，实现读者修改本人资料功能。

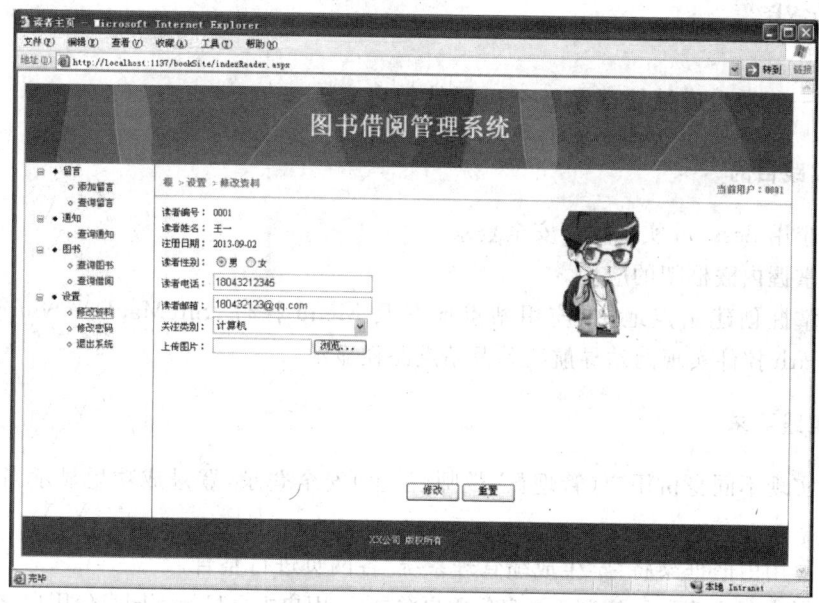

图 9-17　读者修改资料页

（4）参见图 9-18，实现读者修改本人登录密码功能。

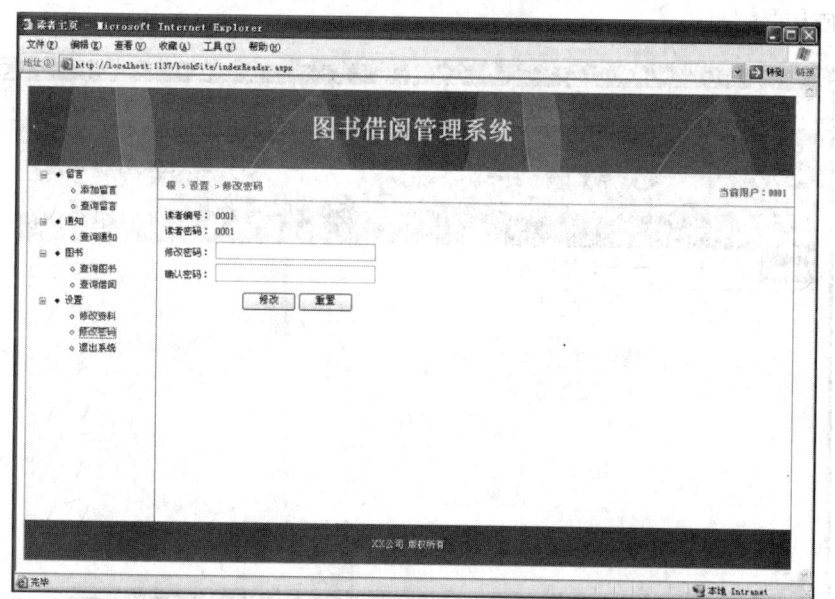

图 9-18　读者修改密码页

### 3．母版练习

应用母版技术，重新实现读者用户各网页功能。

## 9.4 实践

实训一：学生成绩管理系统——网站整合

### 1. 实践目的

（1）应用 Session 实现用户安全登录。

（2）掌握内嵌框架的应用。

（3）掌握创建站点地图、应用站点地图及 Menu 控件、SiteMapDataSource 控件及 SiteMapPath 控件实现网站导航菜单及站点路径显示。

### 2. 实践要求

（1）实现不同身份用户（管理员、教师、学生）安全登录，登录成功后显示当前登录用户 ID。

（2）应用内嵌框架将"学生成绩管理系统"各网页进行整合。

（3）创建"主页"网页，实现不同身份用户登录后，用户主页显示不同身份用户导航菜单。

① 管理员用户登录后，主页及主页导航菜单效果如图 9-19 所示，菜单及菜单项具体设置如图 9-20 所示。单击"添加教师"菜单项，在内嵌框架内显示"添加教师"页，如图 9-21 所示。

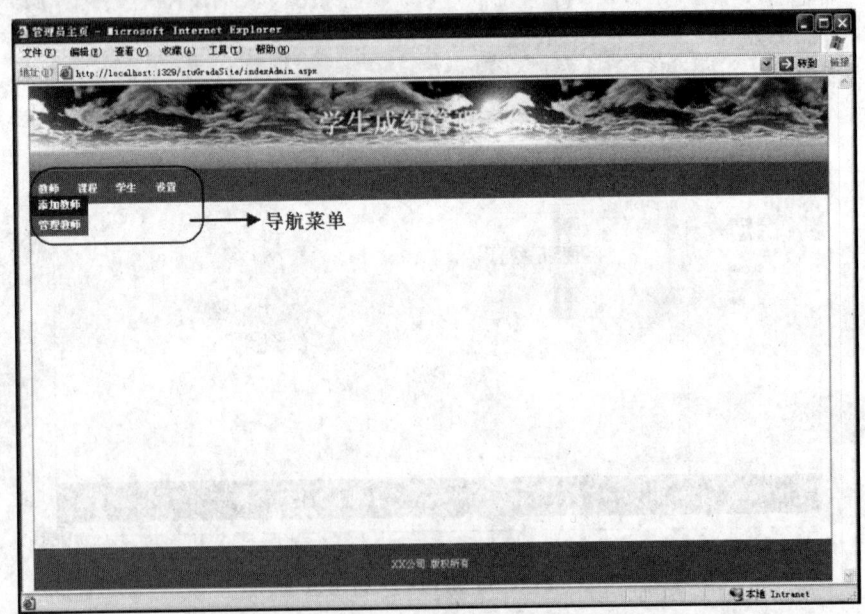

图 9-19 管理员主页

② 教师用户登录后，主页及主页导航菜单效果如图 9-22 所示，菜单及菜单项具体设置如图 9-23 所示。单击"录入成绩"菜单项，在内嵌框架内显示"成绩初始"页，如图 9-24 所示。

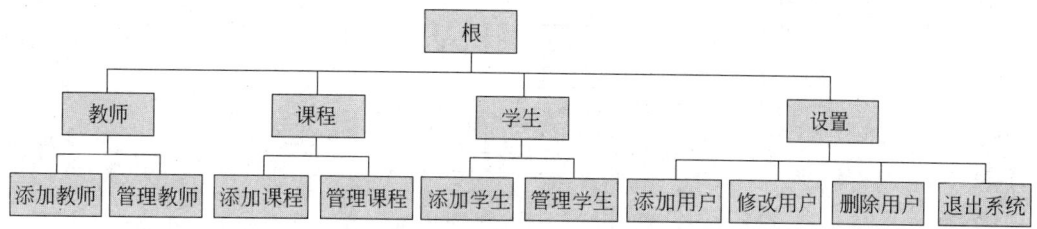

图 9-20 管理员导航菜单详细设置

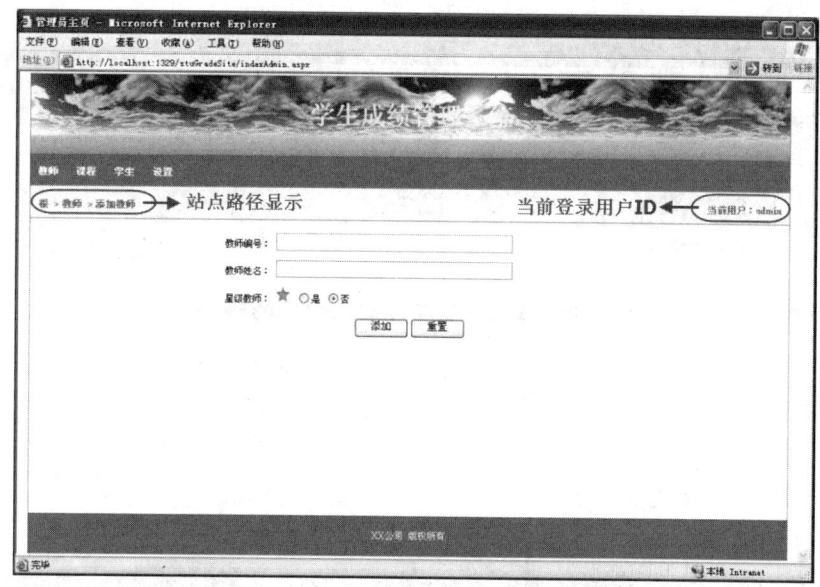

图 9-21 单击"添加教师"菜单项效果

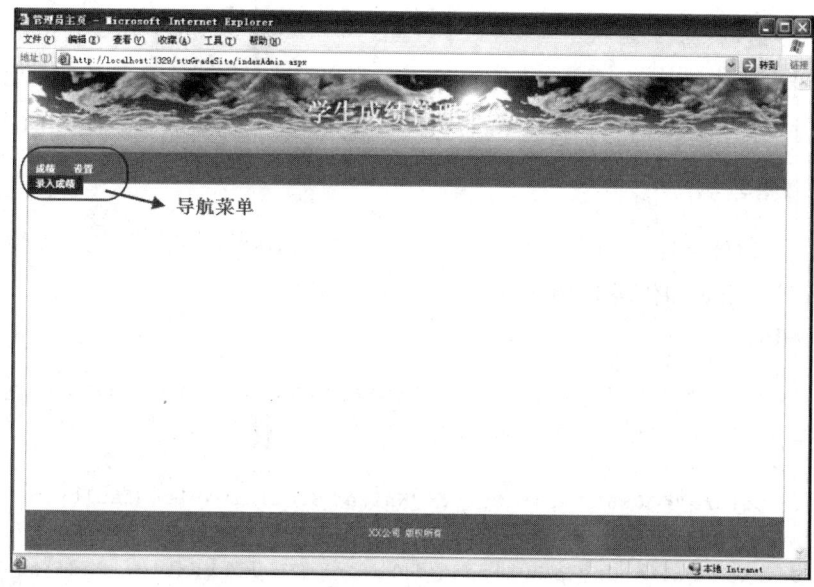

图 9-22 教师主页

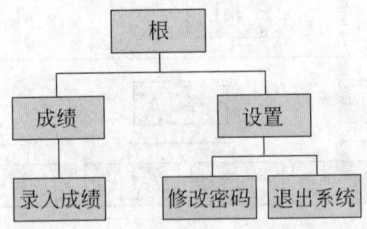

图 9-23　教师导航菜单详细设置

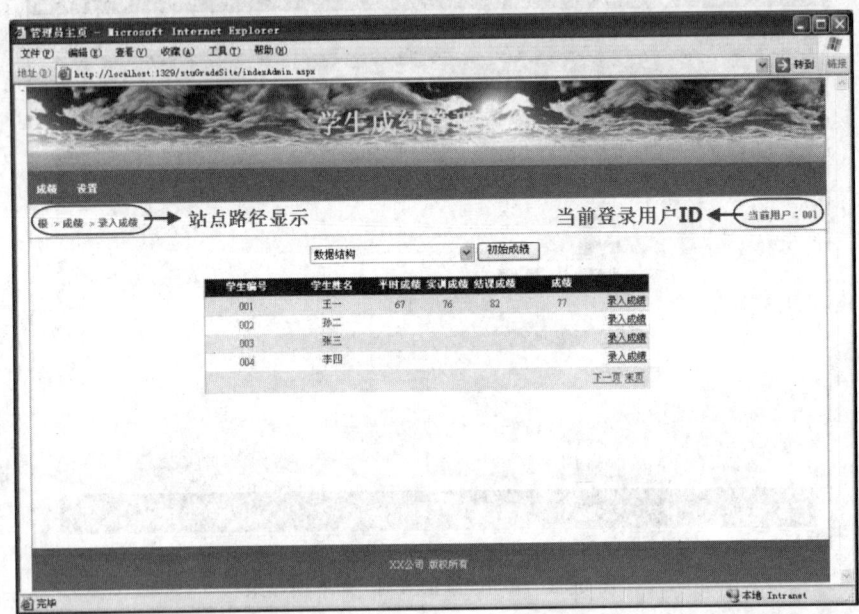

图 9-24　单击"成绩录入"菜单项效果

③ 学生用户登录后,主页及主页导航菜单效果如图 9-25 所示,菜单及菜单项具体设置如图 9-26 所示。单击"查询成绩"菜单项,在内嵌框架内显示"查询成绩"页,如图 9-27 所示。

**3. 步骤指导**

1) Menu 控件设置

Menu 控件设置如代码 9-16 所示。

**代码 9-16:**

```
<asp:Menu ID="Menu1" runat="server" DataSourceID="SiteMapDataSource1"
    DynamicVerticalOffset="0" DynamicHorizontalOffset="0" Orientation=
    "Horizontal"
    BackColor="#6086CF" ForeColor="White" StaticEnableDefaultPopOutImage=
    "False" Target="right">
<StaticMenuItemStyle HorizontalPadding="10px" VerticalPadding="0px"
    BackColor="#6086CF"/>
```

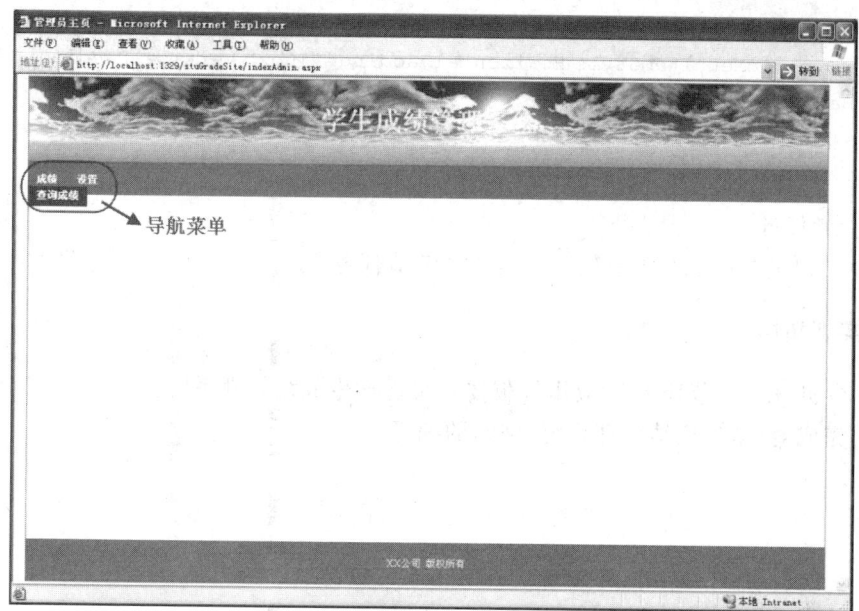

图 9-25 学生主页

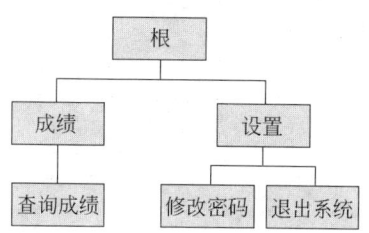

图 9-26 学生导航菜单详细设置

图 9-27 单击"查询成绩"菜单项效果

```
    <StaticHoverStyle BackColor="#515E8B" ForeColor="White" />
    <DynamicMenuItemStyle HorizontalPadding="10px" VerticalPadding="5px"
    BackColor="#6086CF"/>
    <DynamicHoverStyle BackColor="#515E8B" ForeColor="White" />
</asp:Menu>
```

2）参考任务

实现过程可参见 9.2.1 节任务 1 至 9.2.2 节任务 2。

**4．实训拓展**

（1）参见 9.2.3 节任务 3，应用母版技术实现学生成绩管理系统。

（2）完成对"学生成绩管理系统"网站的编译。

# 参 考 文 献

[1] 高宏，李俊民. ASP. NET 典型模块与项目实战大全[M]. 北京：清华大学出版社,2012.

[2] 赵会东,尹凯. ASP. NET 开发宝典[M]. 北京：机械工业出版社,2012.

[3] 吴晨，牛江川，李素娟. ASP. NET2.0＋SQL Server 2005 数据库开发与实例[M]. 北京：清华大学出版社,2008.

[4] 赵丽辉，岳淑玲. SQLServer2005 数据库技术与应用[M]. 北京：机械工业出版社,2012.

[5] 喻浩. CSS＋DIV 网页样式与布局从入门到精通[M]. 北京：清华大学出版社,2013.

[6] 马翠翠. 从零开始学 HTML＋CSS[M]. 北京：电子工业出版社,2012.